"十三五"江苏省高等学校重点教材（本书编号：2020-1-130）
应用型本科计算机类专业系列教材
应用型高校计算机学科建设专家委员会组织编写

Java EE 框架技术与案例教程

/ 第 2 版 /

主　编　徐家喜　王小正　朱　杰
副主编　王　洁　侯　青　王　剑
顾金媛　王　颖

南京大学出版社

图书在版编目(CIP)数据

Java EE 框架技术与案例教程 / 徐家喜，王小正，朱杰主编. —2 版. —南京：南京大学出版社，2023.10

应用型本科计算机类专业系列教材

ISBN 978-7-305-26411-5

Ⅰ. ①J… Ⅱ. ①徐… ②王… ③朱… Ⅲ. ①JAVA 语言—程序设计—高等学校—教材 Ⅳ. ①TP312.8

中国版本图书馆 CIP 数据核字(2022)第 244566 号

出版发行 南京大学出版社
社 址 南京市汉口路 22 号 邮 编 210093
出 版 人 王文军

书 名 Java EE 框架技术与案例教程
Java EE Kuangjia Jishu Yu Anli Jiaocheng
主 编 徐家喜 王小正 朱 杰
责任编辑 苗庆松 编辑热线 025-83592655

照 排 南京开卷文化传媒有限公司
印 刷 丹阳兴华印务有限公司
开 本 787 mm×1092 mm 1/16 印张 19.5 字数 500 千
版 次 2023 年 10 月第 2 版 2023 年 10 月第 1 次印刷
ISBN 978-7-305-26411-5

定 价 55.80 元
网 址：http://www.njupco.com
官方微博：http://weibo.com/njupco
微信服务号：njuyuexue
销售咨询热线：(025)83594756

前　言

Java EE 技术经过多年的发展已日趋成熟，目前，使用 Java EE 技术进行项目开发的企业和工程师越来越多。因此，计算机类专业的学生可以通过掌握 Java EE 技术进一步提升就业竞争力。

Java EE 技术建立在开源软件的基础之上，它是许多软件开发工程师在开发实践中不断模索提炼出的技术。Java EE 技术所包含的知识点非常庞杂，如何指导缺乏软件项目开发经验的学生或初学者较快地理解并掌握 Java EE 不是一件容易的事。当前，尽管很多高校开设了 Java EE 课程，但教学效果很不理想，合适教材的缺乏就是原因之一。问题主要体现在：第一，目前介绍 Java EE 技术的教材更注重知识的传授，在能力培养方面有所欠缺；第二，教材所举案例更新速度较慢，缺少能反映当前主流技术的实际应用技术案例，不利于工程实践知识的传授和能力的培养；第三，大多数已有教材包含的知识点对于没有任何开发经验的大学生以及初学者而言难度偏大。因此，编写出符合应用型本科高校计算机类专业课程教学特点和需求的教材已刻不容缓。

本书的特点通俗易懂、实用性强，编写人员由具有丰富开发经验的高校教师组成。本书内容在第一版基础上做了较大幅度的修改，删减了目前业界基本不用的框架，包括原书的第 4 章 Strust2 概述及基本应用、第 5 章的 Hibernate 框架内容、第 7 章和第 8 章的框架整合案例。同时增加了相关章节，包括新书的第 6 章 Spring MVC 框架，第 7 章 SSM 框架整合应用，第 8 章 SpringBoot 简介与应用。另外，已有的章节包括第 1、2、3 章的内容也做了适当调整和修改。基于以上调整后本书共 8 章，内容主要包括：Java EE 简介、Web 编程基础、Java Web 编程基础、Spring 框架、MyBatis 框架、Spring MVC 框架、SSM 框架整合应用、SpringBoot 框架及应用。每个知识点都从最简单的例子着手，一步一步引导读者学习和实现这些案例。读者在案例实现过程中对涉及的知识点有了初步认识，即先达到“知其然”，教材第 8 章通过 SpringBoot 实践案例重组了第 7 章的 SSMDemo 案例，并在此基础上通过注册和登录功能的拓展，介绍了模板引擎技术、消息服务、邮件服务、Vue前端和二维码生成技术等业界常用技术的运用，使读者进一步掌握当前主流的Java EE框架技术，最后达到“知其所以然”。经过整个课程的系统学习，读者不仅掌握了目前主流的Java EE框架的相关专业知识，并且对项目实际开发流程有了一定的了解。

本书的完成得益于许多老师的积极参与。南京晓庄学院徐家喜、朱杰、王洁、侯青，常熟理工学院的王剑、王颖和南京医科大学康达学院的顾金媛等多位老师参与了部分章节的内容编写和案例代码调试工作，南京大学出版社的老师参与了教材的审阅工作，在此一并向他们表示感谢。

本书部分案例参考了互联网上的相关资料，由于本书的大多数知识点和实验内容是建立在开源软件的基础上，而开源软件最大的特点就是广大开源软件爱好者的无私奉献。因此，在这里表示对他们的敬意和感谢。

由于作者水平有限，疏漏和错误在所难免，敬请广大师生、读者批评指正。意见和建议可反馈至邮箱：xz_wang@163.com。

本教材提供用于教师教学的电子教材，电子教材可以通过扫描二维码链接下载，电子教材包含了所有案例的源代码、开发工具和实践项目的扩充资料。

王小正

2023年6月

目　　录

第1章

Java EE 简介

学习目标

1. 了解 Java EE 体系结构
2. 了解 Java EE 体系结构的优点
3. 了解 Java EE 主流的轻型框架
4. JDK、Tomcat 和 Eclipse 安装配置

Java 是一种通用、并行、基于类且面向对象的程序设计语言，是由 Sun Microsystems 公司于 1995 年 5 月推出的 Java 程序设计语言和 Java 平台(即 Java SE、Java EE、Java ME)的总称。Java 平台由 Java 虚拟机(JVM)和 Java 应用程序接口(API)构成。Java 语言与 C、C++语言有相似之处，也有很大差别。略去了 C、C++的一些特性而引入了其他语言的一些思想，风格较为接近 C# 。

Java 语言是强类型定义语言，这有助于编程人员快速发现问题，因为程序编译时就可以检测出类型错误。Java 语言也是静态语言，通过编译把程序源代码按 JVM 的定义规范转换成独立于机器的字节代码，所以 Java 程序无需重新编译便可在不同类型的计算机上执行，即“编写一次，到处运行”。

Java 语言在内存管理、多线程等方面提供了相对简单的管理模式，使得程序员更容易学习和掌握。

综上所述，使用 Java 语言开发更快捷、方便，开发出的软件易于维护与扩展。因此，Java 语言在计算机的各种平台、操作系统，以及手机、移动设备等方面均得到广泛的应用。

1.1 Java EE 应用概述

目前，Java 平台有 3 个版本，它们是适用于小型设备和智能卡的 Java 平台 Micro 版(Java Micro Edition，Java ME)、适用于桌面系统的 Java 标准版(Java Standard Edition，Java SE)、适用

于创建服务器应用程序和服务的Java企业版(Java Enterprise Edition,Java EE)。Java EE是一套用于开发、部署和管理相关复杂问题的体系结构,使用Java为主要编程语言,减轻企业项目的开发压力,提供一系列模式的解决方案。Java EE是在Java SE基础之上为适应企业的网络需求开发的,保留了标准版的很多优点。

在新的技术需求下,Java EE规范了整个系统的开发流程,为开发者提供了一套全新的技术框架。Java EE包含了大量的具体服务架构、组件及技术,它们都有着共同的标准及规格,通过减少XML配置和简化JAR包以及使用更多的POJO和注解的设计方式来提高项目的开发效率。Java EE使得依赖于不同商业平台的系统之间有了较强的兼容性,为企业级系统的开发和运行提供了强有力的保证。

1.1.1 Java EE应用的四层结构

(1) 运行在客户端机器上的客户层。负责与用户直接交互,Java EE支持多种客户端,可以是Web浏览器,也可以是专用的Java客户端程序。

(2) 运行在Java EE服务器上的表示层。该层利用Java EE中的JSP与Servlet技术,响应客户端的请求,并可向后访问业务逻辑组件。

(3) 运行在Java EE服务器上的业务逻辑层。主要封装了业务逻辑,完成复杂计算,提供事务处理、负载均衡、安全、资源连接等基本服务。

(4) 运行在EIT(Enterprise Information Tier)服务器上的企业信息层。该层包括了数据库系统、文件系统等。

Java EE应用的四层结构如图1-1所示。

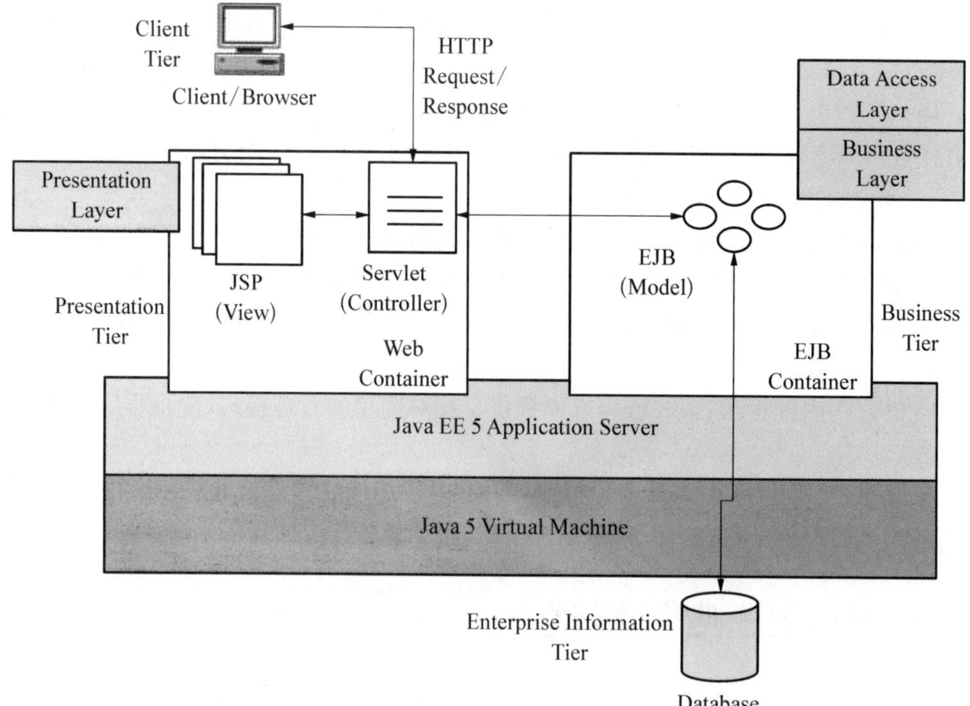

图1-1 Java EE四层结构图

1.1.2　Java EE 应用的体系结构优点

1. 部署代价低廉

Java EE 体系结构提供了中间层集成框架以满足无需太多费用而又需要高可用性、高可靠性和可扩展性的应用需求。降低了开发多层应用的费用和复杂性，同时提供对现有应用程序集成的强有力支持。

2. 开发高效

允许公司把一些通用的、很烦琐的服务端任务交给中间件供应商去完成。这样开发人员可以集中精力在如何创建商业逻辑上，大大缩短开发时间。中间件供应商一般提供以下中间件服务：

(1) 状态管理服务。

(2) 持续性服务。

(3) 分布式共享数据对象 cache 服务。

3. 支持异构环境

基于 Java EE 的应用程序不依赖任何特定操作系统、中间件、硬件，只需开发一次就可部署到各种平台。Java EE 标准允许客户下载与 Java EE 兼容的第三方组件，把它们部署到异构环境中。

4. 可伸缩

Java EE 平台提供了广泛的负载均衡策略，它能消除系统中的瓶颈，允许多台服务器集成部署，从而实现高度可伸缩性。

1.2　Java EE 的轻型框架简介

软件开发框架将软件应用中的共性功能抽象出来，预先形成封装好的、与底层无关的、简单易用的接口。框架中通常还集成了很多类库，软件开发人员可以根据需要有选择性地调用或重写，从而完成对数据源、网络、系统等底层构建的访问。同时，软件开发框架并不完全等同于类库。框架除了提供类库外，还提供了“控制反转”的功能。在使用框架开发软件的过程中，对象实例化及方法调用是由框架实现的。其根本目的还是缩短开发周期，提高开发效率，提高软件的健壮性和可重用性。

Spring、Hibernate/Mybatis、Spring MVC、Struts 都是当前 Java EE 开发 Web 应用的主流框架，支持者众多，下面先来简要介绍这 4 个框架，让大家有一个初步印象。

1.2.1　Spring 框架

Spring 框架是 Rod Johnson 开发的，于 2003 年发布了它的第一个版本。Spring 是一个从实际开发案例中抽取出来的框架，因此它集成了大量开发中的通用步骤，从而大大提高了企业应用的开发效率。

Spring 为企业应用的开发提供了一个轻量级的解决方案。其中依赖注入、基于 AOP 的声明式事务管理、多种持久层的整合等最为人们关注。Spring 可以贯穿程序的各层之间，能够高效地组织应用程序中的各种中间层组件,但它并不是要取代那些已有的框架(如Struts、Hibernate等),而是以高度的开放性与它们紧密地整合,这也是Spring被广泛应用的原因之一。

1.2.2 ORM框架

对目前的Java EE信息化系统而言,通常采用面向对象分析和面向对象设计的过程。系统从需求分析到系统设计都是按面向对象方式进行。通常,在一个程序应用中,都需要传递并持久化对象。传统方法是打开JDBC连接,接着创建SQL语句并把所需的参数值传递给它。若对象的参数较少时,这样做还比较容易,但当对象的参数很多时,实现和维护就很麻烦了。同时,这种实现方法也不符合面向对象的思想。因此,对象关系映射(Object Relational Mapping, ORM)应运而生。

ORM是一种基于SQL模式的、把对象模型映射到关系型数据模型的数据映射技术。Hibernate和MyBatis都是面向Java环境的对象/关系映射工具,它可将对象模型表示的对象映射到基于SQL的关系数据模型中。ORM把Java对象操作自动转换成相应的SQL操作,程序开发者可以很容易地持久化Java对象。

1.2.3 Spring MVC框架

Spring MVC是Spring框架的一个Web组件,已经融合在Spring Web Flow里面。Spring框架提供了构建Web应用程序的全功能MVC模块。使用Spring可整合的MVC架构,可以选择是使用内置的Spring Web框架或是Struts、JSF等Web框架。通过策略接口,Spring MVC框架是高度可配置的,而且包含多种视图技术,例如Java Server Pages(JSP)技术、Servlet和Titles等。Spring MVC框架并不需要知道使用的视图,所以不会强迫您只使用JSP技术。

Spring MVC分离了控制器、模型对象、分派器以及处理程序对象的角色,这种分离让它们更容易进行定制。易于同其他View框架(Titles等)无缝集成,采用IOC便于测试。它是一个典型的教科书式的MVC构架,而不像Struts等都是变种或者不是完全基于MVC系统的框架。它和Tapestry一样是一个纯正的Servlet系统,这也是Struts所没有的优势。而且框架本身有代码,阅读起来也不费劲,比较简单易懂。

1.2.4 Struts框架

Struts是一种基于MVC经典设计模式的开放源代码的应用框架,也是前些年Web开发中比较成熟的一种框架。"Struts"的含义即为专业应用开发提供一种"无形的支撑",它通过把Servlet、JSP、JavaBean、自定义标签和信息资源等Java平台的各种元素整合到一个统一的框架中,为Web开发提供具有高可配置性的MVC开发模式。

Struts体系结构实现了MVC设计模式的概念,它将Model、View和Controller分别映射到Web应用中的组件。Model提供了应用程序的核心功能,它包含应用程序数据和商业逻辑,并且封装了应用程序的状态。View是由JSP和Struts提供的自定义标签(JSTL、JSF)来实现。Controller负责流程控制,充当Model和View之间的桥梁。由ActionServlet负责读取struts-config.xml,并使用ActionMapping来查找对应的Action。Struts的体系结构与工作原理如图 1-2 所示。

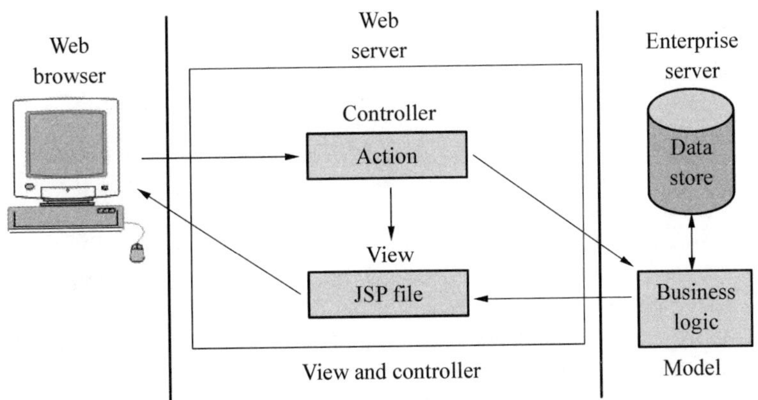

图 1-2　Struts 的体系结构与工作原理图

1.3　开发环境搭建

环境准备

- JDK 环境项目构建工具
- 开发工具
- 数据库

1.3.1　JDK 的安装设置

1. JDK 的下载和安装

JDK(Java Development Kit)即 Java 开发工具包,因 Oracle JDK 商用要收费,本书使用免费的 OpenJDK ,版本选择 11.0.2,可以在 https://jdk.java.net/archive/ 下载相应安装。

JDK 的环境变量配置以 Windows 10 为例,在“此电脑”上单击鼠标右键,执行【属性】命令,在弹出的对话框中选择【高级系统设置】,单击【环境变量】按钮,在打开对话框中添加如下的环境变量:

(1) 设置 JAVA_HOME 变量为 Java 的主目录 D:\Tomcat\jdk:

$JAVA_HOME=D:\Tomcat\jdk。

变量	值
ChocolateyInstall	C:\ProgramData\chocolatey
ComSpec	C:\WINDOWS\system32\cmd.exe
DriverData	C:\Windows\System32\Drivers\DriverData
GRADLE_HOME	D:\gradle
GRADLE_USER_HOME	D:\gradle\.gradle
JAVA_HOME	D:\Tomcat\jdk
MAVEN_HOME	D:\maven

图 1-3　环境变量设置截图

（2）把 Java 的 bin 目录路径 D:\Tomcat\jdk\bin 添加到 PATH 环境变量中：$ PATH=%JAVA_HOME%\bin。

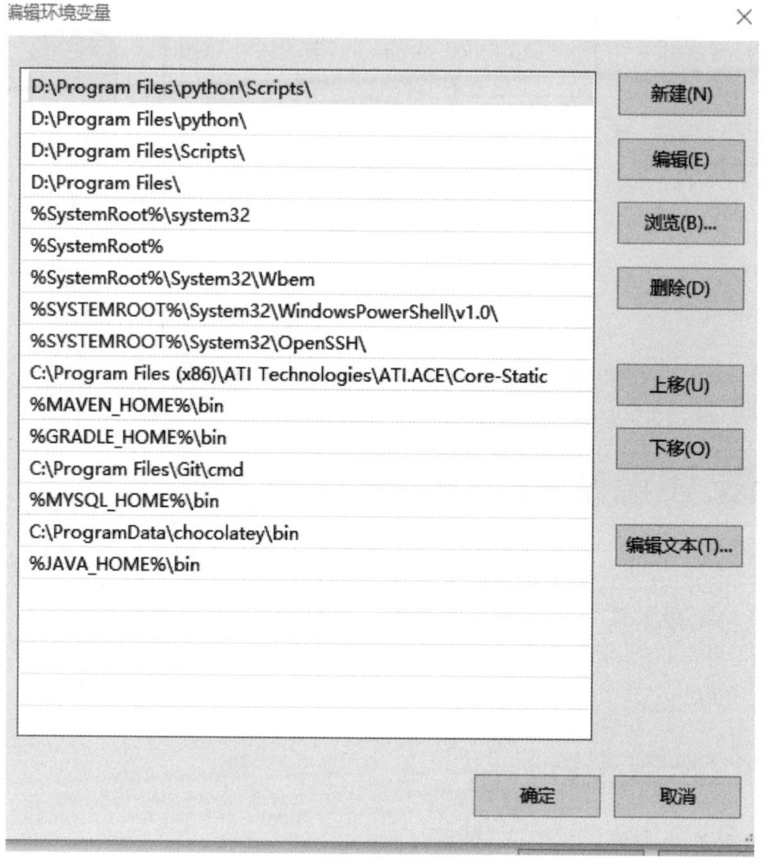

图 1－4 Path 设置截图

2. JDK 测试

在命令行方式下，输入 java -version 后按回车执行，见如图 1-5 所示信息表示 OpenJDK 安装配置成功。

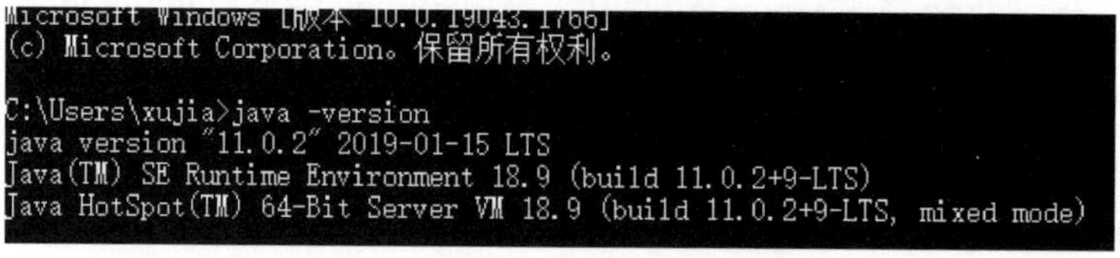

```
Microsoft Windows [版本 10.0.19043.1766]
(c) Microsoft Corporation。保留所有权利。

C:\Users\xujia>java -version
java version "11.0.2" 2019-01-15 LTS
Java(TM) SE Runtime Environment 18.9 (build 11.0.2+9-LTS)
Java HotSpot(TM) 64-Bit Server VM 18.9 (build 11.0.2+9-LTS, mixed mode)
```

图 1－5 JDK 安装成功测试界面

1.3.2 Tomcat 安装设置

1. Tomcat 下载

Apache Jakarta 项目组开发的基于 GPL 自由软件协议的 JSP 引擎，配合 JDK 就可以搭建起一个最简单的 JSP 试验平台。在 http://tomcat.apache.org/页面下载版本 9.0.60 的安装包,下载的文件为 apache-tomcat-9.0.60-windows-x64.zip。

2. 安装 Tomcat

解压 apache-tomcat-9.0.60-windows-x64.zip 后,双击 startup.bat 文件,启动 Tomcat。启动 Tomcat 之后,打开浏览器,在地址栏输入 http://localhost:8080,然后按回车键,浏览器出现如图 1-6 所示界面,即表示 Tomcat 安装成功。

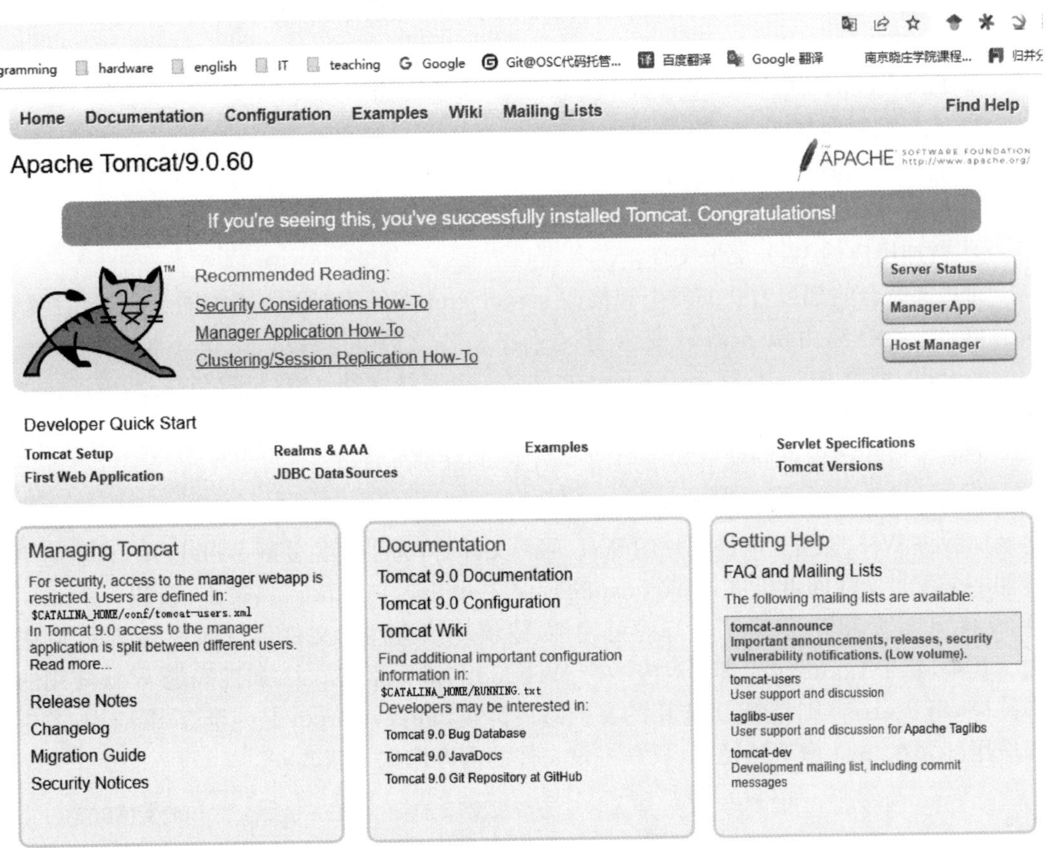

图 1-6　Tomcat 启动成功界面截图

3. Tomcat 基本配置

Tomcat 作为一个 Web 服务器,默认的服务端口是 8080,也可以自己设置。虽然 Tomcat 是免费的 Web 服务器,但也提供了两个图形界面的控制台。用户可以使用控制台方便地部署 Web 应用、配置数据源及监控服务器中的 Web 应用等。下面介绍如何修改 Tomcat 的 Web 服务端口,并进入其控制台来部署 Web 应用。

(1) 修改端口

Tomcat 的配置文件都放在 conf 路径下,控制端口的配置文件也放在该路径下。打开 conf 下的 server.xml 文件,在 server.xml 文件中看到如下代码:

```
<Connector port =" 8080" protocol =" HTTP/1.1"
    connectionTimeout =" 20000"
    redirectPort= " 8443"/>
```

其中 port=" 8080"，就是 Tomcat 提供 Web 服务的端口。将 8080 修改成任意的端口，建议使用 1000 以上的端口，避免与公用端口冲突。例如将该处修改为 8117，即 Tomcat 的 Web 服务的提供端口为 8117。修改成功后，重新启动 Tomcat，在浏览器中输入 http://localhost:8117，回车后将再次看到如图 1－6 所示的界面。

（2）部署 web 应用

在 Tomcat 中部署 Web 应用的方式非常多，主要有如下方式：

① 使用控制台部署。

② 利用 Tomcat 的自动部署。

③ 修改 server.xml 文件部署 Web 应用。

④ 增加用户的 Web 部署文件。

通过控制台的部署方式实质上和修改 server.xml 文件的部署方式相同。所有在控制台做的修改，最终都由服务器转变为对 server.xml 文件的修改。这里不推荐采用修改 server.xml的配置方式，因为 server.xml 文件是一个系统文件，应尽量避免修改，可通过增加用户的配置文件即可。

下面主要介绍用自动部署来增加用户的 Web 部署文件。

自动部署非常简单，只需将 Web 应用复制到 Tomcat 的 webapps 路径下，Tomcat 就会自动加载该 Web 应用。增加用户的 Web 部署文件后，为了避免复制 Web 应用，只需简单地增加一个配置文件即可。进入 Tomcat 的 conf\Catalina\localhost 路径下，新建一个 xml 文件，文件可随意命名，但为了更好的可读性，建议使该文件的文件名与部署的 Web 应用同名。其中，每个 Context 元素都对应一个 Web 应用，该元素的 path 属性确定 Web 应用的虚拟路径，而 docBase 则是 Web 应用的文档路径。假如 e:/webroot 是一个 Web 应用，若想将该应用部署在/test 虚拟路径下，只需将该文件的内容作如下修改：

```
<! --部署一个 Web 应用，其中 path 是 Web 应用虚拟路径，而 docBase 是 Web 应用的文档路径-->
<Context path ="/test" docBase =" e:/webroot" debug =" 0" privileged =" true">
</Context >
```

1.3.3 Maven 的安装与设置

1. 下载

进入 Maven 官网的下载页面：http://maven.apache.org/download.cgi #，如图 1－7 所示。

2. 安装

选择当前最新版本下载到本地，解压缩到本地磁盘下。

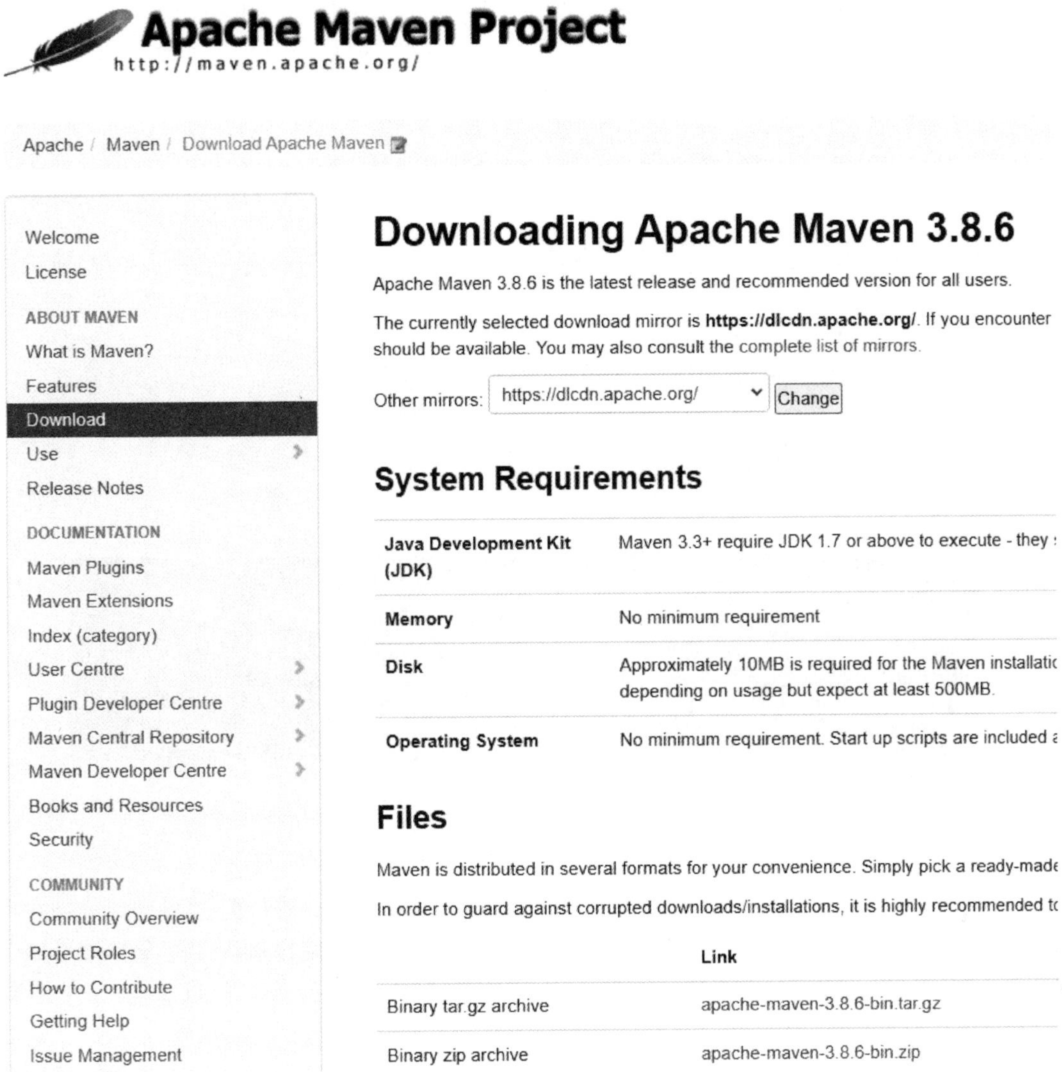

Apache / Maven / Download Apache Maven

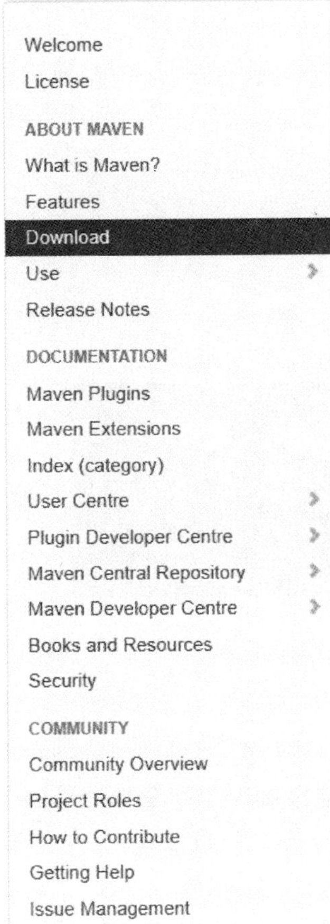

Downloading Apache Maven 3.8.6

Apache Maven 3.8.6 is the latest release and recommended version for all users.

The currently selected download mirror is **https://dlcdn.apache.org/**. If you encounter should be available. You may also consult the complete list of mirrors.

Other mirrors: https://dlcdn.apache.org/ Change

System Requirements

Java Development Kit (JDK)	Maven 3.3+ require JDK 1.7 or above to execute - they :
Memory	No minimum requirement
Disk	Approximately 10MB is required for the Maven installatic depending on usage but expect at least 500MB.
Operating System	No minimum requirement. Start up scripts are included ε

Files

Maven is distributed in several formats for your convenience. Simply pick a ready-made

In order to guard against corrupted downloads/installations, it is highly recommended tc

	Link
Binary tar.gz archive	apache-maven-3.8.6-bin.tar.gz
Binary zip archive	apache-maven-3.8.6-bin.zip

图 1－7　Maven 下载页面截图

› 此电脑 › data (D:) › maven

名称	修改日期
bin	2022/1/14 16:14
boot	2022/1/14 16:14
conf	2022/1/14 16:14
lib	2022/1/14 16:14
LICENSE	2021/11/14 9:12
NOTICE	2021/11/14 9:12
README.txt	2021/11/14 9:12

图 1－8　Maven 目录结构截图

bin:保存 Maven 的可执行命令，mvn 和 mvn.bat 就是执行 Maven 工具的命令。

boot:该目录只包含一个 plexus-classworlds-2.5.2.jar 文件，是一个类加载框架。

conf:保存 Maven 配置文件的目录，该目录包含 setting.xml 文件，该文件用于设置 Maven 的全局行为。

lib:该目录包含了所有 Maven 运行时需要的类库，此外，还包含 Maven 所依赖的第三方类库。

LICENSE、README.txt 等为说明文档。

Maven 运行需要如下两个环境变量：

● JAVA_HOME:该环境变量指向 JDK 安装路径。

● MAVEN_HOME:该环境变量指向 Maven 安装路径。

将%MAVEN_HOME%\bin 添加到 PATH 环境变量中，在命令行方式下运行 mvn -version，显示如图 1－9 所示信息表示 Maven 已经安装成功。

```
C:\WINDOWS\system32\cmd.exe

D:\>mvn -version
Apache Maven 3.8.4 (9b656c72d54e5bacbed989b64718c159fe39b537)
Maven home: D:\maven
Java version: 11.0.2, vendor: Oracle Corporation, runtime: D:\Tomcat\jdk
Default locale: zh_CN, platform encoding: GBK
OS name: "windows 10", version: "10.0", arch: "amd64", family: "windows"
```

图 1－9 Maven 安装成功截图

3. 修改默认的本地仓库位置

进入 Maven 安装目录下的 conf 子目录中，打开 settings.xml 进行配置修改。Maven 默认的本地仓库位置是当前用户工作目录下的".m2/repository"，使用过程中这个目录里的文件会比较多，占用空间越来越大，建议更换到其他磁盘目录下。如图 1－10 所示的 localRepository 标签中设置，就把默认的本地仓库更改到 d:/maven_local_repository（这个目录结构需要自己创建好）。保存所做的修改，同时还需要把这个 settings.xml 文件复制一份到 D:\maven 目录下。

```
<!-- localRepository
 | The path to the local repository maven will use to store artifacts.
 |
 | Default: ${user.home}/.m2/repository
 -->
<localRepository>d:/maven_local_repository</localRepository>
```

图 1－10 Maven 配置本地目录截图

4. 修改默认的中央仓库镜像

Maven 默认的中央仓库里的文件不全。所以，都需要自行添加其他的镜像地址。在 settings.xml 文件中的 <mirrors> 标签里添加如下内容：

```
<mirror>
    <id>aliyun</id>
    <name>aliyun</name>
    <url>http://maven.aliyun.com/nexus/content/groups/public/</url>
    <mirrorOf>central</mirrorOf>
</mirror>
```

图 1－11　Maven 设置国内镜像截图

5. Maven 的 pom.xml 文件

POM 全称 Project Object Model，又称项目对象模型。POM 是 Maven 工程的基本工作单元，是一个 XML(可扩展标记语言)文件，包含了项目的基本信息，用于描述项目如何构建、声明项目依赖等。执行任务或目标时，Maven 会在当前目录中查找 POM 并读取从而获取所需的配置信息执行目标，属于项目级别的配置文件。常见属性如表 1－1 所示。

表 1－1　POM 文件常用标签

标签	含义
modelVersion	指定 pom 的模型版本
groupId	组织 id，通常为域名反写
artifactId	项目 id，通常是项目名称
version	版本号：release 完成版，SNAPSHOT 开发版
packaging	打包方式，web 工程打包为 war，java 工程打包为 jar
dependencies	设置当前工程的所有依赖
dependency	具体的依赖
build	构建
plugins	设置插件
plugin	具体的插件配置

(1) parent 依赖继承

子项目继承父项目的依赖、插件等，如：

```
<parent>
    <artifactId>chssmdemo</artifactId>
    <groupId>com.njxzc</groupId>
    <version>1.0-SNAPSHOT</version>
</parent>
```

(2) properties 自定义全局属性

- properties 用于自定义全局属性变量，在 pom.xml 文件中可以通过 ${property_name} 的形式引用变量的值。
- properties 常用于声明相应的版本信息，然后在 dependency 下引用依赖的时候用 ${property_name}关联版本信息。

```
<properties>
    <project.build.sourceEncoding> UTF-8 </project.build.sourceEncoding>
    <maven.compiler.source> 1.7 </maven.compiler.source>
    <maven.compiler.target> 1.7 </maven.compiler.target>
    hibernate-validator.version> 5.4.2.Final </hibernate-validator.version>
  </properties>
```

（3）dependency 依赖引用

引用第三方 jar 包依赖如下：

```
<dependency>
    <groupId> org.hibernate </groupId>
    <artifactId> hibernate-validator </artifactId>
    <version>${hibernate-validator.version}</version>
    <scope> compile </scope>
    <optional> true </optional>
</dependency>
```

<groupId>：创建项目的组织或团体的唯一 Id。

<artifactId>：项目名称。

<version>：产品版本号。

<optional>：设置依赖是否传递，默认为 false，表示依赖传递，true 表示依赖不进行传递。

<scope>：为 jar 包作用范围，可选值如下：

compile	编译范围，默认值，依赖在所有的 classpath 中可用，同时它们也会被打包，使用最多的选项。
provided	已提供范围，表明 dependency 由 JDK 或者容器提供。例如，如果开发了一个 web 应用，可能在编译 classpath 中需要可用的 Servlet API 来编译一个 servlet，但是不想要在打包好的 WAR 中包含这个 Servlet API；因为 Servlet API JAR 由你的应用服务器或者 servlet 容器提供。 已提供范围的依赖在编译时（不是运行时）可用，它们不是传递性的，也不会被打包。
runtime	运行时范围，依赖在运行和测试系统的时候需要，但在编译的时候不需要。例如，可能在编译的时候只需要 JDBC API JAR，而只有在运行的时候才需要 JDBC 驱动实现。
test	测试范围。依赖在一般的编译和运行时都不需要，它们只有在测试编译和测试运行阶段可用。

compile、provided、runtime 的区别如下：

- 通过 maven 引入的 jar 包，里面的类，都是已经编译好的字节码文件。
- 通过 compile 和 provided 引入的 jar 包，里面的类在项目中可以直接 import 引用使用，编译没问题。
- 通过 runtime 引入的 jar 包中的类，只在运行时生效，所以项目中不能直接 import 使用，只能通过反射等方式使用。

- 通过 compile 和 runtime 引入的 jar 包，会一起打包到自己的项目包里，而 provided 引入的 jar 包则不会。

举个例子就很容易懂了，如果不想团队成员直接使用 log4j2 实现，而是面向 slf4j 接口编程，则可以设置：

slf4j 定义为 compile

log4j2 定义为 runtime

(4) resource 指定资源文件

一般情况下资源文件（各种 yml、xml，properites，xsd、ftl 文件等）都放在 src/main/resources 下面，Maven 打包时，自动把这些资源文件打包到 classes 类路径下。然而有时候，比如 mybatis 的 XxxMapper.xml 文件，如果和 XxxMapper.java 一样放在 src/main/java 源码目录下面，这样 Maven 打包时，默认这些非.java 的资源文件是不会被打包的（Maven 认为 src/main/java 只是 Java 的源代码路径）。解决办法也有很多种方式，比如使用 resources 标签强行指定 src/main/java 目录下的哪些文件也必须作为资源文件处理。

(5) plugin 指定 Maven 插件

(6) packaging 打包类型

packaging 设置项目打包的方式，可选值有：pom、jar（默认值）、war、maven-plugin、ejb、ear、rar、par 等，其中常用的是 jar、war、pom。

打包方式	描述
jar	作为内部调用，或者是作为服务使用
war	需要部署在容器上的项目，比如部署到 Tomcat、Jetty 等
pom	多模块项目架构时，父项目必须指定为 pom

(7) modules 多模块管理

用于管理同个项目中的各个模块，通常用于大一点的项目。假设项目分为 A、B、C、D 四个模块，在父模块的 pom.xml 中，一般这样来对子模块进行聚合：

```
<modules>
    <module> A </module>
    <module> B </module>
    <module> C </module>
    <module> D </module>
</modules>
```

- 使用 Maven 分模块管理项目时，父级项目的 packaging 都设置为 pom，表示项目里没有 Java 代码（也不执行代码），只是为了聚合工程或传递依赖使用。
- 通过 <modules> 标签指定子模块的相对路径，这就可以直接在父项目里执行 Maven 命令，一次构建全部模块（当然每个模块逐个执行也是可以的）。
- 对父项目执行 Maven 命令时，只有当父项目的 packing 类型为 pom 时，才会对所有的子模块执行同样的命令。
- 在子模块的 pom.xml 通过 <parent> 标签继承父项目。

1.3.4 Idea 的安装与设置

1. 安装

IntelliJ IDEA 简称 IDEA(https://www.jetbrains.com/idea/)，是业界公认最好的 Java 集成开发工具之一，尤其在智能代码助手、代码自动提示、代码重构、代码版本管理(Git、SVN、Maven)、单元测试、代码分析等方面有着亮眼的发挥。IDEA 分为社区版和付费版两个版本。UItimate 为付费版，可以免费试用，主要针对的是 Web 和企业开发用户，Community 为免费版，可以免费使用，主要针对的是 Java 初学者和安卓开发用户。选择适合的版本按照提示可以完成 IDE 的安装，两种版本的功能差别如图 1-12 所示。

	IntelliJ IDEA Ultimate	IntelliJ IDEA Community Edition
Java, Kotlin, Groovy, Scala	✓	✓
Maven, Gradle, sbt	✓	✓
Git, GitHub, SVN, Mercurial, Perforce	✓	✓
Debugger	✓	✓
Docker	✓	✓
Profiling tools	✓	
Spring, Jakarta EE, Java EE, Micronaut, Quarkus, Helidon, and more	✓	
HTTP Client	✓	
JavaScript, TypeScript, HTML, CSS, Node.js, Angular, React, Vue.js	✓	
Database Tools, SQL	✓	
Remote Development (Beta)	✓	
Collaborative development	✓	☑

图 1-12 两种版本功能对比图

2. 配置

使用 IDEA 之前需要对其进行必要的配置，一般有两种方法，一是每个项目单独设置，二是对有共性的设置进行全局设置，推荐使用第二种。通过 File→New Projects Setup 菜单项再选择 Settings for New Projects....，主要的设置有以下几项：

(1) 编码设置

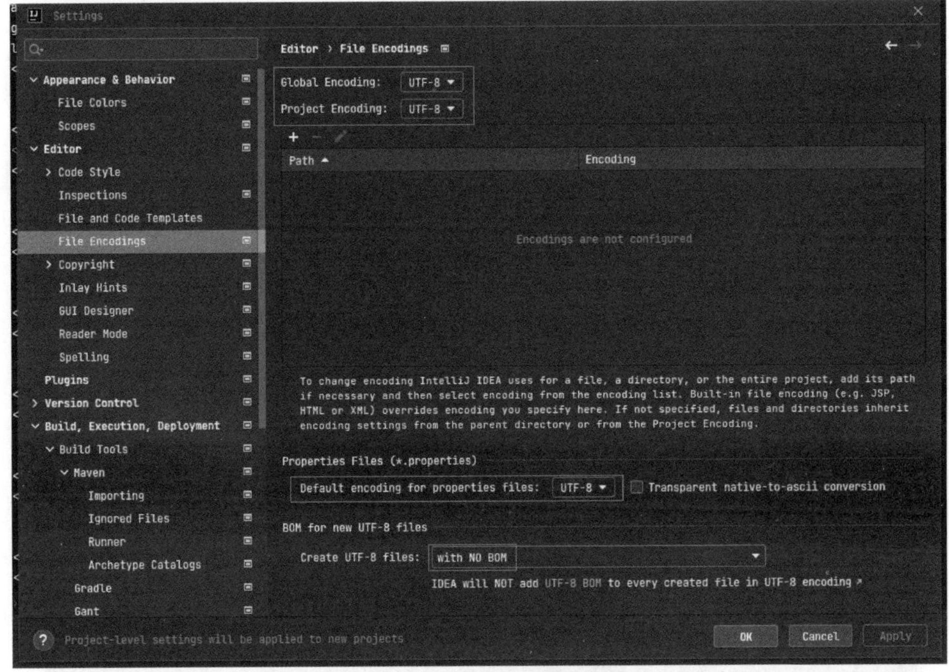

图 1 - 13　IDEA 编码设置截图

(2) 编译器设置

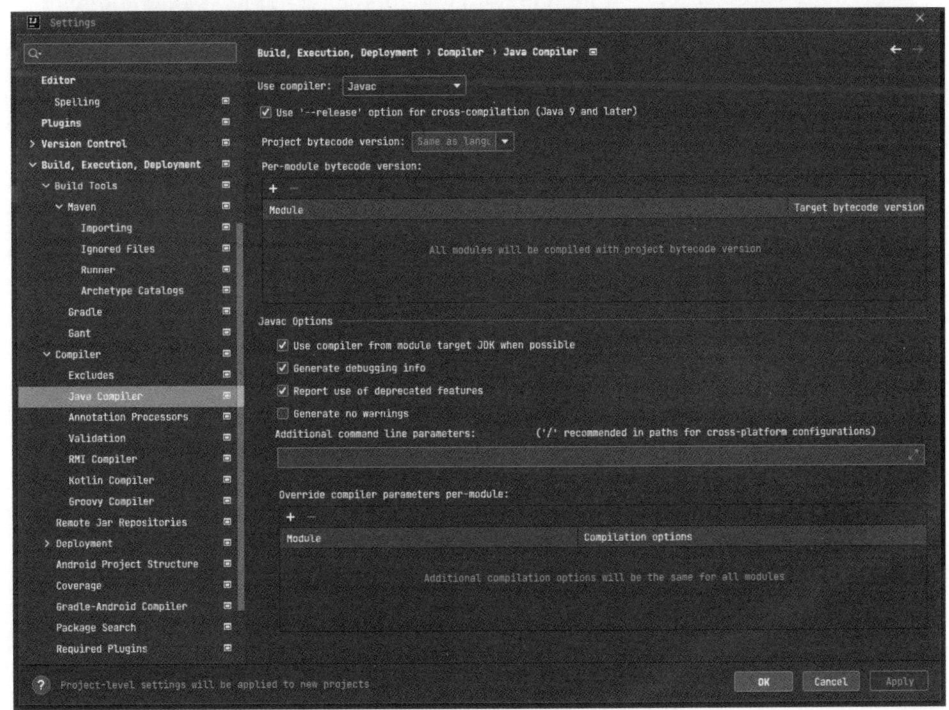

图 1 - 14　IDEA 编译器设置截图

（3）Maven 设置

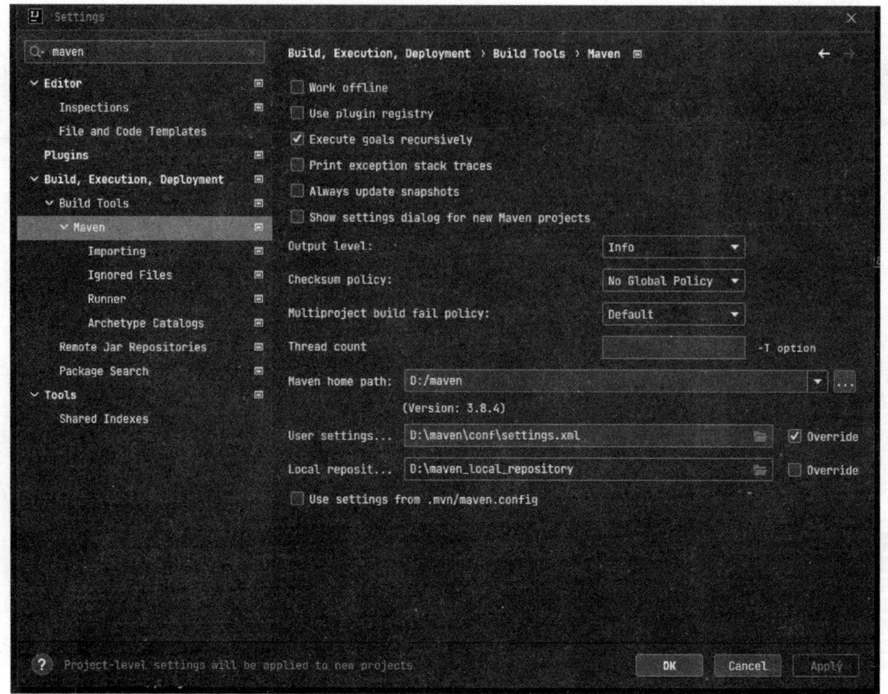

图 1－15　IDEA Maven 设置截图

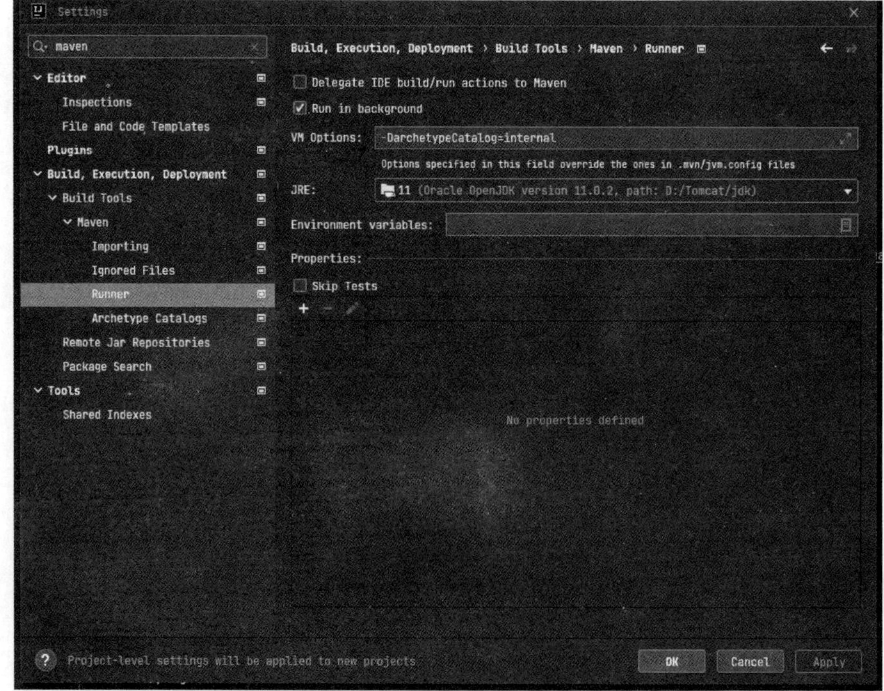

图 1－16　IDEA Maven Runner 设置截图

1.4　应用实例

准备好项目运行所需要的环境后，就可以使用 IDEA 创建一个基于 Maven 的 Web 项目，具体步骤如下。

如果是初次下载安装 IDEA 工具或者未打开任何项目，会先进入 IDEA 欢迎界面，如图 1－17 所示。在 IDEA 欢迎界面单击“New Project”按钮创建项目，出现如图 1－18 所示界面。

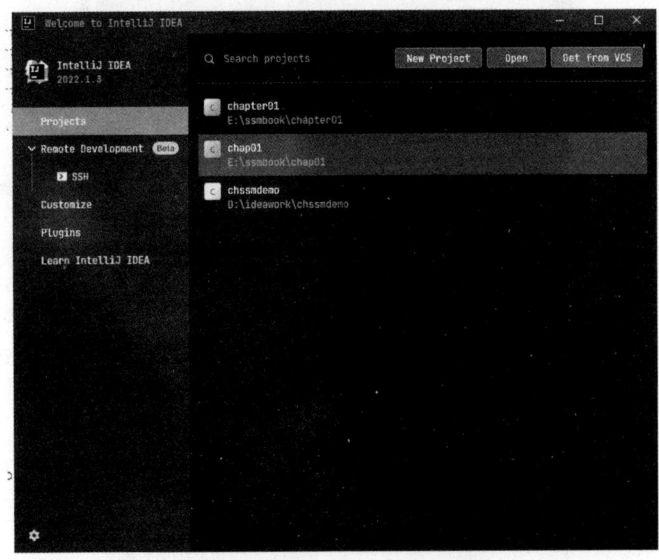

图 1－17　IDEA 欢迎界面截图

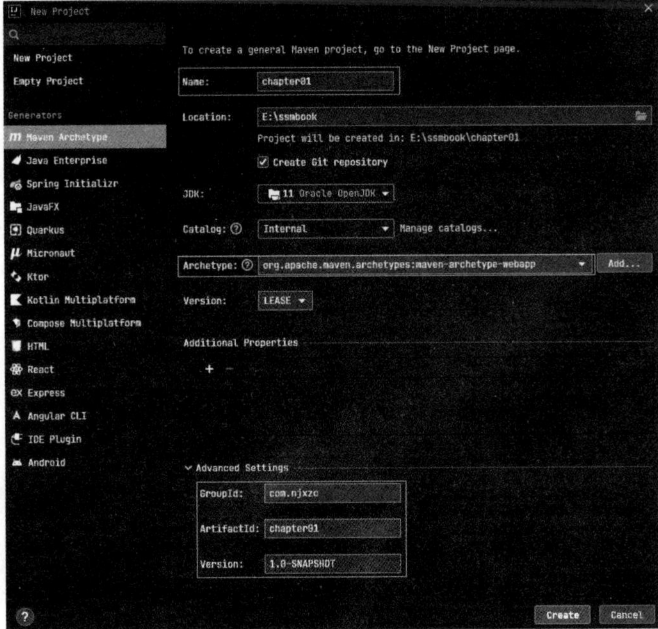

图 1－18　创建 Maven Web 项目截图

点击“Create”按钮可以得到项目的目录结构，如图 1－19 所示。

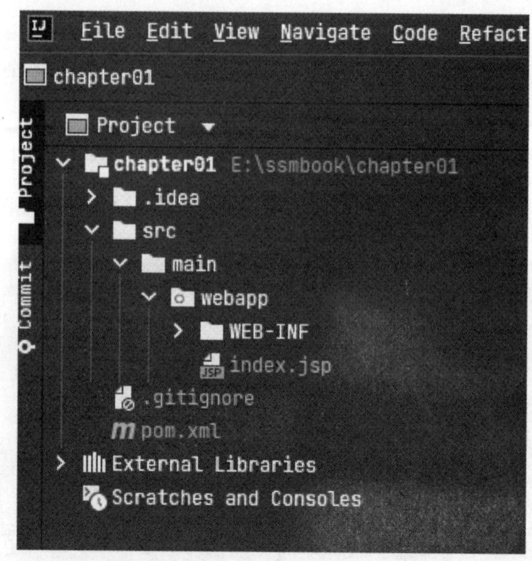

图 1－19　项目的目录结构截图

需要在 main 文件夹下补全两个文件夹，点击 main，右键→新建→文件夹，IDEA 已经提供了缺失的文件夹，依次创建好即可。

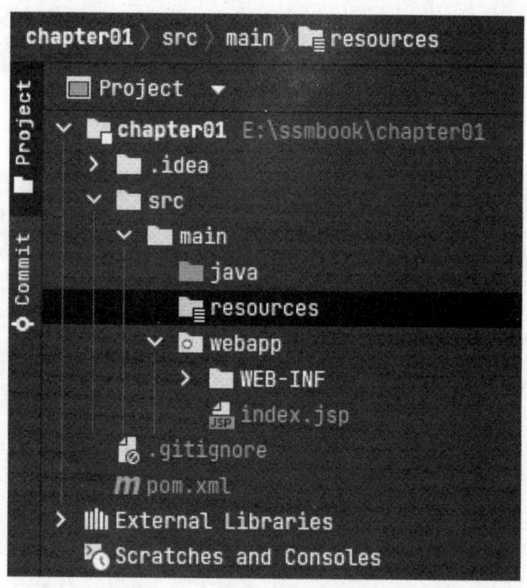

图 1－20　创建文件夹后的项目结构截图

点击运行小绿箭旁边的 Add Configuration 运行配置，点击加号，选择 Tomcat Server 本地 。修改项目名称为 chapter01，JRE 选择系统配置的 JDK 版本。

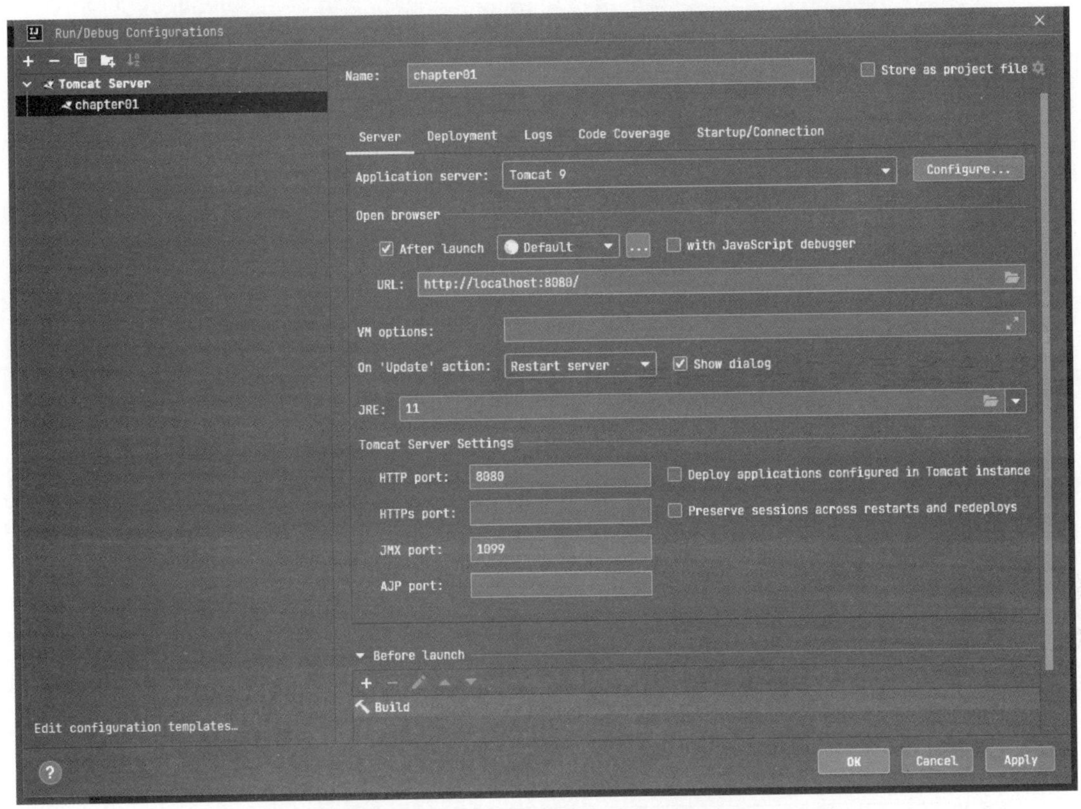

图 1－21　本地 Tomcat Server 配置截图

点击 Deployment 标签栏，选择下方的“+”，选择“artifact...”菜单项，再选择第二项进行部署。

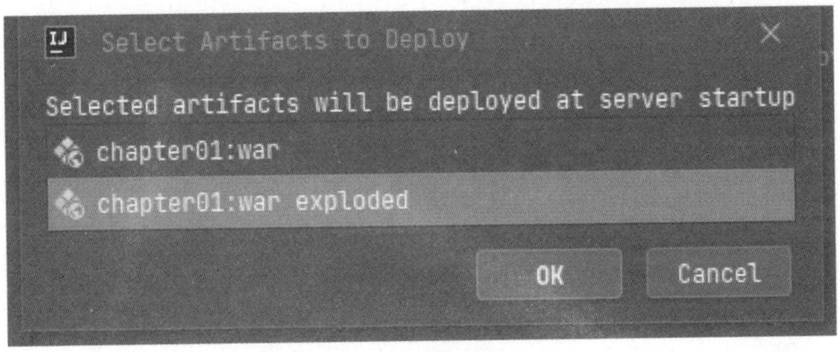

图 1－22　部署选择截图

在部署界面修改 Application Context 为“/chapter01”，点击“OK”以后就完成了整个项目的设置。

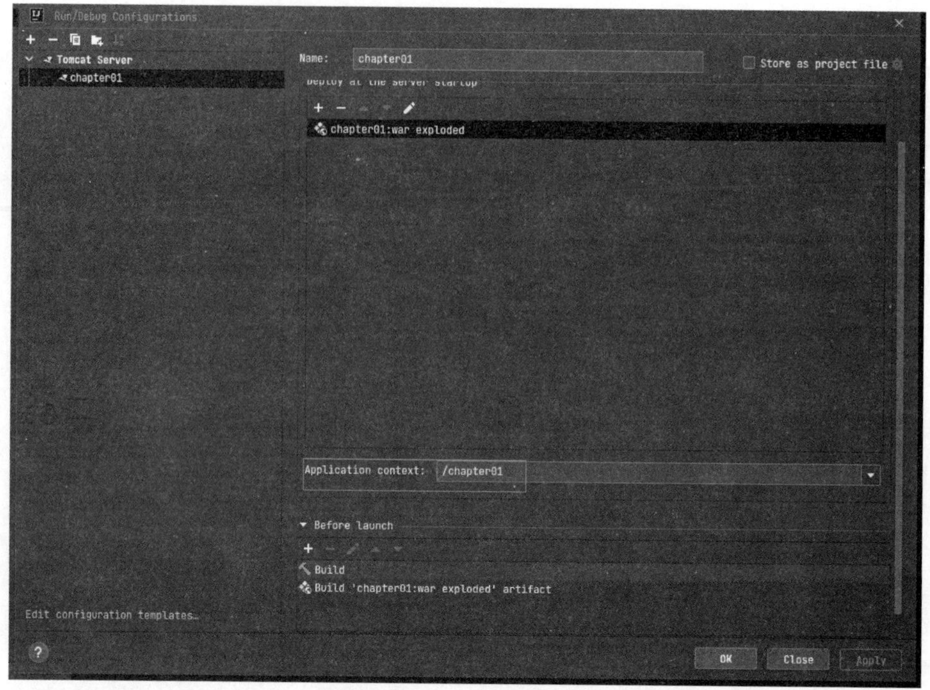

图 1－23 部署设置截图

在 IDEA 右上角工具栏点击运行按钮可以在浏览器中看到“Hello World!”，如图 1－24 所示。

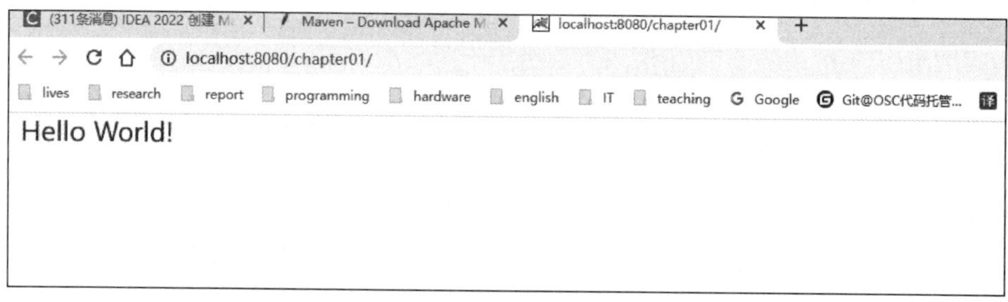

图 1－24 运行截图

巩固练习

1. 根据不同应用领域将 Java 语言分为哪三大平台？
2. 简述 Java EE 主流开发框架的特点。
3. 下载安装 JDK、Tomcat 并设置，并在 IDEA 中配置 Tomcat 和 JDK。

【微信扫码】
习题解答 & 相关资源

第 2 章

Web 编程基础

学习目标

1. 了解并掌握 HTML 语言的基本概念
2. 了解并掌握 CSS 的基本语法
3. 了解并掌握 JavaScript 语言的语法和使用
4. 了解并掌握 Jquery 的使用

2.1 HTML

与用户实现有效的交互是 Java EE 项目成功的必要条件，而 HTML 是最基本的页面交互技术。掌握 HTML 技术即可实现基本的 Web 页面交互，也有助于更好地理解其他 Web 编程技术（如 JSP）。

2.2 CSS

层叠样式表（Cascading Style Sheet，CSS），又称级联样式表。是一种专门描述文档呈现方式的文档，它既可以描述文档在屏幕上如何显示，也可以描述打印效果，甚至声音效果。

如果说 HTML 技术解决了页面上呈现“什么内容”的问题，则 CSS 可以在此次基础上解决页面内容“如何呈现”的问题。

层叠是指对同一个元素的多个样式定义层叠在一起，将采用最后一次设置的样式。

2.3 JavaScript

JavaScript（简称“JS”）是一种面向 Web 的编程语言，既可以实现动态页面效果，也可以实现表单校验等基于客户端（浏览器）的简单业务逻辑。

2.3.1 JavaScript 基础

1. JavaScript 简介

与 Java 等业务逻辑语言不同，JavaScript 是一种脚本语言，变量类型采用弱类型，未使用严格的数据类型。其源代码（脚本）可直接由浏览器解释执行而无需通过专门的编译器编译。

JavaScript 可以灵活地嵌入标准的 HTML 代码中，从而实现页面的动态效果。

JavaScript 具有以下特点：

（1）脚本编写语言

JavaScript 是一种脚本语言，它采用小程序段的方式实现编程。像其他脚本语言一样，JavaScript 是一种解释性语言，但它不需要先编译，而是在程序运行过程中被逐行地解释。

（2）基于对象的语言

JavaScript 是一种基于对象的语言，某种程度也可以看作一种面向对象的语言，这意味着它能运用自己已经创建的对象。因此，许多功能可以来自脚本环境中对象的方法与脚本的相互作用。

（3）安全性

JavaScript 是一种安全性语言，它不允许访问本地的硬盘，不能将数据存储到服务器上，不允许对网络文档进行修改和删除，只能通过浏览器实现信息浏览或动态交互，从而有效地防止数据的丢失。

（4）动态性

JavaScript 是动态的，它可以直接对用户或客户的输入做出响应，无须经过 Web 服务端程序。它对用户的响应，是以“事件驱动”的方式进行的，即当某事件发生后，会引起相应的响应（一般是执行某个方法或者一段代码）。

（5）跨平台性

JavaScript 的运行依赖于浏览器（或 JS 引擎），与操作环境无关，任何安装有主流浏览器的电脑都可以解释执行，从而实现了“编写一次，到处运行”。

（6）开发环境要求低

无须高性能的电脑，也无须 Web 服务器通道，仅需一个文本编辑器和一个浏览器即可完成基本的编码与调试。

2. JavaScript 代码的组织方式及引用

JavaScript 代码一般会被封装在 <script>… </script> 标签内部并放置在 HTML 文档中，也可以单独编写在扩展名为“js”的脚本文件中。JavaScript 代码的组织方式具体分以下几种情形：

（1）脚本位于 HTML 文档的 <body> 部分

脚本可以直接放置在 <body> 相应位置，从而在需要的时候执行。示例代码如下：

```
<html lang =" en">
    <head>
```

```
        <meta charset =" UTF-8">
            <title>脚本位于<body>部分</title>
    </head>
    <body>
        <script type =" text/javascript">
            window.alert(" Hello World !");
        </script>
    </body>
</html>
```

其中，<script>标签用于定义客户端脚本，属性 type =" text/javascript"则说明脚本类型是 JavaScript 而不是 VbScript 等其他类型脚本；window.alert()方法以对话框形式显示提示语。运行结果如图 2－1 所示。

图 2－1　网页对话框

(2) 脚本位于 HTML 文档的<head>部分

如果脚本要实现的功能较复杂，或者该功能会被反复使用，则建议将其脚本单独定义成函数放置于<head>部分，这样就可以供文档其他部分方便地调用，提高开发效率。代码修改如下：

```
<html lang ="en">
    <head>
        <meta charset =" UTF-8">
        <title>脚本位于<head>部分</title>
        <script type ="text/javascript">
            function sayHello(s)      //定义函数
            {
              window.alert(s);
            }
        </script>
    </head>
    <body>
        <script type =" text/javascript">
            sayHello(" Hello World !");   //调用函数
        </script>
    </body>
</html>
```

(3) 脚本位于单独的脚本文件(＊.js)中

可以在单独的 js 文件(如“test.js”)中编写脚本代码，然后在 HTML 文档的<head>或者<body>部分引入。引入方式还是采用<script>标签，并在标签中添加 src 属性，引入代码如下：

```
<script type=" text/javascript" src=" test.js"></script>
```

独立于页面的脚本更易于维护和扩展，也使得 HTML 代码更完整、简洁，易于阅读。

3. JavaScript 的数据类型

JavaScript 的数据类型分为基本数据类型和引用类型两大类。基本数据类型包括数字(Number)、布尔(Boolean)、字符串(String)、空(Null)和未定义(Undefined)；引用类型包括对象(Object)、数组(Array)和函数(Function)。

4. JavaScript 的变量

JavaScript 是一种动态类型、弱类型语言，变量在声明时不用明确其数据类型，而统一使用 var 关键字，如：

```
var x;
var n = 1;
var s =" Hello World !"
```

JavaScript 的变量命名规则遵循其标识符命名规则，即：(1)只能由英文字母、数字、下划线和$组成；(2)必须以英文字母、下划线或$开头；(3)不能使用关键字和保留字，如 var、null、for 等；(4)区分大小写。

5. JavaScript 的运算符与表达式

JavaScript 常用的运算符包括算术运算符、关系运算符、逻辑运算符、赋值运算符和字符串运算符。

(1) 算术运算符

JavaScript 的算术运算符有：加(+)、减(-)、乘(＊)、除(/)、取余(%)、递增(++)和递减(--)。这些运算符的运算法则与 Java 等高级语言类似，不再详述。

(2) 关系运算符

JavaScript 的关系运算符用于比较两个操作数的大小，返回值一个逻辑值(true 或 false)，见表 2-1。

表 2-1 JavaScript 关系运算符

运算符	举例	描述
==	m == n	如果 m 等于 n 则返回 true，否则返回 false
!=	m != n	如果 m 不等于 n 则返回 true，否则返回 false
>	m > n	如果 m 大于 n 则返回 true，否则返回 false
<	m < n	如果 m 小于 n 则返回 true，否则返回 false
>=	m >= n	如果 m 大于等于 n 则返回 true，否则返回 false
<=	m <= n	如果 m 小于等于 n 则返回 true，否则返回 false

(3) 逻辑运算符

表 2-2 JavaScript 逻辑运算符

运算符	举例	描述
&&	m&&n	逻辑与。仅当 m、n 都为 true 时返回 true,其他情形都返回 false
||	m||n	逻辑或。仅当 m、n 都为 false 时返回 false,其他情形都返回 true
!	! m	逻辑非。m 为 true 时返回 false,m 为 false 时返回 true

(4) 赋值运算符

赋值运算符以"="为基础,是优先级最低的运算符。与其他运算符不同,赋值运算符是右结合的,先运算右侧操作数,再将结果赋值给左侧操作数。赋值运算符的左侧操作数必须是变量。JavaScript 的常用赋值运算符见表 2-3。

表 2-3 JavaScript 赋值运算符

运算符	举例	描述
=	m = n	将 n 的值赋给变量 m
+=	m += n	等价于:m = m + n
-=	m -= n	等价于:m = m -- n
*=	m *= n	等价于:m = m * n
/=	m/= n	等价于:m = m/n

(5) 表达式

JavaScript 的表达式概念与 Java 等高级语言相同,指由一个或多个运算符、操作数、函数组成的运算式,运算后返回一个唯一的运算值。

6. JavaScript 的流程控制

JavaScript 代码默认以顺序结构进行控制与执行,即从上而下。除此以外,JavaScript 还需要结合分支结构、循环结构来控制程序流程。

(1) 分支结构

JavaScript 实现分支结构的语句主要有 if 和 switch 语句。基本的 if 语句为:

```
if(LogicExpr){
  语句块 1
}
else{
  语句块 2
}
```

当 LogicExpr 为真时,执行语句块 1;否则,执行语句块 2。if 语句也可以没有 else。示例代码如下:

```
<script type=" text/javascript">
        var score = parseInt(window.prompt("请输入成绩(0~100)"," 0"));
        // window.prompt()函数通过提示框获取用户的输入
        if(score >= 60){
                        window.alert("合格!");
        }
        else{
                        window.alert("不合格!");
        }
</script>
```

如果需要表示更多分支，可以使用 if 语句的嵌套，即：

```
if(Expr1){ 语句块 1 }
else if(Expr2){ 语句块 2 }
else if(Expr3){ 语句块 3 }
... ...
else{ 语句块 n }
```

if 语句的嵌套模型见图 2-2 所示。

多分支也可以使用 switch 语句实现，代码如下：

```
switch(Expr){
  case value_1:
     语句块 1
     break;
  case value_2:
     语句块 2
     break;
  ... ...
  case value_n:
     语句块 n
     break;
  default:
     语句块 n + 1
     break;
}
```

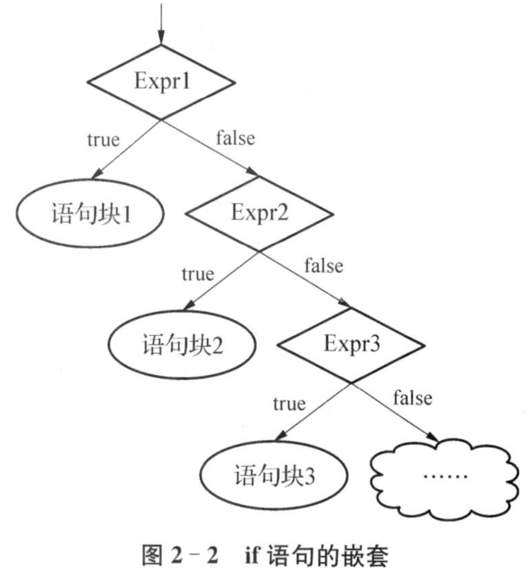

图 2-2 if 语句的嵌套

switch 语句的模型也可以参考图 2-2，其中的逻辑表达式(expr1、expr2...)将分别替换为 switch 语句中的 Expr == value_1、Expr == value_2...

switch 语句示例如下：

```
<script type="text/javascript">
    var score = parseInt(prompt("请输入成绩(0~100)","0"));
    switch(score/10){
    case 10: //该分支没有 break 语句，将直接穿透至下一个分支
```

```
    case 9:
        window.alert("优");
    break;
        case 8:
    window.alert("良");
        break;
    case 7:
        window.alert("中");
    break;
        case 6:
    window.alert("及格");
        break;
    default:
        window.alert("不及格");
  }
</script>
```

示例中首先将用户输入的百分制分数除以 10 并取整,然后与各分支的 case 值(10、9、8、7、6)进行匹配,一旦找到匹配的 case 分支即执行该分支语句块并跳出 switch 语句。

与 if 语句不同的是,switch 语句的每个分支默认是可以穿透的,即 switch 语句表达的逻辑并不是典型的树形结构,需要在每个分支语句块末尾加上 break 才能实现典型的分支流程。如示例中的 case 10 没有 break 语句,故直接穿透到了 case 9 分支且不管 case 9 是否与 Expr 表达式相匹配。

(2) 循环结构

JavaScript 实现循环结构的语句有 for 和 while。

for 语句形式为:

```
for(initExpr;logicExpr;updateExpr){语句块}
```

等价的 while 语句形式为:

```
initExpr
while(logicExpr){
   语句块
   updateExpr
}
```

循环结构的执行流程见图 2-3。

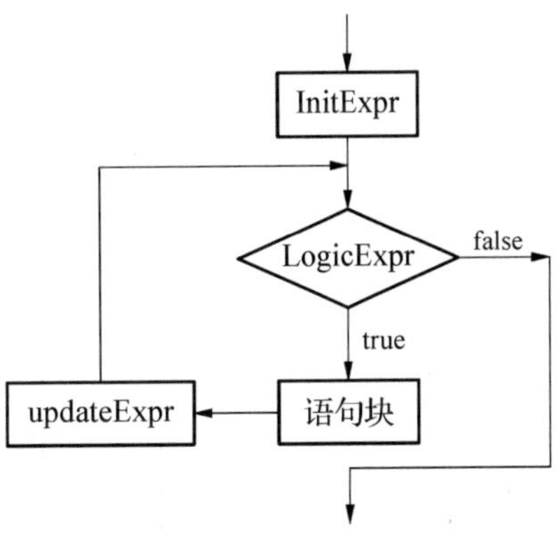

图 2-3　循环语句执行流程

下面以计算 1～100 的整数的和为例。for 语句的实现代码为:

```
var sum = 0;
for(var i = 1;i <= 100;i ++){
    sum += i;
}
```

while 语句的实现代码为：

```
var sum = 0;
var i = 1;
while(i <= 100){
    sum += I;
    i ++;
}
```

在循环语句中除了可以使用 break 语句跳出循环外，还可以使用 continue 语句结束本次循环而直接进入下一次循环，即跳过“语句块”剩下的语句直接执行 logicExpr，并根据判断结果进入下一次循环。

为了实现更复杂的循环结构，for 和 while 语句也可以互相嵌套。

7. JavaScript 的函数

函数是实现某一特定功能的可被重复调用的代码块。

JavaScript 中函数分为系统函数和自定义函数。系统函数又分为全局函数和对象函数，全局函数如 parseInt()，可以在脚本任何位置直接引用；对象函数如 alert()等一般由 DOM 和 BOM 对象来调用。系统函数无需定义，下面主要介绍自定义函数。

JavaScript 的自定义函数格式如下：

```
function funName(parameters){
   代码块
   return 语句   //如果需要返回值
}
```

如以下代码定义了一个判断是否素数的函数：

```
<script type="text/javascript">
    function isPrime(n){
    if(n < 2)
      return false;
    for(var i = 2;i <n/2;i ++){
        if(n % i == 0)
              return false;
    }
        return true;
      }
</script>
```

由于 JavaScript 是弱类型语言，故函数不管是否返回值，都不需要在函数名称前加返回值类型或者类似“void”的关键字；如果函数需要返回值，则只需要在函数内部加 return 语句，当执行到 return 语句的时候，函数将不再执行 return 后面的语句并直接出栈跳出函数；函数的参数列表 parameters 也不需要声明参数类型。

JavaScript 函数一般定义在文档的 <head> 部分，并在其他位置调用或者由事件触发执行。

2.3.2 JavaScript 事件

1. 事件驱动机制

"事件驱动"是相对于批处理而言的。批处理程序的执行过程是由程序代码决定的，执行过程中用户无法干预；而事件驱动程序的执行过程是在程序与用户的交互过程中完成的，该过程中用户会不断地对程序施加动作，如"点击"命令按钮。

外界(用户或其他程序)对程序施加的动作称为事件，有时候也称为"消息"，如点击按钮、敲击回车键、对象获得或失去焦点等都属于典型的事件。还有一类比较特殊的计时器事件，如倒计时结束、系统时间到达某个时间点、每隔一段时间激发某个操作等。

2. JavaScript 的事件与事件处理

JavaScript 可以识别和响应的事件分为键盘事件、鼠标事件、表单控件事件和窗口事件。

JavaScript 提供了一系列事件句柄来标识事件响应代码。一般情况下，事件句柄都以"on +事件名称"的形式命名，如"onclick"。事件处理代码作为值赋值给事件句柄，从而指定该段代码来响应该事件，如 onclick =" window.alert(s);"。

JavaScript 的事件及对应的事件句柄见表 2 - 4。

表 2 - 4 JavaScript 事件与事件处理函数对应表

事件类型	事件	事件句柄	描 述
键盘事件	Keydown	onKeydown	某个键盘按键被按下执行 JS 代码
	Keypress	onKeypress	某个键盘按键被按下并松开执行 JS 代码
	Keyup	onKeyup	某个键盘按键被松开执行 JS 代码
鼠标事件	Click	onClick	当用户点击某个对象时执行 JS 代码
	Dblclick	onDblclick	当用户双击某个对象时执行 JS 代码
	Mousedown	onMousedown	鼠标按钮被按下执行 JS 代码
	Mousemove	onMousemove	鼠标被移动执行 JS 代码
	Mouseout	onMouseout	鼠标从某元素移开执行 JS 代码
	Mouseover	onMouseover	鼠标移到某元素之上执行 JS 代码
	Mouseup	onMouseup	鼠标按键被松开执行 JS 代码
表单控件事件	Change	onChange	该事件在表单元素的内容改变时触发执行 JS 代码
	Submit	onSubmit	表单提交时触发执行 JS 代码
	Reset	onReset	表单重置时触发执行 JS 代码
	Select	onSelect	用户选取文本时触发执行 JS 代码
	Blur	onBlu	当前对象元素失去焦点时触发执行 JS 代码
	Focus	onFocus	当某个对象元素获取焦点时触发执行 JS 代码
窗口事件	Load	onLoad	文档载入时执行 JS 代码
	Unload	onUnload	当文档被卸载时执行 JS 代码

下面以鼠标事件“click”为例说明事件驱动机制的工作过程：

```
<html lang ="en">
<head>
<meta charset ="UTF-8">
        <title>事件驱动示例</title>
        <script type ="text/javascript">
                function sayHello(s) {   window.alert(s);   }//定义函数
</script>
</head>
<body>
        /* 下面定义一个命令按钮，按钮上显示“say hello”，点击后将调用 sayHello(s) 函数来处理
        该事件。运行效果见图 2-4。* /
        <input type =" button" onclick =" sayHello('Hello World !);" value =" say hello">
</body>
</html>
```

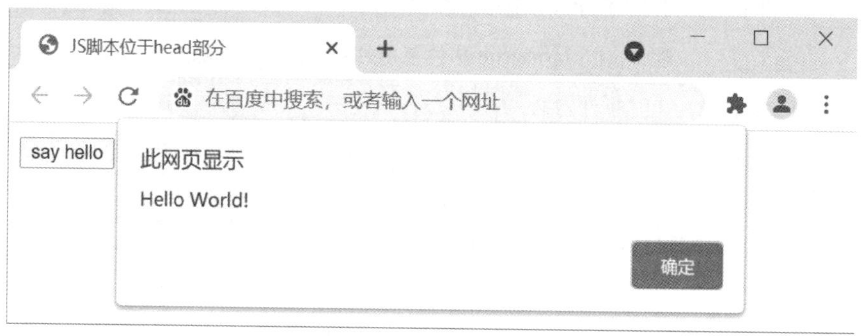

图 2-4　事件驱动示例

代码中<input>标签的“onclick”属性值可以是调用某个函数，也可以是一段 JS 代码，如：onclick ="var s ='Hello World !'; window.alert(s);"

2.3.3　JavaScript 对象基础

JavaScript 的核心是支持面向对象的，对象是 JavaScript 组织属性与函数的重要手段。HTML 文档、文档中的标签、浏览器窗口等都是对象。

JavaScript 对象分为本地对象、内置对象、宿主对象和自定义对象。

(1) 本地对象(Native Object)，也称“原生对象”，是独立于宿主环境(外壳程序和浏览器)的系统实现对象，需要在运行过程中动态创建并实例化(即 new)。本地对象包括 Object、Function、Array、String、Number、Date、RegExp、Boolean、Error 等。

(2) 内置对象(Build-in Object)，也是独立于宿主环境的系统对象。内置对象是在引擎初始化阶段就创建好的，运行过程中无需实例化即可直接使用。内置对象有 Math、Global。

(3) 宿主对象(Host Object)是由宿主——即网页的运行环境生成的对象，如 window 对象及其子对象。

(4) 自定义对象，即程序员定义的对象。

本节先介绍以下几个常用的本地对象和内置对象，其他宿主对象将在 DOM 与 BOM 中详细介绍。

1. Array

Array 对象用于实现数组。JavaScript 中的数组实例化不需要事先声明数据类型和元素个数，同一个数组中可以存放不同类型的元素，元素个数也是可以动态调整的。

数组实例化方法如下：

```
var arr = new Array();  //创建一个空数组,元素未定义(undefined)
var arr = new Array(3);  //创建一个具有 3 个元素的数组,元素未定义(undefined)
var arr = new Array(1,2," Hello",true);//实例化一个数组并赋元素初值
var arr =[1,2," Hello",true];  //等价于(3)
```

数组元素采用索引方式访问，如：

```
arr[0]= 1;  //修改数组第一个元素的值
var x = arr[1]; //读取数组第二个元素的值并赋值给 x
```

数组元素索引值从 0 开始。可以通过循环遍历数组 arr 中所有元素，代码如下：

```
for(var i = 0;i <arr.length;i ++){  //length 是数组的属性,表示数组中元素的个数
        window.alert(arr[i]);
}
```

或者：

```
for(var index in arr){  //将数组中元素的索引值逐个赋值给变量 index
        window.alert(arr[index]);
}
```

数组的方法，见表 2－5(假设 var arr = new Array(1,3,6,2,4);)。

表 2－5　Array 的方法

方法	示例	描述
sort()	arr.sort();	对数组从小到大排序
push(e1,e2,…)	var n = arr.push(8,0);	向数组末尾添加元素，并返回新数组长度
pop()	var e1 = arr.pop();	从数组末尾删除元素，并将删除元素返回
shift()	var e1 = arr.shift();	从数组开头删除元素，并将删除元素返回
unshift(e1,e2,…)	var n = arr.unshift(0,5);	向数组末开头加元素，并返回新数组长度
join("分隔符")	var str = arr.join("+");	以"+"将元素顺序连接成字符串并返回
reverse()	arr.reverse();	颠倒数组元素顺序
slice(start,end)	var arr1 = arr.slice(1,2);	截取从 start 开始到 end(不包含)的子数组

续 表

方法	示例	描述
splice (start, num, e1,e2,...)	var arr1 = splice(1,2,5,0)	删除从 start 开始的 num 个元素，并在删除位置插入新元素 e1,e2,...，最后返回删除的元素
toString()	var str = arr.toString();	以“,”将元素顺序连接成字符串并返回

2. Date

Date 对象用于表示日期和时间，需要实例化后使用。

Date 的实例化代码如下：

```
var d1 = new Date();//创建一个日期对象，初始值为当前系统日期
var d2 = new Date(yyyy,m,d,h,m,s);//创建一个日期:yyyy 年 m+1 月 d 日 h 时 m 分 s 秒
//其中月份参数 m 从 0 开始，即 0 表示 1 月
var d3 = new Date(ms); //创建一个从 1970 年 1 月 1 日 8:00 开始经过了 ms 毫秒后的日期
```

Date 对象的方法有：

(1) get 系列方法，见表 2-6。

表 2-6 Date 对象的 get 系列方法(部分)

方法	描 述
getDate()	从 Date 对象返回一个月中的某一天(1～31)
getDay()	从 Date 对象返回一周中的某一天(0～6)
getMonth()	从 Date 对象返回月份(0～11)
getFullYear()	从 Date 对象以四位数字返回年份
getHours()	返回 Date 对象的小时(0～23)
getMinutes()	返回 Date 对象的分钟(0～59)
getSeconds()	返回 Date 对象的秒数(0～59)
getMilliseconds()	返回 Date 对象的毫秒(0～999)
getTime()	返回 1970 年 1 月 1 日 8:00 至今的毫秒数

(2) set 系列方法，见表 2-7。

表 2-7 Date 对象的 set 系列方法(部分)

方法	描 述
setDate(D)	设置 Date 对象为该月的第 D(1～31)天
setMonth(M)	设置 Date 对象的月份为 M(0～11)
setFullYear(YYYY)	设置 Date 对象年份为 YYYY(四位数字)
setHours(h)	设置 Date 对象的小时为 h(0～23)
setMinutes(m)	设置 Date 对象的分钟为 m(0～59)

续 表

方法	描　　述
setSeconds(s)	设置 Date 对象的秒钟为 s(0～59)
setMilliseconds(ms)	设置 Date 对象的毫秒为 ms(0～999)
setTime(ms)	以 1970 年 1 月 1 日 8:00 为起点的毫秒数 ms 设置 Date 对象

(3) 其他方法,见表 2－8。

表 2－8　Date 对象的其他方法(部分)

方法	描　　述
toString()	把 Date 对象转换为字符串
toTimeString()	把 Date 对象的时间部分转换为字符串
toDateString()	把 Date 对象的日期部分转换为字符串

3. Number

Number 用于表示数值对象,无需实例化。事实上,由于 JavaScript 是弱类型语言,数值类型(不管是整数还是浮点数)一律都是以 var 进行声明,如 var num＝12;。

Number 常用方法有:

(1) toString(radix),将数值转换为 radix 进制的字符串,如:

```
var num = 29;
alert(num.toString(16)); //输出为 16 进制数 1D
```

(2) toFixed(n),将数值四舍五入精确到小数点后 n 位,如:

```
var num = 3.14159265;
alert(num.toFixed(4)); //输出为 3.1416
```

4. String

String 对象用于存储字符串。String 的创建方式有:

(1) var s ="Hello World !";

(2) var s＝new String("Hello World !");

String 的 length 属性,用于获取字符串的长度。

String 的方法,见表 2－9(假设 var s =" Hello";)。

表 2－9　String 对象的方法(部分)

方法	描　　述
concat(str)	将字符串 str 连接到原字符串末尾
charAt(n)	返回当前字符串中第 n 个字符(n 从 0 开始)
indexOf(subStr,start)	从当前字符串的 start 位置开始搜索子串 substr,返回子串第一次出现的位置
lastIndexOf(subStr)	返回子串 subStr 最后一次出现的位置

续 表

方法	描 述
slice(start,end)	返回当前字符串中从 start 到 end(不含)的子串。当 start 或者 end 为负时,分别做 start + length 或者 end + length 处理
substring(start,end)	返回当前字符串中从 start 到 end(不含)的子串。当 start 或者 end 为负时,分别将 start 或者 end 替换为 0
substr(start,len)	返回当前字符串中从 start 开始的长度为 len 的子串
split(separator[,limit])	以 separator 为分隔符将当前字符串分隔成若干个子串并作为字符串数组返回,数组最大长度为 limit

5. RegExp(正则表达式)

正则表达式用于字符串的复杂模式匹配与检索。字符串的模式匹配首先要定义匹配模式,即 RegExp 对象:

```
      var reg = /pattern/[flags]
(或者) var reg = new RegExp("pattern"[," flags"])
```

其中,pattern 就是模式,即正则表达式,由一般字符和元字符(见表 2－10)构成;flags 用于设置匹配方式,可以取值为 g(全文搜索)、i(忽略大小写)和 m(多行查找)。

表 2－10 正则表达式中的元字符

元字符	描 述
^	匹配字符串的开头。如:/^c/,表示以“c”开头的字符串
$	匹配字符串的结尾。如:/c$/,表示以“c”结尾
\w	匹配一个字符(含数字),等价于[a－zA－Z0－9]
\W	匹配不是一个字符等价于[^a－zA－Z0－9]
\d	匹配数字
\D	匹配任意非数字的字符
\s	匹配一个空白符
\S	匹配一个不是空白符的字符
\b	匹配单词的开始或结束
\B	匹配不是单词开头或结束
[xyz]	字符集,匹配这个集合中的任意一个字符
[^xyz]	匹配除了 x,y,z 以外的任意字符
x|y	匹配 x 或 y
\	转义,对正则表达式功能字符还原为原来的字符
*	重复 0 次或多次。如:/ba*/,可以是 b,ba,baa,baaa…

续　表

元字符	描　　述
+	重复 1 次或多次。如:/ba +/,可以是 ba,baa,baaa...
?	重复 0 次或 1 次。如:/ba? /,表示 b 或 ba
{n}	重复 n 次
{n,}	重复 n 次或更多次
{n,m}	重复 n 到 m 次
\n	匹配一个换行符
\r	匹配一个回车符
\t	匹配一个制表符
\v	匹配一个垂直制表符

模式定义示例如下：

```
var reg= /^[A-Z]\w+ /;  //匹配的字符串以一个大写字母开头,后面是 1 个或多个字符
```

模式匹配与搜索通过 RegExp 对象 test()方法进行，如：

```
reg.test("Hello World !");   //结果为 true
reg.test("hello World !");   //结果为 false
reg.test("H");                //结果为 false
```

6. Math

Math 对象提供了一系列常用的数值运算函数，如求绝对值、开平方、圆周率、三角函数等。Math 对象的方法见表 2 - 11。

表 2 - 11　Math 对象的方法(部分)

方法	描　　述
abs(x)	返回数的绝对值
acos(x)	返回数的反余弦值
asin(x)	返回数的反正弦值
atan(x)	以介于- PI/2 与 PI/2 弧度之间的数值来返回 x 的反正切值
atan2(y,x)	返回从 x 轴到点(x,y)的角度(介于- PI/2 与 PI/2 弧度之间)
ceil(x)	对数进行上舍入
cos(x)	返回数的余弦
exp(x)	返回 e 的 x 次幂
floor(x)	对数进行下舍入
log(x)	返回数的自然对数(底为 e)
max(x,y)	返回 x 和 y 中的最高值

续 表

方法	描 述
min(x,y)	返回 x 和 y 中的最低值
pow(x,y)	返回 x 的 y 次幂
random()	返回 0～1 之间的随机数
round(x)	把数四舍五入为最接近的整数
sin(x)	返回数的正弦
sqrt(x)	返回数的平方根
tan(x)	返回角的正切
toSource()	返回该对象的源代码
valueOf()	返回 Math 对象的原始值

此外，Math 还提供了 Math.PI（圆周率，≈3.141 59）、Math.E（自然对数的底，≈2.718）等属性。

2.3.4 DOM 与 BOM

1. 文档对象模型 DOM(Document Object Model)

DOM 定义了访问和操作 HTML 文档的接口和方法。

DOM 把整个 HTML 页面划分成由节点构成的树形结构。DOM 的节点分为文档节点、元素节点、文本节点和属性节点四种。其中文档节点（document）是 DOM 的根节点，代表整个文档；元素节点即 HTML 中的各种标签；文本节点即标签中间的文本；属性节点即标签的属性。DOM 节点树见图 2-5。

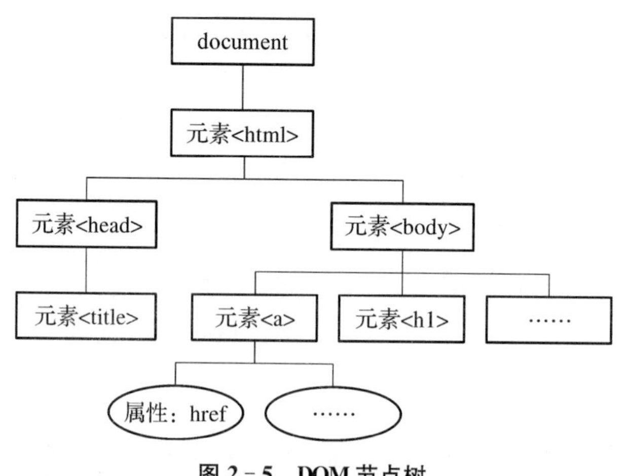

图 2-5 DOM 节点树

作为 HTML 文档对象的根节点，document 使我们可以对 HTML 页面中的所有元素进行访问。如可以通过 document 的 body 属性（document.body）访问文档的 <body> 元素，通过 all[]属性获取文档中所有元素（document.all[]）等，document 的属性见表 2-12。

表 2-12 document 的属性

属性	描述
body	提供对 <body> 元素的直接访问 对于定义了框架集的文档，该属性引用最外层的 <frameset>
cookie	返回与当前文档有关的所有 cookie
domain	返回当前文档的域名
lastModified	返回文档被最后修改的日期和时间
referrer	返回载入当前文档的 URL
title	返回当前文档的标题
URL	返回当前文档的 URL
all[]	提供对文档中所有 HTML 元素的访问
anchors[]	返回对文档中所有 Anchor 对象的引用
applets	返回对文档中所有 Applet 对象的引用
forms[]	返回对文档中所有 Form 对象引用
images[]	返回对文档中所有 Image 对象引用
links[]	返回对文档中所有 Area 和 Link 对象引用

document 的方法见表 2-13。

表 2-13 document 的方法

方法	描述
getElementById()	返回对拥有指定 id 的第一个对象的引用
getElementsByName()	返回带有指定名称的对象集合
getElementsByTagName()	返回带有指定标签名的对象集合
open()	打开一个流，以收集来自任何 document.write()或 document.writeln()方法的输出
close()	关闭用 document.open()方法打开的输出流，并显示选定的数据
write()	向文档写 HTML 表达式 或 JavaScript 代码
writeln()	等同于 write()方法，不同的是在每个表达式之后写一个换行符

其中，document.write()；语句在之前的示例中多次用到，用于在文档中写入文本，也可以写入标签等文档元素，从而动态地修改文档。如：

```
document.write("<p>新段落</p>");   //在文档当前位置插入一个段落<p>
```

在 CSS 中可以利用各种选择器选取特定的元素进行样式设置，而在 JavaScript 脚本中则可以利用 getElementById()等 document 的方法来访问特定元素，示例如下：

```
<!DOCTYPE html>
<html lang="en">
```

```
<head>
    <meta charset ="UTF-8">
        <title>访问文档特定元素</title>
    <style type ="text/css">... ...</style>
    <script type =" text/javascript">
        var idIndex = 0;
        function $(id) {   //定义一个通过 id 获取元素的函数$()备用
            return document.getElementById(id);
        }
        function paint() {
            var r = parseInt(Math.random() * 256).toString(16);
            var g = parseInt(Math.random() * 256).toString(16);
            var b = parseInt(Math.random() * 256).toString(16);
            if(idIndex > 3)
             idIndex = 0;
            $("cell"+ idIndex).style.backgroundColor ="# "+ r + g + b; //注意属性名称的
            拼写
            idIndex ++;
            }
    </script>
</head>
<body>
    <table>
        <tr><td id="cell0"></td><td id =" cell1"></td></tr>
            <tr><td id =" cell3"></td><td id =" cell2"></td></tr>
    </table>
    <input type =" button" value ="转移" onclick =" paint()">
</body>
</html>
```

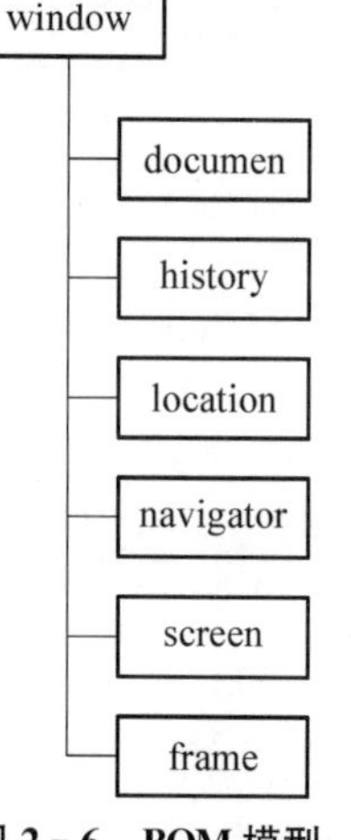

图 2-6 BOM 模型

示例中通过调用自定义函数$("cell"+ idIndex)来获取 id 值分别为"cell0""cell1""cell2"和"cell3"的<td>元素，并设置其背景色。而$(id)函数正是调用了 document 的 getElementById()方法实现的。

2. 浏览器对象模型 BOM(Browser Object Model)

在进行页面操作时，除了文档中的对象(DOM)，还会经常涉及更大范围的浏览器窗口及其元素，BOM 就是处理浏览器对象的模型。BOM 模型见图 2-6。

从 BOM 模型可以看出，BOM 的根节点是 window，指向浏览器窗口；DOM 的根节点 document 是 window 的子节点，即可以认为 BOM 是包含 DOM 的。

JavaScript 可以通过 window 对象的 document、history、location、navigator、screen 和 frame 属性获取相应的子节点，如 window.document

可以获取整个文档对象。JavaScript 在引用 BOM 对象的方法和属性时，无需从根节点 window 开始，如 document.write()、location.hostname 等。

下面介绍 BOM 各个节点的方法和属性。

(1) window 对象(根节点)

window 节点除了 document 等用于获取相应子节点的属性外，还有一系列方法，具体内容见表 2-14。

表 2-14 window 的方法

方法	描　　述
alert(message)	警告框。带有图标、指定消息和确定按钮
confirm(message)	确认框。带图标、指定消息、确定和取消按钮，用户按“确定”返回 true，按“取消”返回 false
prompt(message, defaultValue)	输入框。message 设置提示信息，defaultValue 设置默认值，用户按“确定”，返回文本框中输入的值，按“取消”返回 null
setInterval(code, interval)	定时执行。每隔 interval 毫秒执行一次 code，返回 intervalID
clearInterval(intervalID)	取消 id 为 intervalID 的定时执行
setTimeout(code, delay)	演示执行。延时 delay 毫秒后执行 code
clearTimeout(timeoutID)	取消延时执行
open (URL, name, features, replace)	打开浏览器新窗口
close()	关闭当前浏览器窗口
createPopup()	创建自定义弹出窗口

下面以电子时钟为例展示 window.setInterval()方法的应用。

```
<!DOCTYPE html>
<html lang="en">
<head>
<meta charset=" UTF-8">
    <title>电子时钟</title>
    <script type=" text/javascript">
        function $(id){
            return document.getElementById(id);
        }
        function showTime(){
            var now = new Date();
            $("p_timer").innerHTML ="现在是北京时间:
        "+ now.getFullYear()+"年"
            +(now.getMonth()+ 1)+"月"+ now.getDate()+"日+ now.getHours()+":"
            + now.getMinutes()+":"+ now.getSeconds();
        }
```

```
    </script>
</head>
<body>
    <div><p id="p_timer"></p></div>
    <script type="text/javascript">
        setInterval("showTime()",1000); //设置没隔 1000 毫秒(1 秒)刷新一下时间
    </script>
</body>
</html>
```

示例通过 setInterval(" showTime()",1000);语句设置每隔 1 秒执行一次 showTime()函数,实现页面段落<p>中时钟的持续更新。运行效果见图 2-7。

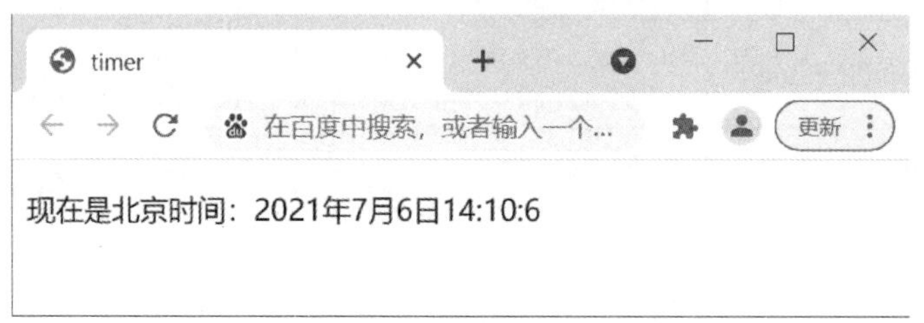

图 2-7 电子时钟效果图

(2) history 对象

history 对象记录了用户访问过的 URL 信息。可以通过 history.length 属性获取浏览器历史列表中 URL 的数量;通过 history.back()加载 history 列表中的前一个 URL;通过 history.forward()加载 history 列表中的下一个 URL;通过 history.go(index|urlString)加载 history 列表中指定的 URL。

(3) location 对象

locattion 对象包含了当前 URL 的基本信息,并提供以下属性和方法访问这些信息:

- location.href 属性:返回或设置当前页面完整的 URL;
- location.hostname 属性:返回或设置 Web 主机的域名;
- location.port 属性:返回或设置 Web 主机的端口号;
- location.pathname 属性:返回当前页面的完整路径(包含文件名);
- location.protocol 属性:返回当前页面所使用的 Web 协议(http 或 https);
- location.reload()方法:重新加载页面。

(4) navigator 对象

navigator 对象包含有关客户端浏览器的信息。navigator 通过如下只读属性来获取这些信息:

- navigator.appName:返回浏览器名称;
- navigator.AppVersion:返回浏览器版本;
- navigator.platform:返回运行浏览器的平台;
- navigator.language:返回浏览器执行的语言版本;

- navigator.userAgent：返回浏览器发送给服务器的 http 请求的用户代理头部信息。

（5）screen 对象

screen 对象包含的是有关客户端显示屏的信息。以下是常用的 screen 属性：

- screen.height：返回显示屏幕的高度；
- screen.width：返回显示屏幕的宽度；
- screen.availHeight：返回显示屏除 Windows 任务栏之外的高度；
- screen.availWidth：返回显示屏除 Windows 任务栏之外的宽度。

2.4 jQuery

2.4.1 jQuery 概述

jQuery 封装了常用的 JavaScript 代码，为使用者提供一种高效、简便的 JavaScript 设计模式。通过 jQuery 可以高效地选取和操作 DOM 对象，并简化了事件处理过程。

如下列代码，两三行代码就实现了复杂的元素选择、操作及事件处理全过程。

```
<!DOCTYPE html>
<html lang="en">
<head>
    <meta charset="UTF-8">
    <title>体验 jQuery </title>
    <script type=" text/javascript" src="jquery/jquery-3.6.0.js"> </script> //引用
    jQuery 库
    <script type="text/javascript">
        $(document).ready(function(){//当页面加载完就执行下面代码
            $("p").click(function(){  //当段落被点击就执行下面代码
                $(this).hide();  //将当前对象隐藏
            });
        });
    </script>
</head>
<body>
    <p>你敢点我,我就消失!</p>
</body>
</html>
```

1. jQuery 的部署

jQuery 只需导入文档即可使用。具体方法如下：

（1）首先从 jQuery 官网（http://jquery.com）下载 jQuery 库文件，jQuery 库是个 js 文件，如目前的最新版本为“jquery-3.6.0.js”；

（2）将 jQuery 库文件放到项目相应位置，如项目根目录下的“jquery”文件夹中；

（3）在文档中使用<script>引用该库文件，类似 JavaScript 的引用。

2. jQuery 语法

jQuery 的操作语法为:$(selector).action();

其中,$(selector)是 jQuery 选取对象的固定语法,selector 类似于 CSS 选择器,具体内容见 2.4.2;action()是对对象的操作,即函数,可以对 HTML 文档、属性和 CSS 进行操作,具体内容见 2.4.3。

在上述示例中,$(document).ready(code)就是典型的 jQuery 操作语句,表示当文档就绪(加载完成)后运行 code 中代码。

一般情况下,我们都需要将 jQuery 函数及代码作为参数放入$(document).ready()函数中,这是为了防止文档在完全加载之前运行 jQuery 代码,如果在文档没有完全加载之前就运行 jQuery 代码,可能因为无法访问到操作对象而使得操作失败。

2.4.2 jQuery 选择器

要实现对 DOM 对象的动态操作,首先需要准确、高效地选取对象,jQuery 库提供了一整套选择器。

jQuery 选择器的形式类似于 CSS 选择器,格式为$(selector),常用选择器见表 2－15。

表 2－15 jQuery 选择器

选择器	示例	选取的对象
this	$(this)	当前元素
*	$("*")	所有元素
element	$("p")	所有 <p> 元素
#id	$("#lastname")	id =" lastname"的元素
.class	$(".intro")	所有 class =" intro"的元素
.class.class	$(".intro.demo")	所有 class =" intro"且 class =" demo"的元素
:first	$("p:first")	第一个 <p> 元素
:last	$("p:last")	最后一个 <p> 元素
:even	$("tr:even")	所有偶数 <tr> 元素
:odd	$("tr:odd")	所有奇数 <tr> 元素
:eq(index)	$("ul li:eq(3)")	列表中的第四个元素(index 从 0 开始)
:gt(no)	$("ul li:gt(3)")	列出 index 大于 3 的元素
:lt(no)	$("ul li:lt(3)")	列出 index 小于 3 的元素
:not(selector)	$("input:not(:empty)")	所有不为空的 input 元素
:header	$(":header")	所有标题元素 <h1>- <h6>
:animated	$(":animated")	所有动画元素
:contains(text)	$(":contains('jQuery')")	包含指定字符串的所有元素
:empty	$(":empty")	无子(元素)节点的所有元素

续　表

选择器	示例	选取的对象
:hidden	$("p:hidden")	所有隐藏的 <p> 元素
:visible	$("table:visible")	所有可见的表格
s1,s2,s3	$("th,td,.intro")	所有带有匹配选择的元素
[attribute]	$("[href]")	所有带有 href 属性的元素
[attribute = value]	$("[href ='#']")	所有 href 属性的值等于 "#"的元素
[attribute != value]	$("[href !='#']")	所有 href 属性的值不等于 "#"的元素
[attribute$= value]	$("[href$='.jpg']")	所有 href 属性的值包含以 ".jpg"结尾的元素
:input	$(":input")	所有 <input> 元素
:text	$(":text")	所有 type =" text"的 <input> 元素
:password	$(":password")	所有 type =" password"的 <input> 元素
:radio	$(":radio")	所有 type =" radio"的 <input> 元素
:checkbox	$(":checkbox")	所有 type =" checkbox"的 <input> 元素
:submit	$(":submit")	所有 type =" submit"的 <input> 元素
:reset	$(":reset")	所有 type =" reset"的 <input> 元素
:button	$(":button")	所有 type =" button"的 <input> 元素
:image	$(":image")	所有 type =" image"的 <input> 元素
:file	$(":file")	所有 type =" file"的 <input> 元素
:enabled	$(":enabled")	所有激活的 input 元素
:disabled	$(":disabled")	所有禁用的 input 元素
:selected	$(":selected")	所有被选取的 input 元素
:checked	$(":checked")	所有被选中的 input 元素

2.4.3　jQuery 的函数及使用

jQuery 通过一系列函数来支持对文档(元素)、属性和 CSS 的操作,具体方法见表2－16。

表 2－16　jQuery 常用方法

分类	方法	示例	描述
文档操作	after()	$("p").after("<p> End </p>")	在所有匹配的元素之后(换行)插入内容(文本或者标签)
	append()	$("p").append("End")	向所有匹配元素的结尾插入由参数指定的内容
	appendTo()	$("<b> End </b>").appendTo("p")	向匹配到的每一个目标的结尾插入匹配元素集合中的每个元素

续　表

分类	方法	示例	描述
文档操作	before()	$("p").after("<p> Begin </p>")	在每个匹配的元素之前插入内容
	clone()	$("#img1").clone()	创建匹配元素集合的副本
	detach()	$("p").detach()	从 DOM 中移除匹配元素集合
	empty()	$("#div1").empty()	删除匹配的元素集合中所有的子节点
	insertAfter()	$("span").insertAfter(" p")	把匹配的元素插入到指定的匹配元素集合(每一个)的后面(换行)
	insertBefore()	$("<span> Hello ! </span>").insertBefore(" p")	把匹配的元素插入到另一个指定的元素集合的前面
	prepend()	$("p").prepend("<b> Hello </b>")	向匹配元素集合中的每个元素开头插入由参数指定的内容
	prependTo()	$(" <b> Hello </b>").prependTo(" p")	向目标开头插入匹配元素集合中的每个元素
	remove()	$("#p1").remove()	移除所有匹配的元素
	replaceAll()	$(" <b> Hello </b>").replaceAll(" p")	用匹配的元素替换所有匹配到的元素
	replaceWith()	$(" p").replaceWith(" <b> Hello </b>")	用新内容替换匹配的元素
	text()	$("p").text(" Hello world !")	设置或返回匹配元素的内容
	wrap()	$("p").wrap("<div></div>")	把匹配的元素用指定的内容或元素包裹起来
	unwrap()	$("p").unwrap()	移除并替换指定元素的父元素
属性操作	addClass()	$("p:first").addClass("intro")	向匹配的元素添加指定的类名
	attr()	$("img").attr("width"," 180")	设置或返回匹配元素的属性和值
	hasClass()	$("p:first").hasClass("intro")	检查匹配的元素是否拥有指定的类,返回 true 或 false
	html()	$("p").html()	返回第一个<p>中内容
		$("p").html("Hello <b> world </b>")	将所有<p>内容设置成参数内容
	removeAttr()	$("p").removeAttr("id")	从所有匹配的元素中移除指定的属性,参数为属性名称
	removeClass()	$("p").removeClass("intro")	从所有匹配的元素中删除全部或者指定的类属性,参数为类属性的值
	toggleClass()	$("p").toggleClass("main")	从匹配的元素中添加或删除一个类属性,参数是类属性的值
	val()	$(":text").val("Hello World !")	设置或返回匹配元素的值

续 表

分类	方法	示例	描述
CSS操作	css()	$("p").css("color","red")	设置或返回匹配元素的样式属性
	height()	$("p").height(50)	设置或返回匹配元素的高度
	width()	$("p").width(200)	设置或返回匹配元素的宽度
	offset()	$("p").offset()	返回第一个匹配元素相对于文档的位置
	offsetParent()	$("p").offsetParent()	返回最近的定位祖先元素
	position()	$("p").position()	返回第一个匹配元素相对于父元素的位置
	scrollLeft()	$("div").scrollLeft(100)	设置或返回匹配元素相对滚动条左侧的偏移
	scrollTop()	$("div").scrollTop(50)	设置或返回匹配元素相对滚动条顶部的偏移

2.4.4 jQuery 的事件处理

jQuery 极大地简化了 JavaScript 的事件处理过程，无需事件句柄，只需要一个事件函数即可完成事件处理代码的定义和注册。如 2.4.1 中的示例代码“$("p").click(function(){...});”，仅需一个 click()方法即可定义并指定函数“function(){...}”来处理段落的 click 事件。

jQuery 的事件函数除了 click()，还有 ready()、dbclick()、load()、unload()、submit()、focus()、mousedown()、mouseup()、keydown()、keyup()、blur()等，事件函数含义与用法可以参考“表 2-4 JavaScript 事件与事件处理函数对应表”中的事件列。

2.4.5 使用 AJAX

AJAX(Asynchronous JavaScript and XML)即异步的 JavaScript 和 XML，AJAX 是在不重新加载整个页面的情况下与服务器交换数据并更新部分网页的技术。

jQuery 提供多个与 AJAX 有关的方法。通过 jQuery AJAX 方法，我们可以直接从远程服务器上请求文本、HTML、XML 或 JSON，同时还能够把这些外部数据直接载入网页的被选元素中。jQuery 提供的 AJAX 方法见表 2-17。

表 2-17 jQuery AJAX 方法

方法	描 述
jQuery.ajax()	执行异步 HTTP (AJAX) 请求
jQuery.ajaxSetup()	设置将来的 AJAX 请求的默认值
ajaxComplete()	当 AJAX 请求完成时注册要调用的处理程序。这是一个 AJAX 事件
ajaxError()	当 AJAX 请求完成且出现错误时注册要调用的处理程序。这是一个 AJAX 事件

续 表

方法	描 述
ajaxSend()	在 AJAX 请求发送之前显示一条消息
ajaxStart()	当首个 AJAX 请求完成开始时注册要调用的处理程序。这是一个 AJAX 事件
ajaxStop()	当所有 AJAX 请求完成时注册要调用的处理程序。这是一个 AJAX 事件
ajaxSuccess()	当 AJAX 请求成功完成时显示一条消息
jQuery.get()	使用 HTTP GET 请求从服务器加载数据
jQuery.getJSON()	使用 HTTP GET 请求从服务器加载 JSON 编码数据
jQuery.getScript()	使用 HTTP GET 请求从服务器加载 JavaScript 文件，然后执行该文件
load()	从服务器加载数据，然后返回并放入 HTML 的匹配元素中
jQuery.param()	创建数组或对象的序列化表示，适合在 URL 查询字符串或 AJAX 请求中使用
jQuery.post()	使用 HTTP POST 请求从服务器加载数据
serialize()	将表单内容序列化为字符串
serializeArray()	序列化表单元素，返回 JSON 数据结构数据

这里以 load()为例，实现从服务器获取文本文件中的信息并显示在客户端页面。

```
<!DOCTYPE html>
<html lang="en">
<head>
<meta charset="UTF-8">
<title>体验 AJAX </title>
    <script type="text/javascript"src="jquery/jquery-3.6.0.js"></script>
    <script>
        $(document).ready(function(){
            $("#btn1").click(function(){
                $("#test").load("hello.txt");//从服务器加载 hello.txt 文件并写入段落
            });
        });
    </script>
</head>
<body>
    <p id="test">此处显示来自文件的信息</p>
    <input type="button"id="btn1"value="获取外部文件信息">
</body>
</html>
```

其中，$("#test").load("hello.txt");用于从服务器上加载 hello.txt 文件，并将文件内容写入当前文档中 id="test"的段落中(hello.txt 文档中内容为“Welcome to the world of AJAX.”)。

注意当前文档和 hello.txt 的路径关系，此处为处于服务器的同一目录中。示例运行结果如图 2-8 和图 2-9 所示。

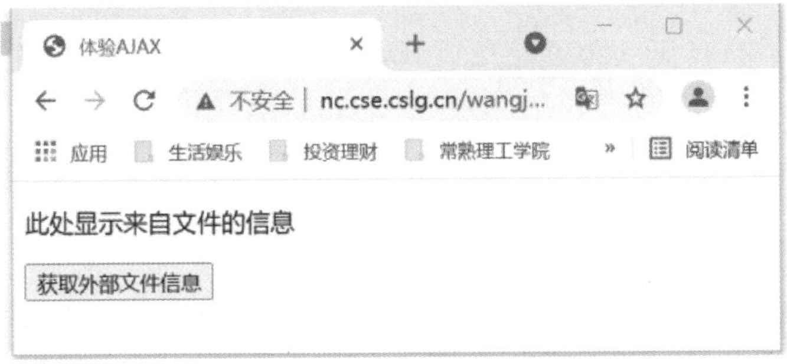

图 2-8　AJAX 示例-加载页面

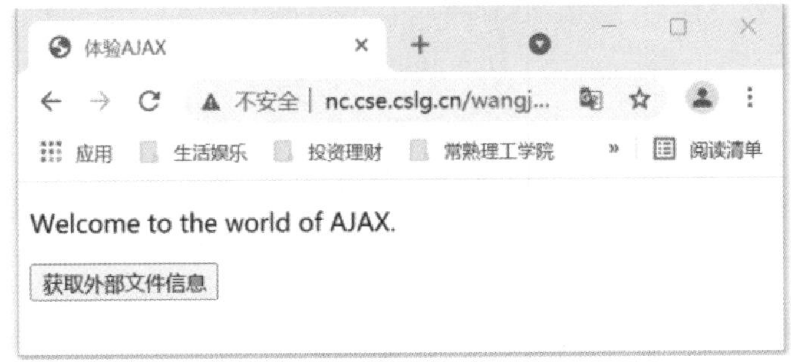

图 2-9　AJAX 示例-点击按钮后

巩固练习

1. 下面对于 jQuery 的描述中,错误的是(　　)。
A. 它的核心理念就是写的更少,做得更多
B. 实现的代码更加简洁
C. 有效地提高开发效率
D. jQuery 跟 JavaScript 的用法是完全一样的
2. 关于代码$("li").get(0),下面说法正确的是(　　)。
A. 获取 jQuery 对象　　B. 获取 DOM 对象
C. 获取 li 的属性值　　D. 设置 DOM 对象属性值
3. jQuery 对象声明,是通过(　　)符号来实现的。
A. ￥　　B. @　　C. $　　D. &
4. jQuery 对象的$("参数")语法描述错误的是(　　)。
A. 通过$()符号声明 jQuery 对象　　B. $()执行后返回值是 jQuery 对象
C. 调用方法可以通过"."来实现　　D. $符号不可以用 jQuery 替代

【微信扫码】
习题解答 & 相关资源

第3章

Java Web 编程

学习目标

1. 了解 JSP 程序的工作原理
2. 利用 JSP、JavaBean 开发简单系统
3. 了解并掌握 JDBC 操作数据库原理和方法
4. 利用 JSP、JavaBean 和 Servlet 实现用户注册功能

上一章大家已经学习了静态 HTML 语言的基本概念及客户端编程技术，从本章起开始学习服务器端编程技术——Java Web 的相关知识。

3.1 JSP 简介

JSP(Java Server Pages)是由 Sun Microsystems 公司倡导、许多公司参与一起建立的一种动态网页技术标准。JSP 技术有点类似 ASP 技术，它是在传统的网页 HTML 文件(*.htm，*.html)或 HTML5 中插入 Java 程序段(Scriptlet)和 JSP 标记(tag)，从而形成 JSP 文件(*.jsp)。用 JSP 开发的 Web 应用是跨平台的，既能在 Linux 下运行，也能在其他操作系统上运行。

JSP 是在服务器端执行的，通常返回给客户端的就是一个 HTML 文本，因此客户端只要有浏览器就能浏览。

JSP 页面由 HTML 代码和嵌入其中的 Java 代码所组成。服务器在页面被客户端请求后对这些 Java 代码进行处理，然后将生成的 HTML 页面返回给客户端的浏览器。

3.1.1 JSP 特点

JSP 结合了 HTML 语言和 Java 技术，充分继承了 Java 的众多优势，具有以下特点：

① 一次编写，随处运行；
② 组件重用；
③ 页面开发标记化；
④ 开发设计角色分离。

3.1.2 JSP基本语法

1. JSP程序段

(1) 在JSP中符合Java语言规范的程序被称为程序段。

(2) 程序段包括在"<% %>"之间，基本语法为：<%code fragment %>

例如：

```
<html>
  <head> </head>
  <body>
    <%
      int h = 10,w = 5,s;
        s = h* w;
      out.print(s);
    %>
  </body>
</html>
```

将项目部署在Tomcat上，并启动Tomcat。在浏览器中输入网址 http://localhost:8080/test/first.jsp，按回车键的结果显示为"50"。

2. JSP注释

(1) 普通Java注释

① 用双斜杠"//"注释单行。
② 用"/* */"注释多行。
③ 用"/** */"注释多行，用于将所注释的内容文档化。

(2) JSP特有的注释

① 客户端注释，如果使用者查看网页的原始码，他们也会看到这些注释，语法如下：

```
<!-- comment|<% = expression%>|-->
```

例如：

```
<!--<% = new java.util.Date()%>-->
```

效果如图3-1所示。

② 服务器端注释，将注释放在<%-- ? --%>标签里，在网页原始码中注释不可见，语法如下：

```
<% /* comment * / %>或<% -- comment --%>
```

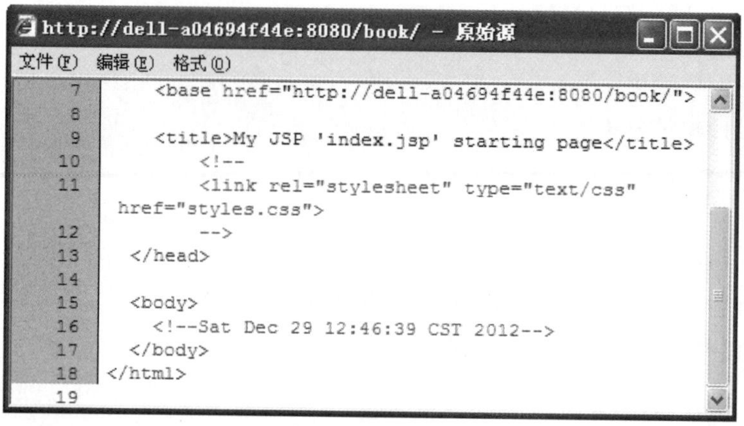

```
http://dell-a04694f44e:8080/book/ - 原始源
文件(F) 编辑(E) 格式(O)
    <base href="http://dell-a04694f44e:8080/book/">

    <title>My JSP 'index.jsp' starting page</title>
        <!--
        <link rel="stylesheet" type="text/css"
href="styles.css">
        -->
  </head>

  <body>
    <!--Sat Dec 29 12:46:39 CST 2012-->
  </body>
</html>
```

图 3-1 客户端注释

例如：

```
<% --java.util.Date()--%>
```

效果如图 3-2 所示。

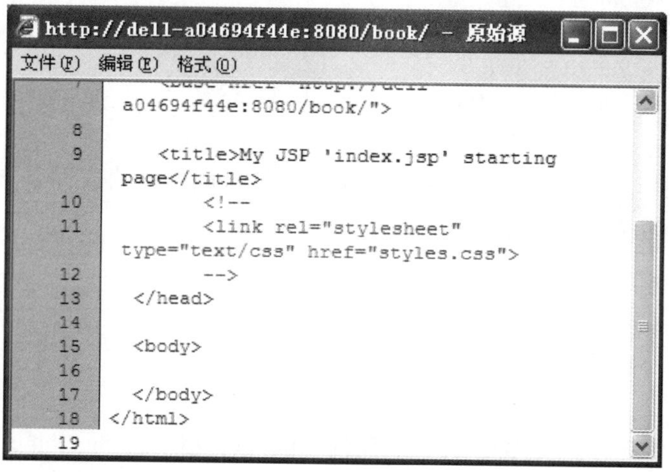

```
http://dell-a04694f44e:8080/book/ - 原始源
文件(F) 编辑(E) 格式(O)
a04694f44e:8080/book/">

    <title>My JSP 'index.jsp' starting
page</title>
        <!--
        <link rel="stylesheet"
type="text/css" href="styles.css">
        -->
  </head>

  <body>

  </body>
</html>
```

图 3-2 服务器端注释

3. JSP 声明

JSP 声明用于声明变量和方法。在 JSP 声明中声明方法看起来很特别，直观看没有类，只有方法定义，方法似乎可以脱离类独立存在。实际上，JSP 声明在第一次运行时将会编译成 Servlet 的成员变量或成员方法，即声明一个类的成员变量，由此可以看出 JSP 声明依然符合 Java 语法。

(1) 使用声明来定义需要使用的变量、方法。

(2) JSP 声明方式与 Java 相同，其语法格式为：

```
<%! declaration;[ declaration;]......%>
```

例如：

```
<%@ page contentType ="text/html; charset = gb2312"language ="java"% >
<!DOCTYPE HTML PUBLIC "-//W3C//DTD HTML 4.0 Transitional//EN">
< HTML >
    < HEAD >
    < TITLE >声明测试< /TITLE >
    </HEAD >
    <!-- 下面是 JSP 声明部分 -->
    <%!
      //声明一个整型变量
      public int count;
      //声明一个方法
      public String info(){return "hello";}
      %>
    < BODY >
      <%
        //将 count 的值输出后再加 1
        out.println(count ++);
       %> < br >
       <%
    //输出 info()方法的返回值
        out.println(info());
        % >
    </BODY >
</HTML >
```

打开多个浏览器，甚至可以在不同的机器上打开浏览器来刷新该页面，将发现所有客户端访问的 count 值是连续的，即所有客户端共享了同一个 count 变量，效果如图 3－3 所示。

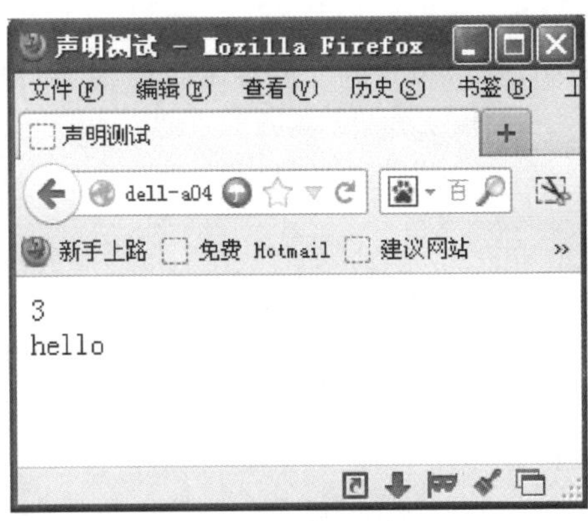

图 3－3　JSP 声明

结果表明：JSP 页面会编译成一个 Servlet 类，每个 Servlet 在容器中只有一个实例。在 JSP 中声明的变量是成员变量，成员变量只在创建实例时初始化，该变量的值将一直保存，直到实例销毁。

4. JSP 表达式

（1）表达式元素是指在脚本语言中被定义的表达式，其在运行后自动地转化为字符串并显示在浏览器中。

（2）基本语法为：<% = expression %>

```
<%= new java.util.Date() %>
```

效果如图 3－4 所示。

图 3－4 JSP 表达式

5. JSP 指令标记

用来设置与整个 JSP 页面相关的属性，它并不直接产生任何可见的输出，只是告诉引擎如何处理其余 JSP 页面。

（1）page 指令

用来设置整个页面的相关属性和功能，作用于整个页面。

例：

```
<%@ page language ="java" import ="java.util.* "pageEncoding ="GB18030"% >
```

（2）include 指令

用于解决重复性页面问题，其中包含的文件在本页面编译时被引入。

语法：<% @ include file ="url" %>

例：<% @ include file ="top.jsp"%>

（3）taglib 指令

用于提供类似于 XML 中的自定义新标记的功能。

语法：<% @ taglib url ="relative taglibURL"prefix ="taglibPrefix" %>

例：

首先声明在 JSP 中使用标签库：

```
<%@ taglib prefix ="s"uri ="/struts-tags"%>
```

其中，uri 属性引用了标签库描述符“TLD”，prefix 属性定义了区别其他标签的前缀名。

接着，可以使用所引用的标签库中的标签，例：

```
<s:if test ='# request.teacherInfo.degree == NULL'>
        <option value =""> </option>
</s:if>
```

6. JSP 动作元素

（1）<jsp:include>

① 作用:在当前页面添加动态和静态的资源。

② 基本语法为:<jsp:include page ="url"/>。

③ include 指令和动作的区别:include 动作是在页面请求访问时,将被包含页面嵌入,而 include 指令是在 JSP 页面转化成 Servlet 时将被包含页面嵌入。

（2）<jsp:forward>

① 作用:引导请求进入新的页面。

② 基本语法为:<jsp:forward page ="url"/>。

（3）<jsp:plugin>

① 作用:连接客户端的 Applet 和 Bean 插件。

② 基本语法为:<jsp:plugin attribute1 ="value1"attribute2 ="value2"... >。

例:

```
<jsp:plugin type ="applet"code ="firstApplet"codebase ="plugin/"width ="640"
height ="260">
</jsp:plugin>
```

（4）<jsp:param>

① 作用:提供其他 JSP 动作的名称/值信息。

② 基本语法为:<jsp:param name ="name"value ="value"/>。

例:

```
<%@ page contentType ="text/html; charset = gb2312"language ="java"%>
<!DOCTYPE HTML PUBLIC "-//W3C//DTD HTML 4.0 Transitional//EN">
<HTML>
  <HEAD>
  <TITLE> param </TITLE>
  </HEAD>
  <BODY>
    <%double i = Math.random();%>
      <jsp:forward page ="next.jsp"> <!-- 跳转到 next.jsp -->
     <jsp:param name ="number"value ="<% = i%>"/> <!--传递参数-->
    </jsp:forward>
  </BODY>
</HTML>
```

（5）<jsp:useBean>

① 作用:应用 JavaBean 组件。

② 基本语法为:<jsp:useBean id ="name"scope ="page|request|session|application"typeSpec/>

例，useBeanTest.java 文件代码如下：

```
package xz.edu;
public class useBeanTest {
    String a = "njxz";
    public String printStr()
    {   return a;   }
    public String getA()
    {   return a;   }
    public void setA(String a)
    {   this.a = a;   }
}
```

useBeanTest.jsp 文件代码如下：

```
<%@ page contentType ="text/html; charset = gb2312"language ="java"%>
<HTML>
  <HEAD>
  <TITLE> useBeanTest </TITLE>
  </HEAD>
  <BODY>
    <jsp:useBean id ="myuseBean"class ="xz.edu.useBeanTest"/>
    <%= myuseBean.printStr() %>
  </BODY>
</HTML>
```

useBeanTest.jsp 文件运行效果如下图 3-5 所示。

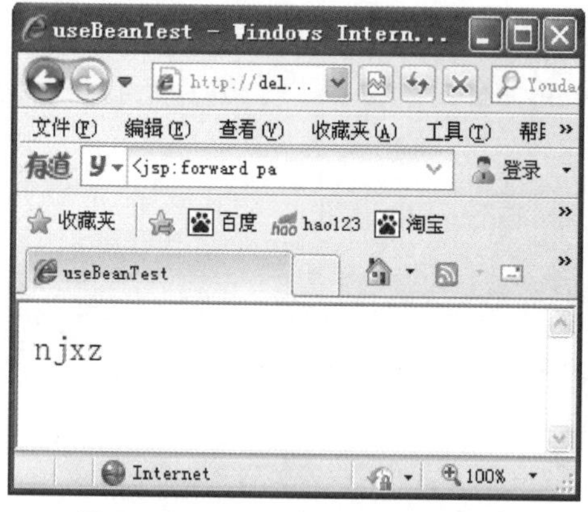

图 3-5 useBeanTest.jsp 运行结果

（6）<jsp:getProperty>

① 作用：将 JavaBean 的属性插入到输出中。

② 基本语法为：<jsp:setProperty name ="beanName"prop_expr/>

例，在上面 useBeanTest.jsp 文件中加入如下代码：

```
<jsp:getProperty name ="myuseBean"property ="a"/>
```

则 useBeanTest.jsp 文件运行效果如下图 3－6 所示。

从上图可看到运行效果与<jsp:useBean>相同。

(7) <jsp:setProperty>

① 作用:设置 JavaBean 组件的属性值。

② 基本语法为:<jsp:setProperty name ="beanName"prop_expr/>

例:在上面 useBeanTest.jsp 文件中加入如下代码:

```
<jsp:setProperty name ="myuseBean"property ="a"value ="hello"/>
```

则 useBeanTest.jsp 文件运行效果如下图 3－7 所示。

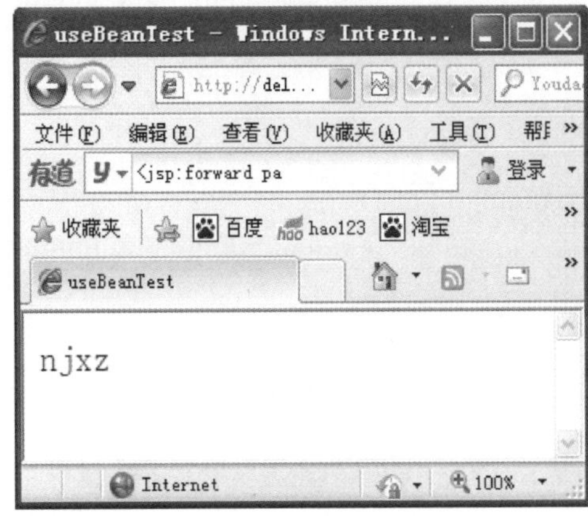

图 3－6 useBeanTest.jsp 运行结果

图 3－7 useBeanTest.jsp 运行结果

7. JSP 内置对象

JSP 自带了 9 个功能强大的内置对象,具体内容如下:

(1) request 对象

① request 对象封装了用户提交的信息。

② 通过调用该对象相应的方法可以获取封装的信息,即使用该对象可以获取用户提交的信息。

③ request 对象是 HttpServletRequest 类的实例。

例,使用 request 对象的 getParameter(string s)方法获取表单通过 text 提交的信息:

```
<%@ page language ="java"contentType ="text/html; charset = UTF-8"
  pageEncoding ="UTF-8"%>
<html>
<head>
  <title> request example </title>
</head>
<body>
  <form action ="test.jsp">
    <input type ="text"name ="user">
    <input type ="submit"value ="Enter"name ="submit">
```

```
   </form>
</body>
</html>
```

运行效果如图 3－8 所示。

test.jsp 代码如下：

```
<%@ page language="java"contentType="text/html; charset=UTF-8"
    pageEncoding="UTF-8"%>
<html>
<head>
<title> request test </title>
</head>
<body>
    <p>获取文本框提交的信息:
    <%String textContent = request.getParameter("user"); %>
    <br>
    <%= textContent %>
</body>
</html>
```

request.jsp 表单提交后，运行效果如图 3－9 所示。

图 3－8 form 表单

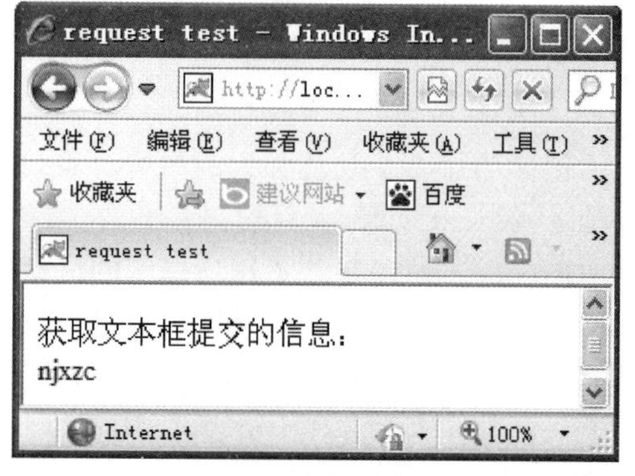

图 3－9 表单提交后结果

（2）response 对象

① response 对象对客户的请求做出动态的响应，向客户端发送数据。

② response 对象是 HttpServletResponse 类的实例。

③ response 对象方法比较多，下面以重定向方法 sendRedirect(java.lang.String location)为例来简单演示调用该对象的方法。

response 对象举例，responseTest.jsp 文件代码如下：

```
<%@ page language="java"contentType="text/html; charset=UTF-8"
    pageEncoding="UTF-8"%>
<html>
```

```
<head>
<title> request test </title>
</head>
<body>
    <%
        String address = request.getParameter("where");
        if (address !="")
        response.sendRedirect("http://www.njxzc.edu.cn");
    %>
    <b>
        <form action ="">
          <input type ="text"name ="where">
               <input type ="submit"value ="Enter"name ="submit">
        </form>
        </b>
</body>
</html>
```

该文件执行时，若文本框为空则不跳转，若不为空，则跳转到“www.njxzc.edu.cn”网页。

(3) out 对象

① out 对象是向客户端输出流进行写操作的对象。

② out 对象主要应用在脚本程序中，会通过 JSP 容器自动转换为 java.io.PrintWriter 对象。

③ out 对象具有 page 作用范围。

out 对象举例，outTest.jsp 文件代码如下：

```
<%@ page language ="java"contentType ="text/html; charset = UTF-8"
    pageEncoding ="UTF-8"%>
<html>
<head>
<title> request test </title>
</head>
<body>
  <% java.util.Date now = new java.util.Date();%>
  当前时间是:
  <% out.print(now); %>
</body>
</html>
```

运行结果如图 3－10 所示。

(4) session 对象

① session 对象是 javax.servlet.httpServletSession 类的一个对象。

② session 对象提供了当前用户会话的信息和对可用于存储信息的会话范围的缓存访问，以及控制如何管理会话的方法。

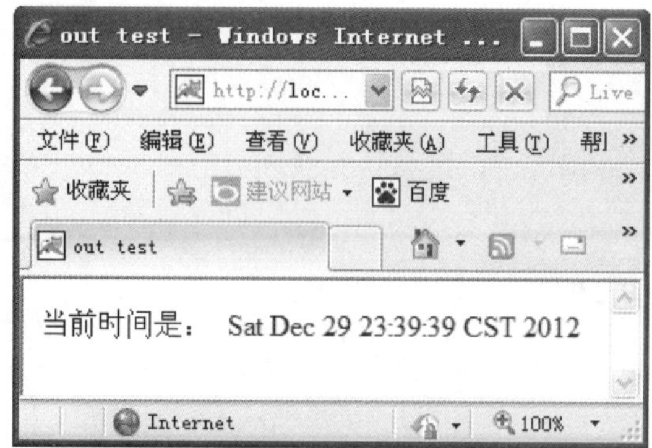

图 3－10 outTest.jsp 文件运行结果

③ 每个客户都对应有一个 session 对象，用来存放与这个客户相关的信息。

④ session 对象具有 session 作用范围。

session 对象有许多方法，下面以 getId 方法为例，介绍该对象的使用。

sessionTest.jsp 文件代码如下：

```
<%@ page language ="java"contentType ="text/html; charset = UTF-8"
    pageEncoding ="UTF-8"%>
<html>
<head>
<title> request test </title>
</head>
<body>
  <%
    String s = session.getId();
  %>
  您的 session 对象的 ID 是:
  <% out.print(s); %>
</body>
</html>
```

sessionTest.jsp 文件运行结果如图 3－11 所示。

图 3－11 sessionTest.jsp 文件运行结果

(5) application 对象

① application 对象负责提供应用程序在服务器中运行时的一些全局信息。

② 当 Web 应用中的 JSP 页面开始执行时，产生一个 application 对象，所有的客户共用此对象，直到服务器关闭时才消失。

③ application 对象具有 application 作用范围。

application.jsp 文件代码如下：

```
<%@ page language="java"contentType="text/html; charset=UTF-8"
    pageEncoding="UTF-8"%>
<html>
<head><title> application </title></head>
<body>
    <%
        String strNum=(String)application.getAttribute("Num");
        int Num=0;
        if (strNum != null)
            Num=Integer.parseInt(strNum)+1;
        application.setAttribute("Num",String.valueOf(Num));
        out.print(Num);
    %>
</body>
</html>
```

该文件执行时，每刷新一次页面，数值加 1，文件刷新 11 次后效果如图 3-12 所示。

图 3-12　application.jsp 文件刷新结果

(6) page 对象

① page 对象是 this 变量的别名，是一个包含当前 Servlet 接口引用的变量。

② page 对象具有 page 作用范围。

(7) pageContext 对象

① pageContext 对象能够存取其他内置对象，当内置对象包括属性时，也可以读取和写入这些属性。

② pageContext 是一个抽象类，实际运行的 JSP 容器必须扩展它才能被使用。

③ pageContext 对象具有 page 作用范围。

pageContext 文件的代码如下：

```
<%@ page language ="java"contentType ="text/html; charset = UTF-8"
   pageEncoding ="UTF-8"%>
<html>
<head>
<title> pageContext </title>
</head>
<body>
    <br> 使用 pageContext 设置属性 pageAttr 的值,该属性默认在 page 范围内。
     <%
        pageContext.setAttribute("pageAttr","hello");
    %>
    <br>
    获取属性 hello 的值:
    <% = pageContext.getAttribute("pageAttr") %>
</body>
</html>
```

文件运行结果如图 3－13 所示。

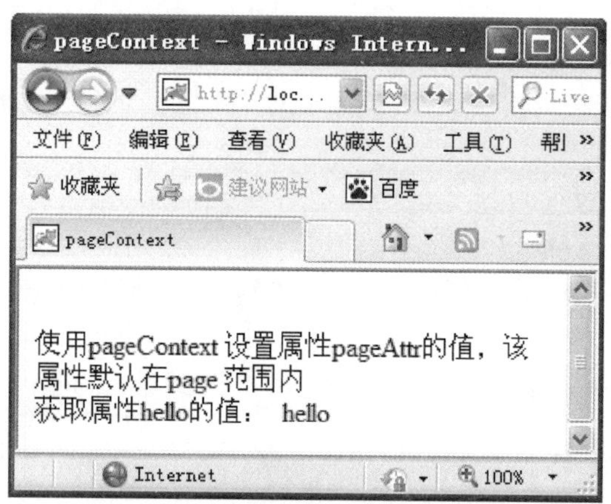

图 3－13 pageContext.jsp 运行结果

(8) config 对象

① config 对象提供了对每一个服务器或者 JSP 页面的 javax.servlet.ServletConfig 对象的访问。

② config 对象中包含了初始化参数以及一些实用方法。

可以为使用 web.xml 文件的服务器程序和 JSP 页面在其环境中设置初始化参数。

③ config 对象具有 page 作用范围。

下面以 config 对象的 getInitParameter 方法为例，介绍 config 对象的使用。

configTest.jsp 文件代码如下：

```
<%@  page language ="java"contentType ="text/html; charset = UTF-8"
    pageEncoding ="UTF-8"%>
<html>
<head>
<title> configTest </title>
</head>
<body>
     <br>
     Photo:
     <% = config.getInitParameter("photo")%>
</body>
</html>
```

web.xml 文件代码如下：

```
<?xml version ="1.0"encoding ="UTF-8"?>
<web-app version ="2.5"
...略...>
  <servlet>
          <servlet-name> admin </servlet-name>
        <jsp-file>/configTest.jsp </jsp-file>
          <init-param>
                  <param-name> photo </param-name>
          <param-value> 88888888 </param-value>
       </init-param>
    </servlet>
    <servlet-mapping>
       <servlet-name> admin </servlet-name>
       <url-pattern>/configTest.jsp </url-pattern>
    </servlet-mapping>
 </web-app>
```

configTest.jsp 文件执行效果如图 3 - 14 所示。

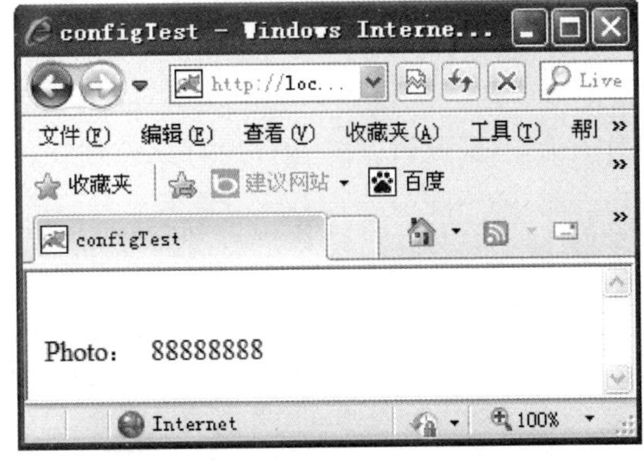

图 3 - 14　configTest.jsp 运行结果

（9）exception 对象

① exception 对象是异常对象。与错误不同，这里的异常指的是 Web 应用程序中所能够识别并处理的问题。如果在 JSP 页面中捕捉到异常，就会产生 exception 对象，并把这个对象传递到在 page 设定的 errorpage 中去，然后在 errorpage 页面中处理相应的 exception。

② exception 对象具有 page 作用范围。

③ 需要注意的是：要使用内置的 exception 对象，必须在 page 命令中设定 <%@page isErrorPage="true"%>，否则会出现编译错误。

error.jsp 文件代码如下：

```
<%@ page language="java"contentType="text/html; charset=UTF-8"
    pageEncoding="UTF-8"isErrorPage="true"%>
<html>
<head><title> error </title></head>
<body>
    <br>
    抱歉，程序发送异常！
</body>
</html>
```

还需在 web.xml 文件中增加如下代码：

```
<error-page>
        <error-code> 500 </error-code>
        <location>/error.jsp </location>
   </error-page>
```

errorTest.jsp 文件代码如下：

```
<html>
<head>
<title> error Test </title>
</head>
<body>
    当前时间是：
    <% out.print(now);%>
</body>
</html>
```

因为该文件中 now 对象为空，因此该文件运行后将跳转到 error.jsp 文件，运行结果如图 3-15 所示。

8. Java Bean

JavaBean 是一种用 Java 语言写成的可重用组件，是 Sun Microsystems 公司为了适应网络计算提出的。JavaBean 本质上就是一些可移植、可重用，并可以组装到应用程序中的 Java 类。为写成 JavaBean，类必须是具体的和公共的，并且具有无参数的构造器。如果属性（成员变量）的名字是 xxxx，则相应的有用来设置和获得属性的两个方法，分别为：public void

图 3-15　errorTest.jsp 文件运行结果

setXxxx(dataType data) 和 public dataType getXxxx()(注意:该方法名称中的属性的第一个字母必须大写)。

基于这些规则,其他 Java 类可以通过自省机制(反射机制)发现和操作这些 JavaBean 的属性。JavaBean 可以较好地实现后台业务逻辑和前台表示逻辑的分离,使得 JSP 程序更加可读、易维护。在 JavaBean 设计中,JavaBean 的属性(变量)按照属性作用的不同,一般可以分为 4 类:

(1) 简单属性:表示一个伴随 get 和 set 方法的变量。属性的名称与该属性相关的 get、set 方法对应。

(2) 索引属性:表示一个数组值。使用与该属性对应的 set 和 get 方法可以存取数组中某个元素的数值。

(3) 绑定属性:当绑定属性发生变化时,必须通知其他 JavaBean 组件对象。

(4) 约束属性:约束属性值的变化首先要被所有的监听器验证之后,才有可能真正发生改变。

JSP 提供了 3 种标记来使用 JavaBean:

(1) 初始化 Bean 使用标记<jsp:useBean/>。

(2) 获取 Bean 属性:使用标记<jsp:getProperty/>。

(3) 设置 Bean 属性:使用标记<jsp:setProperty/>。

JavaBean 的生命周期分为 4 种范围:page、request、session 和 application,通过设置 JavaBean 的 scope 属性,可以对 JavaBean 设置不同的生命周期,它们覆盖的范围如图 3-16 所示。

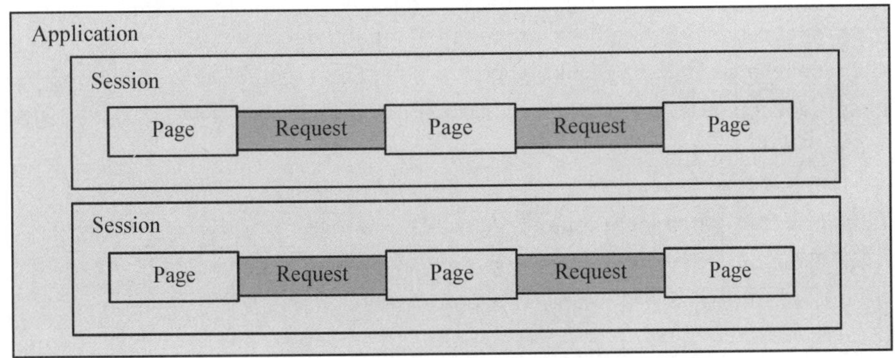

图 3-16　JavaBean 生命周期

3.2 JSP +JavaBean 应用实例

1. 应用简介

该案例通过 JavaBean 定义一个实体类 Box，然后通过 JSP 实现获取长方体的长、宽和高，并计算它的体积。

2. 项目 ch3_1 创建步骤

(1) 创建实体类 Box，具体代码如下：

```
package beans;

public class Box {
    double length,width,height;
    public Box(){
        length = 0;
        width = 0;
        height = 0;
    }
    public double getCV() {    return length* width* height; }
    public double getLength() {         return length; }
    public void setLength(double length) {    this.length = length;   }
    public double getWidth() {        return width; }
    public void setWidth(double width) {       this.width = width; }
    public double getHeight() {     return height; }
    public void setHeight(double height) {    this.height = height;   }
}
```

通过这个类的代码可以看出，JavaBean 定义了一个没有参数的构造方法，同时为类的每个属性定义了 public 类型的 get 和 set 方法。

(2) 创建 jsp_javaben_demo.jsp 文件，具体代码如下：

```
<body>
    <jsp:useBean id ="box"class ="beans.Box"scope ="request"/>
    <jsp:setProperty name ="box"property ="length"value ="3.0"/>
    <jsp:setProperty name ="box"property ="width"value ="4.0"/>
    <jsp:setProperty name ="box"property ="height"value ="5.0"/>
    在 JSP 中使用 JavaBean <br>
    长方体的长度为:<jsp:getProperty name ="box"property ="length"/><br>
    长方体的宽度为:<jsp:getProperty name ="box"property ="width"/><br>
    长方体的高度为:<jsp:getProperty name ="box"property ="height"/><br>
    <% out.println("长方体的容积为:"+ box.getCV() ); %>
</body>
</html>
```

在这个文件中，通过<% @page import ="beans. * ;" %>导入 JavaBean 的路径，通过<jsp:useBean id ="box" class ="beans.Box" scope ="request"/>实现 JavaBean 的引用，通过<jsp:setProperty name ="box" property ="length" value ="3.0"/>实现对 JavaBean 对象的属性设置，通过<jsp:getProperty name ="box" property ="length"/>实现对 JavaBean 对象的属性获取。

jsp_javaben_demo.jsp 文件运行结果如图 3－17 所示。

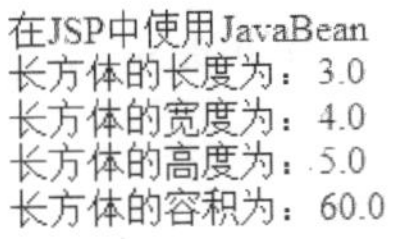

在JSP中使用JavaBean
长方体的长度为：3.0
长方体的宽度为：4.0
长方体的高度为：5.0
长方体的容积为：60.0

图 3－17　jsp-javaben-demo1.jsp 运行结果

3.3 Servlet

Servlet，全称 Java Server Applet，是用 Java 编写的服务器端程序。其主要功能是交互式地浏览和修改数据，生成动态 Web 内容。狭义的 Servlet 是指 Java 语言实现的一个接口，广义的 Servlet 是指任何实现了这个 Servlet 接口的类，一般情况下，将 Servlet 理解为后者。

Servlet 运行于支持 Java 的应用服务器中。理论上，Servlet 可以响应任何类型的请求，但绝大多数情况下 Servlet 只用来扩展基于 HTTP 协议的 Web 服务器。最早支持 Servlet 标准的是 JavaSoft 的 Java Web Server。此后，一些基于 Java 的 Web 服务器开始支持标准的 Servlet。

Java Server Pages(JSP)是一种实现普通静态 HTML 和动态 HTML 混合编码的技术，JSP 并没有增加任何本质上不能用 Servlet 实现的功能。但是，在 JSP 中编写静态 HTML 更加方便，不必再用 println 语句来输出每一行 HTML 代码。更重要的是，借助内容和外观的分离，页面制作中不同性质的任务可以方便地分开。如 HTML 内容由页面设计者进行设计，而 Servlet 程序则由程序员进行开发。

JSP 与 Servlet 的关系可以用一句话来表示：JSP 是在 HTML 里面写 Java 代码，而 Servlet 是在 Java 里面写 HTML 代码。

3.3.1 Servlet 简单实例

我们现在来创建一个简单的 Servlet：FirstServlet 类，功能只是输出“First Servlet!”。

首先打开 IntelliJ IDEA 2022 (Ultimate Edition)，然后建一个 Web Application 项目。选择【File】→【New】→【Project...】菜单项，弹出新建命令对话框，选择【Java EE】→【Web Application】菜单项，输入应用名“ch3_2”，如图 3－18 所示。

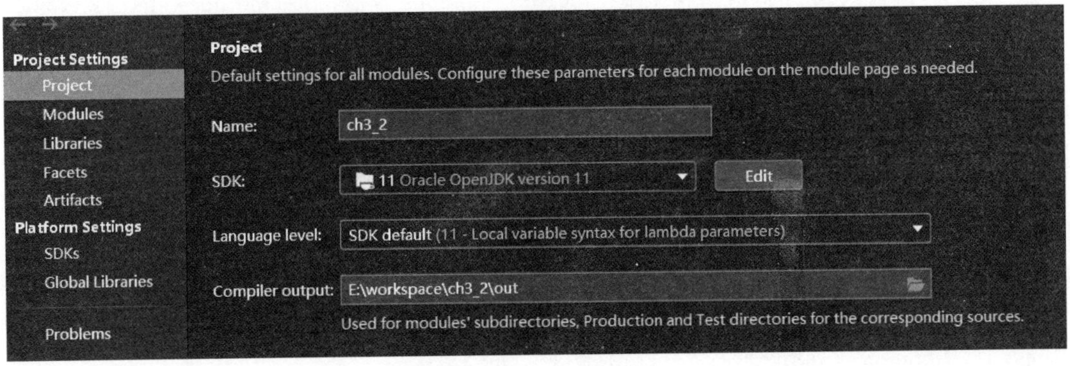

Project Settings
Project
Modules
Libraries
Facets
Artifacts
Platform Settings
SDKs
Global Libraries
Problems

Project
Default settings for all modules. Configure these parameters for each module on the module page as needed.
Name: ch3_2
SDK: 11 Oracle OpenJDK version 11　Edit
Language level: SDK default (11 - Local variable syntax for lambda parameters)
Compiler output: E:\workspace\ch3_2\out
Used for modules' subdirectories, Production and Test directories for the corresponding sources.

图 3－18　建立 Web 项目

项目建立完成后，在左边的视图中可以看到刚才新建项目的内容，如图 3－19 所示。

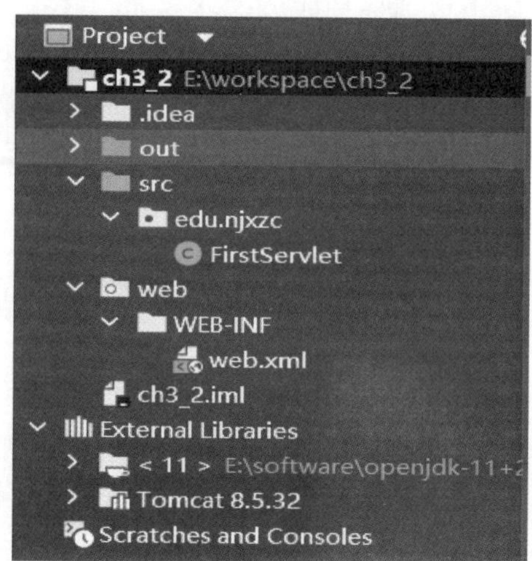

图 3－19 项目目录

右击 src 文件夹，选择【new】→【class】菜单项，弹出新建类对话框，在【name】一栏中输入类名，命名为“FirstServlet”，其他为默认值，单击【Finish】按钮完成。

FirstServlet.java 内容如下：

```
package com;
import java.io.IOException;
import java.io.PrintWriter;
import javax.servlet.ServletException;
import javax.servlet.http.HttpServlet;
import javax.servlet.http.HttpServletRequest;
import javax.servlet.http.HttpServletResponse;
public class FirstServlet extends HttpServlet {
    protected void doGet(HttpServletRequest req,
     HttpServletResponse resp)
          throws ServletException, IOException {
    //设定内容类型为 HTML 网页 UTF-8 编码
    resp.setContentType("text/html;charset = UTF-8");
    //输出页面
    PrintWriter out = resp.getWriter();
    out.println("<html><head>");
    out.println("<title> First Servlet Hello </title>");
    out.println("</head><body>");
    out.println("First Servlet !");
    out.println("</body></html>");
    out.close();
    }
}
```

在这段代码中，首先导入 javax.servlet.* 和 javax.servlet.http.* 。其中，javax.servlet.* 存放了与 HTTP 协议无关的一般性 Servlet 类；javax.servlet.http.* 增加了与 HTTP 协议有关的功能。

所有 Servlet 都必须实现 javax.servlet.Servlet 接口（特别说明：**如使用 JDK10 以上版本，包名发生变化**），但程序员通常会从 javax.servlet.GenericServlet 或 javax.servlet.http.HttpServlet 选择其中一个来实现。如果写的 Servlet 代码和 HTTP 协议无关，那么必须继承 GenericServlet 类。若有关，则必须继承 HttpServlet 类。本例中继承的是 HttpServlet 类。

javax.servlet.* 里面的 ServletRequest 和 ServletResponse 接口提供存取一般的请求和响应；而 javax.servlet.http.* 里面的 HttpServletRequest 和 HttpServletResponse 接口，则提供 HTTP 请求及响应的存取服务。本例代码中实现的是 HttpServletRequest 和 HttpServletResponse 接口。

本例代码中，利用 HttpServletResponse 接口的 setContentType()方法来设定内容类型。本例要显示为 HTML 网页类型，因此，内容类型设为“text/html”，这是 HTML 网页的标准 MIME 类型值。接着，用 getWriter()方法返回 PrintWriter 类型的 out 对象，它与 PrintStream 类似，但是它能够对 Java 的 Unicode 字符进行编码转换。最后，利用 out 对象把“Hello 大家好！”的字符串显示在网页上。

接下来，需要设定 web.xml 文件，web.xml 文件在我们 Web 项目的 WEB-INF 文件夹内。如上图 3－19 所示。

web.xml 配置内容如下：

```
<?xml version="1.0"encoding="UTF-8"?>
<web-app xmlns="http://xmlns.jcp.org/xml/ns/javaee"
    xmlns:xsi="http://www.w3.org/2001/XMLSchema-instance"
    xsi:schemaLocation="http://xmlns.jcp.org/xml/ns/javaee
http://xmlns.jcp.org/xml/ns/javaee/web-app_4_0.xsd"
    version="4.0">
  <servlet>
    <servlet-name> FirstServlet </servlet-name>
    <servlet-class> com.FirstServlet </servlet-class>
  </servlet>
  <servlet-mapping>
    <servlet-name> FirstServlet </servlet-name>
    <url-pattern>/ FirstServlet </url-pattern>
  </servlet-mapping>
</web-app>
```

仔细研究 web.xml 中关于 Servlet 的配置，可以了解，配置一个 Servlet 需要配置两个标签，第一个<servlet>，一个是<servlet-mapping>。

在<servlet>标签中，可以配置 Servlet 的名字、调用的 Java 类以及 Servlet 初始化时传入的参数。在本例中，Servlet 名字是“FirstServlet”，调用的 Java 类是“com.FirstServlet”，即是 Servlet 的 package 加上类名。在这个简单的 Servlet 中，不需要传递初始化参数给 Servlet，所以没有配置初始化参数，关于配置初始化参数，会在后边的例子里进行进一步讲解。

对于<servlet-mapping>，首先指定了 Servlet 的名字，然后设置 URL 连接，在这里，URL 设置的是“/FirstServlet”。这里的 Servlet 名字必须和上面的<servlet>标签中的<servlet-name>的值一致。

当页面中设定的连接和<url-pattern>中设定的值一致时，则会通过<servlet-name>找到对应 Servlet 类来运行。本例中，当页面的连接（a 标签或 form 设定的 action）是“/FirstServlet”时，则会通过 Servlet 的名字“FirstServlet”来找到对应的 Servlet 类“com.FirstServlet”来运行。

最后，在浏览器中输入：http://localhost:8080/ch3_2_war_exploded/FirstServlet 的执行结果如图 3－20 所示。

图 3－20 运行结果

提示：如果 Tomcat 中设置的端口号不是 80，则需要加上端口号。比如 Tomcat 设置的端口号为 8888。

3.3.2 Servlet 的生命周期

Servlet 的生命周期如图 3－21 所示。

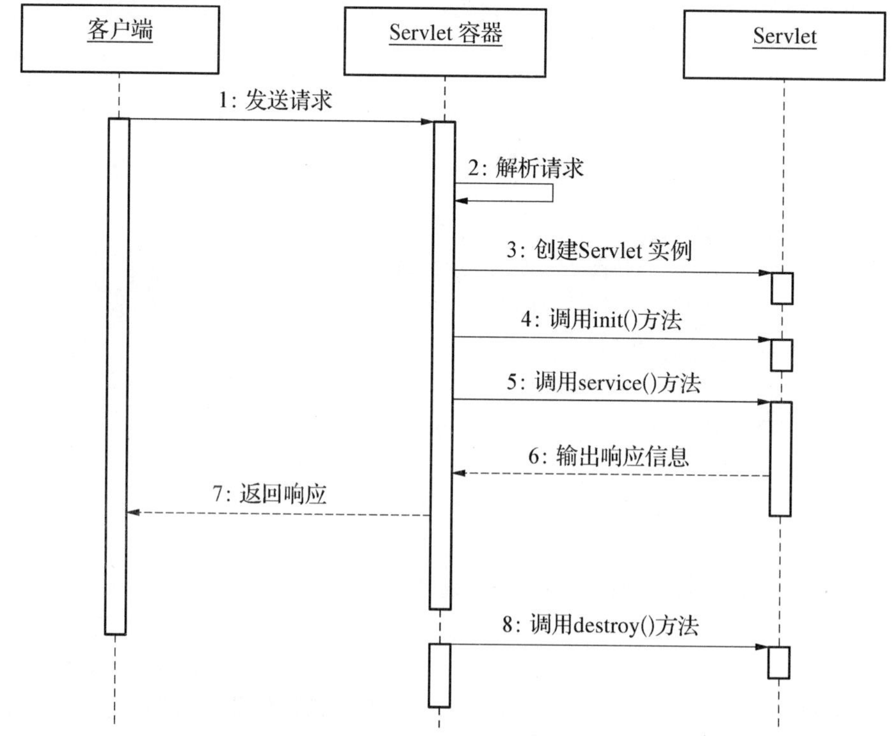

图 3－21 Servlet 的生命周期

Servlet 运行在 Servlet 容器中，其生命周期由容器来管理。Servlet 的生命周期通过 javax.servlet.Servlet 接口中的 init()、service()和 destroy()方法来表示。

Servlet 的生命周期包含了下面 4 个阶段：

(1) 加载和实例化阶段

Servlet 容器负责加载和实例化 Servlet。当 Servlet 容器启动时，检测到需要 Servlet 来响应请求时，将加载 Servlet。当 Servlet 容器加载 Servlet 类时，它必须知道所需的 Servlet 类在什么位置，Servlet 容器可以从本地文件系统、远程文件系统或者其他的网络服务中通过类加载器加载 Servlet 类。Servlet 类成功加载后，容器将创建 Servlet 的实例。因为容器是通过 Java 的反射 API 来创建 Servlet 实例，调用的是 Servlet 的默认构造方法(即不带参数的构造方法)，所以我们在编写 Servlet 类的时候，不应该提供带参数的构造方法。

(2) 初始化阶段

Servlet 实例化之后，容器将调用 Servlet 的 init()方法初始化这个对象。初始化的目的是让 Servlet 对象在处理客户端请求前完成一些初始化的工作，如建立数据库的连接，获取配置信息等。对于每一个 Servlet 实例，init()方法只被调用一次。在初始化期间，Servlet 实例可以使用容器为它准备的 ServletConfig 对象从 Web 应用程序的配置信息(在 web.xml 中配置)中获取初始化的参数信息。这样 Servlet 的实例就可以把与容器相关的配置数据保存起来供以后使用。在初始化期间，如果发生错误，Servlet 实例可以抛出 ServletException 异常，一旦抛出该异常，Servlet 就不再执行，而随后对它的调用会导致容器对它重新载入并再次运行此方法。

(3) 请求处理阶段

在成功执行 init()方法后，Servlet 容器调用 Servlet 的 service()方法对请求进行处理。在 service()方法中，通过 ServletRequest 对象得到客户端的相关信息和请求信息，在对请求进行处理后，调用 ServletResponse 对象的方法设置响应信息。对于 HttpServlet 类，该方法作为 HTTP 请求的分发器，它在任何时候都不能被重载。当请求到来时，service()方法决定请求的类型(如 GET、POST、HEAD、OPTIONS、DELETE、PUT、TRACE 等)，并把请求分发给相应的处理方法(如 doGet()、doPost()、doHead()、doOptions()、doDelete()、doPut()、doTrace()等)，每个 do 方法具有和第一个 service()相同的形式。常用方法是 doGet()和 doPost()方法，为了响应特定类型的 HTTP 请求，必须重载相应的 do 方法。如果 Servlet 收到一个 HTTP 请求而没有重载相应的 do 方法，它就返回一个此方法对本资源不可用的标准 HTTP 错误。

(4) 服务终止阶段

当容器检测到一个 Servlet 实例应该从服务中被移除的时候，容器就会调用实例的 destroy()方法，以便让该实例可以释放它所使用的资源，保存数据到持久存储设备中。在 destroy()方法调用之后，容器会释放这个 Servlet 实例，该实例随后会被 Java 的垃圾收集器所回收。如果再次需要这个 Servlet 处理请求，Servlet 容器会创建一个新的 Servlet 实例。

在整个 Servlet 的生命周期过程中，创建 Servlet 实例、调用实例的 init()和 destroy()方法都只进行一次，当初始化完成后，Servlet 容器会将该实例保存在内存中，通过调用它的 service()方法，为接收到的请求服务。

3.3.3 JSP 与 Servlet 的关系

Servlet 是服务器端的程序，动态生成 HTML 页面发到客户端，但是这样程序里有许多

out.println(),Java 和 HTML 语言混在一起很乱,所以后来推出了 JSP。其实 JSP 就是 Servlet,每一个 JSP 在第一次运行时被转换成 Servlet 文件,再编译成.class 来运行。有了 JSP,在 MVC 模式中 Servlet 不再负责生成 HTML 页面,转而担任控制程序逻辑的角色,控制 JSP 和 JavaBean 之间的流转。图 3-22 描述了 JSP 转化为 Servlet 的过程。

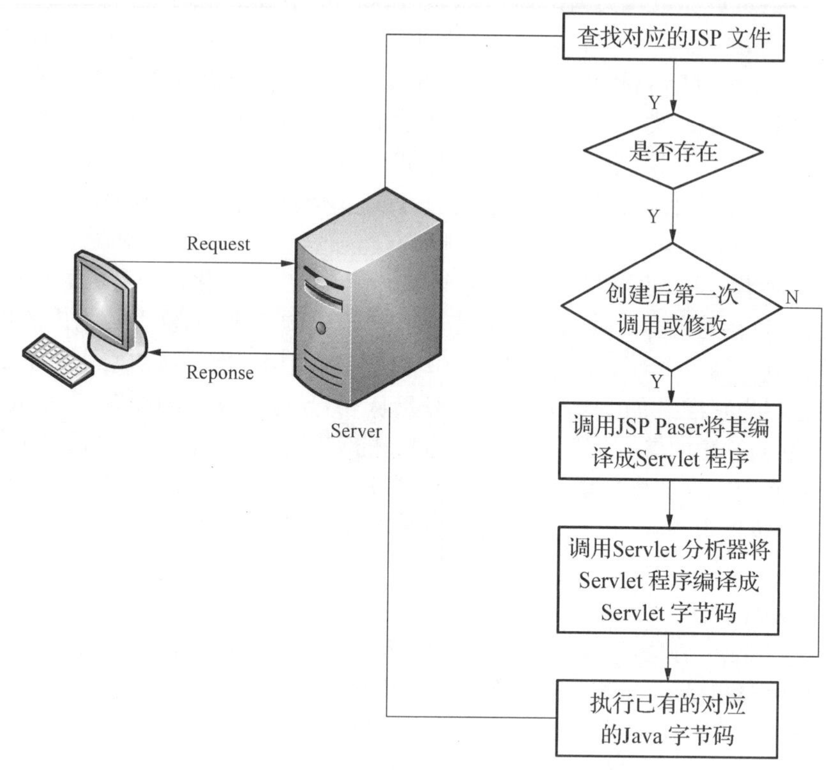

图 3-22 JSP 转化为 Servlet 的过程

应用的发展总是无止境的,随着 JSP 的广泛应用和各种设计模式的盛行,人们发现 JSP 也暴露了大量的问题:首先,夹杂服务端代码的 JSP 文件给后期维护和页面风格再设计带来大量阻碍,美工在修改页面的时候不得不面对大量看不懂的服务端代码,程序员在修改逻辑的时候经常会被复杂的客户端代码搞晕。交叉的工作流使得 JSP 面临大量的困境,这直接导致了 Java Web 框架技术的出现,框架技术倡导了 MVC 的概念。

3.4 JSP +Servlet +JavaBean 应用

1. 应用简介

本例对上面 3.2.1 的计算盒子体积的案例进行改进,通过增加 Servlet,使得 JSP 文件实现显示和计算逻辑代码分离,从而使代码更加简洁、易于维护。

2. 创建项目 ch3_3

(1) 实体类 Box 的代码跟之前一样,不需改变。

(2) 创建 TestServlet 类,具体代码如下:

```
import java.io.IOException;
import java.io.PrintWriter;
import javax.servlet.ServletException;
import javax.servlet.ServletRequest;
import javax.servlet.ServletResponse;
import javax.servlet.annotation.WebServlet;
import javax.servlet.http.HttpServlet;
import javax.servlet.http.HttpServletRequest;
import javax.servlet.http.HttpServletResponse;
import beans.* ;

@ WebServlet("/TestServlet")
public class TestServlet extends HttpServlet {
    private static final long serialVersionUID = 1L;
    Box box = new Box();
    public TestServlet() {
        super();
        // TODO Auto-generated constructor stub
    }
    protected void doGet (HttpServletRequest request, HttpServletResponse
response) throws ServletException, IOException {
        // TODO Auto-generated method stub
    }
    protected void doPost (HttpServletRequest request, HttpServletResponse
response) throws ServletException, IOException {
        // TODO Auto-generated method stub
    }
    @ Override
    protected void service (HttpServletRequest request, HttpServletResponse
response)
    throws ServletException, IOException {
    // TODO Auto-generated method stub
        super.service(request, response);
        String path = request.getContextPath();   //获取请求路径
        box.setLength(Double.parseDouble(request.getParameter("length")));
        box.setWidth(Double.parseDouble(request.getParameter("width")));
        box.setHeight(Double.parseDouble(request.getParameter("height")));
        request.getSession().setAttribute("CV", box.getCV());
        response.sendRedirect(path +"/result.jsp");
    }
}
```

从以上代码可以看出，Servlet 类的创建继承了 HttpServlet 父类，接着定义了一个 Box

对象并实例化，然后在 service 方法中通过 request 对象获取了客户端传过来的球的属性，最后调用 getCV 计算长方体的体积，并把结果存放到 session 对象中后跳转到 result.jsp 页面。特别说明，service 方法名是特有的，不能随意改变，这个方法可以被自动调用。

(3) 创建用户设置长方体属性的录入界面 input.jsp 文件，具体代码如下：

```
<body>
<form action="servlets/testservlet">
    长<input type="text"name="length"> <br>
    宽<input type="text"name="width"> <br>
    高<input type="text"name="height"> <br>
    <input  type="submit"  value="提交">
</form>
</body>
```

在该文件中，特别要注意的是 3 个 input 控件的 name 设置必须与实体类 Box 的 3 个属性对应，这样在 Servlet 类中就可以直接通过 box 对象获取相应的属性值。

(1) 创建 result.jsp 文件，具体代码如下：

```
<body>
    <%  out.println("长方体的容积为:"+ session.getAttribute("CV") ); %>
</body>
```

在该文件中通过 session 对象的属性“CV”获取长方体的容积值。

(2) 创建了 Servlet 类后，一定要在 web. xml 文件中进行配置，web. xml 文件配置 Servlet 的主要代码如下：

```
<servlet>
    <servlet-name> testservlet </servlet-name>
    <servlet-class>
        servlets.TestServlet
    </servlet-class>
</servlet>
<servlet-mapping>
    <servlet-name> testservlet </servlet-name>
    <url-pattern>/servlets/testservlet </url-pattern>
</servlet-mapping>
```

该文件定义了一个名为“testservlet”的 <servlet-name>，它可以看作是类 servlets. TestServlet 的实例，接着把这个实例通过 <url-pattern> 与/servlets/testservlet 进行关联。通过这样配置，就可以在 input.jsp 文件中通过 <form action ="servlets/testservlet"> 调用相应的 Servlet 类。

整个项目首先访问 input.jsp 文件，运行结果如图 3－23 所示。

最终程序跳转到 result.jsp 页面，运行结果如图 3－24 所示。

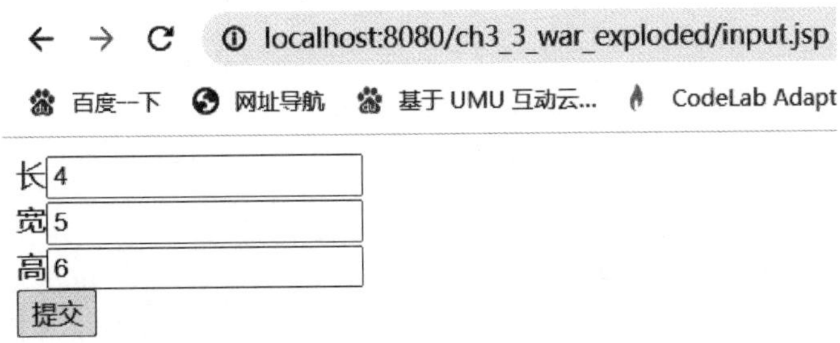

图 3－23 input.jsp 文件运行结果

图 3－24 input.jsp 文件运行结果

3.5 JDBC 基本概念

数据库安装及其驱动程序的安装，本书就不对这个过程展开阐述了。

1. JDBC 的作用概括起来有如下 3 个方面：

（1）建立与数据库的连接；

（2）向数据库发起查询请求；

（3）处理数据库返回结果。

2. JDBC 重要类或接口

这些作用是通过一系列 API 实现的，其中的几个重要类或接口如表 3－1 所示。

表 3－1 JDBC 重要类或接口

接口	作用
java.sql.DriverManager	处理驱动程序的加载和建立新数据库连接
java.sql.Connection	处理与特定数据库的连接
java.sql.Statement	在指定连接中处理 SQL 语句
java.sql.ResultSet	处理数据库操作结果集

（1）Driver 接口

每种数据库的驱动程序都应该提供一个实现 java.sql.Driver 接口的类，简称 Driver 类，在加载某一驱动程序的 Driver 类时，它应该创建自己的实例并向 java.sql.DriverManager 类注册该实例。

通常情况下通过 java.lang.Class 类的静态方法 forName(String className)，加载欲连接数据库的 Driver 类，该方法的入口参数为欲加载 Driver 类的完整路径。成功加载后，会将 Driver 类的实例注册到 DriverManager 类中，如果加载失败，将抛出 ClassNotFoundException 异常，即未找到指定 Driver 类的异常。实现代码如下：

```
Class.forName("com.microsoft.jdbc.sqlserver.SQLServerDriver");
```

（2）DriverManager 类

java.sql.DriverManager 类负责管理 JDBC 驱动程序的基本服务，是 JDBC 的管理层，作用于用户和驱动程序之间，负责跟踪可用的驱动程序，并在数据库和驱动程序之间建立连接；另外，DriverManager 类也处理诸如驱动程序登录时间限制及登录和跟踪消息的显示等工作。成功加载 Driver 类并在 DriverManager 类中注册后，DriverManager 类即可用来建立数据库连接。

当调用 DriverManager 类的 getConnection（）方法请求建立数据库连接时，DriverManager 类将试图定位一个适当的 Driver 类，并检查定位到的 Driver 类是否可以建立连接，如果可以则建立连接并返回，如果不可以则抛出 SQLException 异常。

```
static Connection getConnection(String url, String username, String password):
```

通过指定的数据库 URL 及用户名、密码创建数据库连接。该方法中还需创建指定数据库的 URL。要建立与数据库的连接，首先要创建指定数据库的 URL，数据库的 URL 对象类似网络资源的统一定位。其构成格式如下：

```
jdbc:subProtocol:subName://hostname:port;DatabaseName = XXX
```

其中：jdbc 表示当前通过 Java 的数据库连接进行数据库访问。subProtocal 表示通过某种驱动程序支持的数据库连接机制。subName 表示在当前连接机制下的具体名称。hostName 表示主机名。port 表示相应的连接端口。DatabaseName 是要连接的数据库的名称。按照上述构造规则，可以构造如下类型的数据库 URL：

```
jdbc.microsoft:sqlserver://localhost:1433;DatabaseName = xsgl
```

该数据库 URL 表示利用 Microsoft 提供的机制，选择名称为 sqlserver 的驱动，通过 1433 端口访问本机上的 xsgl 数据库，若使用的数据库是 mysql，则默认端口是 3306，当然这个端口是可以修改的。

其中，DriverManager 类提供的常用静态方法如表 3-2 所示。

表 3-2 DriverManager 类的常用静态方法

方法名称	功能描述
getConnection (String url, String user, String password)	用来获得数据库连接，3 个入口参数依次为要连接数据库的 URL、用户名和密码，返回值的类型为 java.sql.Connection
setLoginTimeout(int seconds)	用来设置每次等待建立数据库连接的最长时间
setLogWriter(java.io.PrintWriter out)	用来设置日志的输出对象
println(String message)	用来输出指定消息到当前的 JDBC 日志流

（3）Connection 对象

Connection 是用来表示数据库连接的对象，对数据库的一切操作都是在这个连接基础上进行的。Connection类的主要方法如表3-3所示。

表3-3 Connection类的主要方法

方法名称	功能描述
createStatement()	创建并返回一个Statement实例,通常在执行无参的SQL语句时创建该实例
prepareStatement()	创建并返回一个PreparedStatement实例,通常在执行包含参数的SQL语句时创建该实例,并对SQL语句进行了预编译处理
prepareCall()	创建并返回一个CallableStatement实例,通常在调用数据库存储过程时创建该实例
setAutoCommit()	设置当前Connection实例的自动提交模式。默认为true,即自动将更改同步到数据库中;如果设为false,需要通过执行commit()或rollback()方法手动将更改同步到数据库中
getAutoCommit()	查看当前的Connection实例是否处于自动提交模式,如果是则返回true,否则返回false
setSavepoint()	在当前事务中创建并返回一个Savepoint实例,前提条件是当前的Connection实例不能处于自动提交模式,否则将抛出异常
releaseSavepoint()	从当前事务中移除指定的Savepoint实例
setReadOnly()	设置当前Connection实例的读取模式,默认为非只读模式。不能在事务当中执行该操作,否则将抛出异常。有一个boolean型的入口参数,设为true表示开启只读模式,设为false表示关闭只读模式
isReadOnly()	查看当前的Connection实例是否为只读模式,如果是则返回true,否则返回false
isClosed()	查看当前的Connection实例是否被关闭,如果被关闭则返回true,否则返回false
commit()	将从上一次提交或回滚以来进行的所有更改同步到数据库,并释放Connection实例当前拥有的所有数据库锁定
rollback()	取消当前事务中的所有更改,并释放当前Connection实例拥有的所有数据库锁定。该方法只能在非自动提交模式下使用,如果在自动提交模式下执行该方法,将抛出异常。有一个参数为Savepoint实例的重载方法,用来取消Savepoint实例之后的所有更改,并释放对应的数据库锁定
close()	立即释放Connection实例占用的数据库和JDBC资源,即关闭数据库连接

3. 数据的基本操作

数据的基本操作主要是指对数据的查看、添加、修改、删除、查询等操作,利用Connection对象的createStatement方法建立Statement对象,再利用Statement对象的executeQuery()的方法执行SQL语句进行查询,返回结果集,再利用形如getXXX()的方法从结果集中读取数据。

(1) Statement

Java所有SQL语句都是通过陈述(Statement)对象实现的。Statement用于在已经建立的连接的基础上向数据库发送SQL语句的对象。

① Statement对象的建立

通过Connection对象的createStatement方法建立Statement对象:

```
Statement stmt = con.createStatement();
```

如果要建立可滚动的记录集，需要使用如下格式的方法：

```
public Statement createStatement (int resultSetType, int resultSetConcurrency)
throws SQLException
```

其中，resultSetType 可取下列常量：

- ResultSet.TYPE_FORWARD_ONL：只能向前，默认值。
- ResultSet.TYPE_SCROLL_INSENSITIVE：可操作数据集的游标，但不反映数据的变化。
- ResultSet.TYPE_SCROLL_SENSITIVE：可操作数据集的游标，反映数据的变化。

resultSetConcurrency 的取值：

- ResultSet.CONCUR_READ_ONLY：不可进行更新操作。
- ResultSet.CONCUR_UPDATABLE：可以进行更新操作，默认值。

② Statement 对象的方法

Statement 对象提供了三种执行 SQL 语句的方法：

- ResultSet executeQuery(String sql)：执行 select 语句，返回一个结果集。
- int executeUpdate(String sql)：执行 update、insert、delete 等不需要返回结果集的 SQL 语句。它返回一个整数，表示执行 SQL 语句影响的数据行数。
- boolean execute(String sql)：用于执行多个结果集、多个更新结果（或者两者都有）的 SQL 语句。它返回一个 boolean 值。如果第一个结果是 ResultSet 对象，返回 true；如果是整数，就返回 false。取结果集时可以与 getMoreResultSet、getResultSet 和 getUpdateCount 结合来对结果进行处理。

（2）ResultSet

ResultSet 对象实际上是一个由查询结果数据构成的表。在 ResultSet 中隐含着一个指针，利用这个指针移动数据行，可以取得所要的数据，或对数据进行简单的操作。其主要的方法有：

- boolean absolute(int row)：将指针移动到结果集对象的某一行。
- void afterLast()：将指针移动到结果集对象的末尾。
- void beforeFrist()：将指针移动到结果集对象的头部。
- boolean first()：将指针移动到结果集对象的第一行。
- boolean next()：将指针移动到当前行的下一行。
- boolean previous()：将指针移动到当前行的前一行。
- boolean last()：将指针移动到当前行的最后一行。

此外还可以使用一组 getXXX()方法，读取指定列的数据。XXX 是 JDBC 中 Java 语言的数据类型。这些方法的参数有两种格式，一是用 int 指定列的索引，二是用列的字段名（可能是别名）来指定列。如：

- string strName = rs.getString(2);
- string strName = rs.getString("name");

3.6 EL(表达式语言)表达式

EL是JSP 2.0规范中新增加的,它的基本语法如下:$(表达式),比如:

```
<%@ page contentType ="text/html;charset = UTF-8"language ="java"%>
<html>
    <body> ${sampleValue } <br> </body>
</html>
```

EL表达式类似于JSP表达式<% =表达式 %>,EL语句中的表达式值会被直接送到浏览器显示,通过page指令的isELIgnored属性来说明是否支持EL。当isELIgnored属性值为false时,JSP页面可以使用EL表达式;当isELIgnored属性值为true时,JSP页面不能使用EL表达式。isELIgnored属性值默认为false。

1. 基本语法

EL的语法简单、使用方便,它以"${"开始,以"}"结束。

(1) "[]"与"."运算符

EL使用"[]"和"."运算符来访问数据,主要使用EL获取对象的属性,包括获取JavaBean的属性值、获取数组中的元素以及获取集合对象中的元素。对于null值直接以空字符串显示,而不是null,在运算时也不会发生错误或空指针异常,所以在使用EL访问对象的属性时不需要判断对象是否为null对象,这样就为编写程序提供了方便。${sessionScope.user.sex} 等于 ${sessionScope.user["sex"]}。

① 获取 JavaBean 的属性值

假设在JSP页面中有这样一句话:

```
<% = user.getName()%>
```

那么可以使用EL获取user对象的属性name,代码如下:

```
${user.name}或${user["name"]}
```

其中,点运算符前面为JavaBean的对象user,后面为该对象的属性name,表示利用user对象的getName方法取值并显示在网页上。

② 获取数组中的元素

假设在Controller或Servlet中有这样一段话:

```
String str[]={"a","b", "c"};
request.setAttribute ("array",str);
```

那么在对应视图JSP中可以使用EL取出数组中的元素(也可以使用JSTL遍历数组),代码如下:

```
${array[0]}
${array[1]}
${array[2]}
```

③ 获取集合对象中的元素

假设在 Controller 或 Servlet 中有这样一段话：

```
ArrayList <User> users = new ArrayList <User>();
User ub1 = new User("zhang",20);
User ub2 = new User ("zhao",50);
users.add(ub1);
users.add(ub2);
request.setAttribute("u",users);
```

其中，User 有两个属性 name 和 age，那么在对应视图 JSP 页面中可以使用 EL 取出 UserBean 中的属性(也可以使用 JSTL 遍历数组)，代码如下：

```
${u[0].name}
${u[0] .age}
${u[1].name}
${u[1] .age}
```

(2) 算术运算符

EL 表达式提供了可以进行加、减、乘、除和求余的 5 种算术运算符，各种算术运算符以及用法如图 3-25 所示。

EL算术运算符	说明	范例	结果
+	加	${15+2}	17
-	减	${15-2}	13
*	乘	${15*2}	30
/ 或 div	除	${15/2} 或 ${15 div 2}	7
% 或 mod	求余	${15%2} 或 ${15 mod 2}	1

图 3-25 算术运算符

EL 的"+"运算符与 Java 的"+"运算符不一样，它无法实现两个字符串的连接运算，如果该运算符连接的两个值不能转换为数值型的字符串，则会抛出异常。如果使用该运算符连接两个可以转换为数值型的字符串，EL 会自动地将这两个字符转换为数值型数据，再进行加法运算。

```
<%@ page contentType ="text/html"pageEncoding ="utf - 8"%>
<html>
<head> <title> EL 算术运算符操作演示</title> </head>
<body>
<%
  //存放的是数字
  pageContext.setAttribute("num1",2);
  pageContext.setAttribute("num2",4);
```

```
%>
<h1>EL 算术运算符操作演示 </h1>
<hr/>
<h3>加法操作:${num1 + num2}</h3>
<h3>减法操作:${num1 - num2}</h3>
<h3>乘法操作:${num1* num2}</h3>
<h3>除法操作:${num1/num2}和${num1 div num2}</h3>
<h3>取模操作:${num1% num2}和${num1 mod num2}</h3>
```

代码运行如图 3-26 所示。

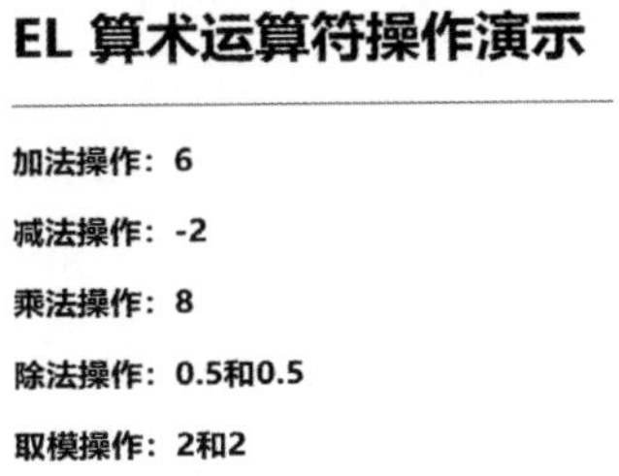

EL 算术运算符操作演示

加法操作：6

减法操作：-2

乘法操作：8

除法操作：0.5和0.5

取模操作：2和2

图 3-26　运算符操作演示

(3) 关系运算符

关系运算符包括 6 个运算符，如图 3-27 所示。

EL关系运算符	说明	范例	结果
== 或 eq	等于	${6==6} 或 ${6 eq 6} ${"A"="a"} 或 ${"A" eq "a"}	true false
!= 或 ne	不等于	${6!=6} 或 ${6 ne 6} ${ “A”!= “a” }或 ${ “A” ne “a” }	false true
< 或 lt	小于	${3<8} 或 ${3 lt 8} ${"A"<"a"} 或 ${"A" lt "a"}	true true
> 或 gt	大于	${3>8} 或 ${3 gt 8} ${"A">"a"} 或 ${"A" gt "a"}	false false
<= 或 le	小于等于	${3<=8} 或 ${3 le 8} ${"A"<="a"} 或 ${"A" le "a"}	true true
>= 或 ge	大于等于	${3>=8} 或 ${3 ge 8} ${"A">="a"} 或 ${"A" ge "a"}	false false

图 3-27　关系运算符

(4) 逻辑运算符

在进行比较运算时，如果涉及两个或两个以上判断，就需要使用逻辑运算符。逻辑运算符两边的表达式必须是布尔型(Boolean)变量，其结果也是布尔型(Boolean)。EL 中的逻辑运算符如图 3-28 所示。

EL逻辑运算符	范例(A、B为逻辑型表达式)	结果
&& 或 and	${A && B} 或 ${A and B}	true/false
|| 或 or	${A || B} 或 ${A or B}	true/false
! 或 not	${!A} 或 ${not A}	true/false

图 3-28 逻辑运算符

（5）empty 运算符

通过 empty 运算符，可以实现在 EL 表达式中判断对象是否为空。该运算符用于确定一个对象或者变量是否为 null 或空。若为空或者 null，返回空字符串、空数组，否则返回 false。

（6）条件运算符

在 EL 表达式中，条件运算符的用法与 Java 语言的语法完全一致。格式如下：

```
${条件表达式? 表达式 1:表达式 2}
```

其中，条件表达式用于指定一个判定条件，该表达式的结果为 Boolean 型值。可以由关系运算、逻辑运算、判空运算等运算得到。如果该表达式的运算结果为真，则返回表达式 1 的值；如果运算结果为假，则返回表达式 2 的值。

2. EL 隐含对象

EL 隐含对象共有 11 个，常用的 EL 隐含对象有 pageScope、requestScope、sessionScope、applicationScope、param 以及 paramValues。

（1）与作用范围相关的隐含对象

与作用范围相关的 EL 隐含对象有 pageScope、requestScope、sessionScope 和 applicationScope，分别可以获取 JSP 隐含对象 pageContext、request、session 和 application 中的数据。如果在 EL 中没有使用隐含对象指定作用范围，则会依次从 page、request、session、application 范围查找，若找到就直接返回，不再继续找下去；如果所有范围都没有找到，就返回空字符串。获取数据的格式如下：

```
${EL 隐含对象.关键字对象.属性}或${EL 隐含对象.关键字对象}
```

例如：

```
<jsp:useBean id -"user"class ="bean.UserBean"scope ="page"/>
<!-- bean 标签 --><jsp:setProperty name ="user"property ="name"value ="EL 隐含对象"/>
name: ${pageScope.user.name }
```

再如，在 Controller 或 Servlet 中有这样一段话：

```
ArrayList <User> users = new ArrayList <User>();
User ub1 = new User("zhang",20);
User ub2 = new User("zhao",50);
users.add(ub1);
users.add(ub2);
request.setAttribute("u",users);
```

其中,User 有两个属性 name 和 age,那么在对应视图 JSP 中 request 有效的范围内可以使用 EL 取出 UserBean 的属性(也可以使用 JSTL 遍历数组),代码如下:

```
${requestScope.array[0].name}  ${requestScope.array[0].age}
${requestScope.array[1].name}  ${requestScope.array[1].age}
```

(2) 与请求参数相关的隐含对象

与请求参数相关的 EL 隐含对象有 param 和 paramValues。获取数据的格式如下:

```
${EL 隐含对象.参数名}
```

例如,inputjsp 的代码如下:

```
<form method ="post"action ="param.jsp">
<p>姓名:<input type ="text"name ="username"size ="15"/></p><p>兴趣:
<input type ="checkbox"name -"habit"value ="看书"/>看书
<input type ="checkbox"name -"habit"value ="玩游戏"/>玩游戏
<input type ="checkbox"name -"habit"value ="旅游"/>旅游<p>
<input type ="submit"value ="提交"/></form>
```

那么在 param.jsp 页面中可以使用 EL 获取参数值,代码如下:

```
<% request.setCharacterEncoding("GBK") ;%>
<body>
<h2> EL 隐含对象 param、paramValueg </h2>
姓名:${param.username}</br>
兴趣;
${paramValues ,habit[0]}
${paramvValues.habit[1]}
${paramValues .habit[2]}
```

3.7 JSP 标准标签库

JSTL 规范由 Sun 公司制定,由 Apache 的 Jakarta 小组负责实现。JSTL 由 5 个不同功能的标签库组成,包括 Core、I18N、XML、SQL 以及 Functions,本节只简要介绍 JSTL 的 Core 和 Functions 标签库中几个常用的标签。

1. 使用 taglib 标记定义前缀与 uri 引用

如果使用 Core 标签库,首先需要在 JSP 页面中使用 taglib 标记定义前缀与 uri 引用,代码如下:

```
<%@  taglib prefix ="c"uri ="http://java.sun.com/jsp/stl/core">
```

如果使用 Functions 标签库,首先需要在 JSP 页面中使用 taglib 标记定义前缀与 uri 引用,代码如下:

```
<%@  taglib prefix ="fn"uri ="http://java.sun.com/jsp/jstl/functions"s>
```

如果使用 Maven 则需要在 pom.xml 文件下面增加如下的依赖包,其中涉及的版本号需根据项目实际情况确定：

```
<dependency>
    <groupId> jstl </groupId>
    <artifactId> jstl </artifactId>
    <version> 1.2 </version>
</dependency>
<dependency>
    <groupId> taglibs </groupId>
    <artifactId> standard </artifactId>
    <version> 1.1.2 </version>
</dependency>
```

在用到 JSTL 的页面上增加下面一段语句：

```
<%@ taglib uri="http://java.sun.com/jsp/jstl/core"prefix="c"%>
```

2. 核心标签库之通用标签

（1）<c:cout>标签

<c:out 标签用来显示数据的内容，与<%=表达式%>或${表达式}类似。格式如下：

```
<c:out value="输出的内容"[default="defaultValue"]/>或<c:out value="输出的内容">
defaultValue </c:out>
```

其中，value 值可以是一个 EL 表达式，也可以是一个字符串；default 可有可无，当 value 值不存在时输出 defaultValue。例如：

```
<c:out value="${param.data}"default="没有数据"/><br>
<c:out value="${param.nothing}"/><br>
<c:out value="这是一个字符串"/>
```

程序输出的结果如图 3－29 所示。

图 3－29 程序输出结果

（2）<c:set>标签

① 设置作用域变量

用户可以使用<c：set 在 page、request、session、application 等范围内设置一个变量。格式如下：

```
<c:set value="value"var="varName"[scope="page|request|session| application"/>
```

该代码将 value 值赋给变量 varName。

```
<c:set value ="zhao"var ="userName"scope ="session"/>
```

相当于：

```
<% session.setAttribute("userName","zhao");%>
```

② 设置 JavaBean 的属性

在使用<c:set 设置 JavaBean 的属性时必须使用 target 属性进行设置。格式如下：

```
<c:set value -"value"target -"target"property ="propertyName"/>
```

该代码将 value 值赋给 target 对象(JaveBean 对象)的 propertyName 属性。如果 target 为 null 或没有 set 方法则抛出异常。

(3) <c:remove>标签

如果要删除某个变量，可以使用<c:remove>标签。例如：

```
<c:remove var ="userName"scope ="session"/>
```

相当于：

```
<% session.removeAttribute("userName")%>
```

3. 核心标签库之流程控制标签

(1) <c:if>标签

<c:if>标签实现 if 语句的作用，具体语法格式如下：

```
<c:if test ="条件表达式">
```

主体内容：

```
</c:if>
```

其中，条件表达式可以是 EL 表达式，也可以是 JSP 表达式。如果表达式的值为 true，则会执行<c:if>的主体内容，但是没有相对应的<c:else>标签。如果想在条件成立时执行一块内容，不成立时执行另一块内容，可以使用<c:choose>、<c:when>及<c:otherwise>标签。

(2) <c:choose>、<c:when>及<c:otherwise>标签

<c:choose>、<c:when>及<c:otherwise>标签实现 if/elseif/else 语句的作用，具体语法格式如下：

```
<c:choose>
<c:when test ="条件表达式 1">
```

主体内容 1：

```
</c:when>
<c:when test ="条件表达式 2">
```

主体内容 2：

```
</c:when><c:otherwise>
```

表达式都不正确时执行的主体内容</c:otherwise> </c:choose>。

4. 核心标签库之迭代标签

(1) <c:forEach>标签

<c:forEach>标签可以实现程序中的 for 循环。语法格式如下：

```
<c:forEach var ="变量名"items ="数组或 Collection 对象">
循环体</c:forEach>
```

其中，items 属性可以是数组或 Collection 对象，每次循环读取对象中的一个元素，并赋值给 var 属性指定的变量，之后就可以在循环体中使用 var 指定的变量获取对象的元素。

例如，在 Controller 或 Servlet 中有这样一段代码：

```
ArrayList <UserBean> users = new ArrayList <UserBean> ();
UserBean ub1 = new UserBean ("zhao", 20);
UserBean ub2 = new UserBean ("qian", 40);
UserBean ub3 = new UserBean ("sun", 60);
UserBean ub4 = new UserBean ("li",80);
users.add(u1); users.add(ub2); users.add(ub3); users.add(ub4);
request.setAttribute("usersKey",users);
```

那么在对应 JSP 页面中可以使用<c : forEach>循环遍历出数组中的元素。代码如下：

```
<table>
    <tr><th>姓名</th><th>年龄</th></tr>
    <c:forEach var ="user"items ="${requestScope.usersKey}">
    <tr> <td>${user.name}</td><td>${user.age}</td></tr></c:forEach>
</table>
```

在有些情况下需要为<c:forEach>标签指定 begin、end、step 和 varStatus 属性。begin 为迭代时的开始位置，默认值为 0；end 为迭代时的结束位置，默认值是最后一个元素；step 为迭代步长，默认值为 1；varStatus 代表迭代变量的状态，包括 count（迭代的次数）、index（当前迭代的索引，第一个索引为 0）、first（是否为第一个迭代对象）和 last（是否为最后一个迭代对象）。例如：

```
<table>
    <tr><th> Value </th><th> Square </th><th> Index </th></tr>
    <c:forEach var ="x"varStatus ="status"begin ="0"end ="10"step ="2">
    <tr><td>${x}</td><td>${x *  x}</td><td>${status.index}</td></tr>
    </c:forEach>
</table>
```

(2) <c:forTokens>标签

<c: forTokens > 用于迭代字符串中由分隔符分隔的各成员，它通过 javautil. StringTokenizer 实例来完成字符串的分隔，属性 items 和 delims 作为构造 StringTokenizer 实例的参数。语法格式如下：

```
<c:forTokens var ="变量名"items ="要迭代的 String 对象"delims ="指定分隔字符串的分隔符">
循环体</c: forTokens >
```

例如：

```
<c:forTokens items ="chenheng1:chenheng2;chenheng3"delims =";"var ="name">
    ${name}<br></c:forTokens>
```

<c:forTokens>标签与<c:forEach>标签一样，也有 begin、end、step 和 varStatus 属性，并且用法相同，这里不再赘述。

本章重点介绍了表达式语言、JSTL 核心标签库以及 JSTL 函数标签库的用法，EL 与 JSTL 的应用大大提高了编程效率，并且降低了维护难度。

巩固练习

1. 写出 JSP 的内置对象及作用。
2. 进一步了解 JSP 与 JavaBean 的关系及使用。
3. 理解 JSP + Servlet + JavaBean 开发模式（MVC 模式），并对书中例子进行扩展。

【微信扫码】
习题解答 & 相关资源

第 4 章

Spring 应用

学习目标

1. 了解 Spring 框架运行机制
2. 理解依赖注入的思想
3. 使用 Spring 管理项目
4. 了解 Spring AOP 的原理

通过前面的学习，大家已经知道了框架对于开发 Java EE 应用的重要性，但每个框架各有其专长，如 Struts2、SpringMVC 框架主要用于 Web 层与业务层之间的调度控制，Hibernate 框架用于模型层与数据库直接的映射。本章即将学习的 Spring 框架是一个管理项目对象的容器(或框架)，使用对象依赖注入方式来降低所集成的组件直接的耦合度，可以有效地组织之前学习的所有框架。

4.1 Spring 概述

Spring 框架为基于 Java 的企业应用程序提供了一个全面的编程和配置模型，它可以应用于任何类型的部署平台。Spring 是一个从实际开发中提炼出的轻量级框架，它完成了大量开发中的通用步骤。通过应用 Spring 框架，开发团队只需关注应用程序的业务逻辑，而各个应用层之间的通信管理交由框架处理。Spring 开发贯穿表现层、业务层和持久层，是企业应用开发的"一站式"选择。并且 Spring 并不想取代那些已有的框架，而是以高度的开放性与它们无缝整合。例如，对象持久化和 ORM，Spring 只是对现有的 JDBC、MyBatis、Hibernate 等技术提供支持，使之更易用，而不是重新实现。

Spring 是一种非侵入式(non-invasive)框架，它可以使应用程序代码对框架的依赖最小化。Spring 框架的主要优势之一是分层架构，分层架构允许选择使用任意一个组件，同时为 Java EE 应用程序开发提供集成的框架。Spring 框架的分层架构是由 7 个定义良好的模块组成。用Spring框架搭建项目就像搭建积木一样，项目需要什么功能，就把相应功能的模块加入，大大简化了项目开发的难度，提高其灵活性。

组成Spring框架的每个模块（或组件）都可以单独存在，或者与其他一个或多个模块联合实现，如图4－1所示。

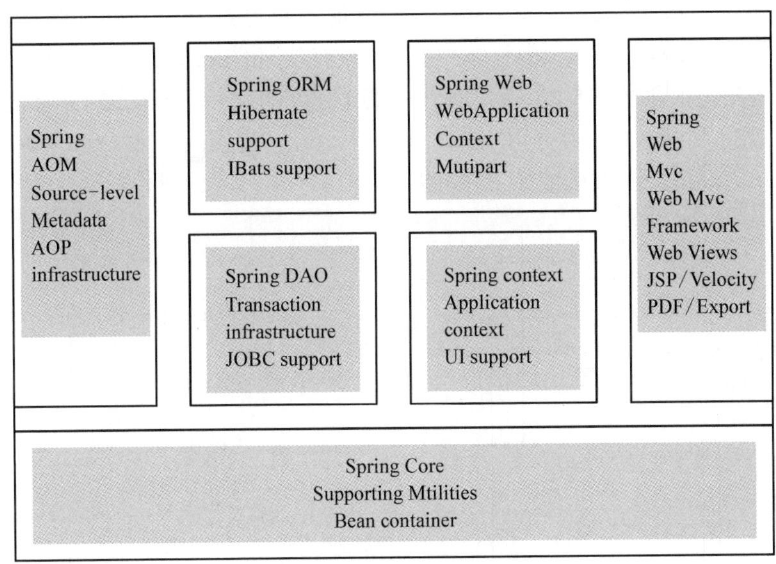

图4－1　Spring体系结构

各模块的功能如下：

① 核心容器Spring Core。提供Spring框架的基本功能，其主要组件是BeanFactory，是工厂模式的实现。BeanFactory使用控制反转（IOC）模式将应用程序的配置和依赖性规范与实际的应用程序代码分开。

② Spring上下文。向Spring框架提供上下文信息，包括企业服务，如JNDI、EJB、电子邮件、国际化、校验和调度等。

③ Spring AOP。通过配置管理特性，可以很容易地使Spring框架管理的任何对象支持AOP。Spring AOP模块直接将面向方面编程的功能集成到Spring框架中。它为基于Spring应用程序的对象提供了事务管理服务。

④ Spring DAO。JDBC DAO抽象层提供了有用的异常层次结构，用来管理异常处理和不同数据库供应商抛出的错误消息。异常层次结构简化了错误处理，并且极大地降低了需要编写的异常代码数量（如打开和关闭连接）。

⑤ Spring ORM。Spring框架插入了若干ORM框架，提供ORM的对象关系工具，其中包括JDO、Hibernate和iBatis SQL Map，并且都遵从Spring的通用事务和DAO异常层次结构。

⑥ Spring Web模块。为基于Web的应用程序提供上下文。它建立在应用程序上下文模块之上，简化了处理多份请求及将请求参数绑定到域对象的工作。Spring框架支持与Jakarta Struts的集成。

⑦ Spring MVC框架。是一个全功能构建Web应用程序的MVC实现。通过策略接口实现高度可配置，MVC容纳了大量视图技术，其中包括JSP、Velocity、Tiles、iText和POI。

Spring的核心机制是依赖注入，也称为控制反转。在介绍它之前，首先介绍一种设计模式——简单工厂模式。

4.2 简单工厂模式

工厂模式是通过专门定义一个类来负责创建其他类的实例，被创建的实例通常都具有共同的父类。如果简单工厂模式所涉及的具体产品之间没有共同的逻辑，那么我们就可以使用接口来扮演抽象产品的角色。通过该模式一定程度上提高了程序的复用性，降低了代码的耦合度。

创建一个 Maven Java 项目，分别建立 org njx2c. face, org.njx2c. factory, org. njx2c. iface 包，在 pom. xml 文件中添加如下依赖：

```
......
<spring.version> 5.0.2.RELEASE </spring.version>
    <commons -logging.version> 1.2 </commons -logging.version>
    <javaee -api.version> 7.0 </javaee -api.version>
   </properties>
  <dependencies>
    <!-- spring 依赖包 -->
    <dependency>
      <groupId> org.springframework </groupId>
      <artifactId> spring -webmvc </artifactId>
      <version>${spring.version}</version>
    </dependency>
      <dependency>
      <groupId> commons -logging </groupId>
      <artifactId> commons -logging </artifactId>
      <version>${commons -logging.version}</version>
    </dependency>
    <dependency>
      <groupId> javax </groupId>
      <artifactId> javaee -api </artifactId>
      <version>${javaee -api.version}</version>
  </dependency>
</dependencies>
......
......
```

在 src 文件夹下建立包 face，在该包下建立接口 Animal，代码如下：

```
package org.njxzc.face;
public interface Animal {
    void eat();
    void walk();
}
```

在 src 文件夹下建立包 iface，在该包下建立 Cat 类和 Dog 类，分别实现 Animal 接口。Cat.java 代码如下：

```
package org.njxzc.iface;
import org.njxzc.face.Animal;
public class Cat implements Animal {
    @ Override
    public void eat() {
        System.out.println("猫喜欢吃鱼!");
    }
    @ Override
    public void walk() {
        System.out.println("猫爬树敏捷!");
    }
}
```

创建 Dog.java 文件，代码如下：

```
package org.njxzc.iface;
import org.njxzc.face.Animal;
public class Dog implements Animal {
    @ Override
    public void eat() {
        System.out.println("狗喜欢啃骨头!");
    }
    @ Override
    public void walk() {
        System.out.println("狗经常跑动!");
    }
}
```

在 src 文件夹下建包 factory，在该包内建立工厂类 Factory，代码如下：

```
package org.njxzc.factory;
import org.njxzc.face.Animal;
import org.njxzc.iface.Cat;
import org.njxzc.iface.Dog;
public class Factory {
    public Animal getAnimal(String name) {
        if(name.equals("Cat")) {
            return new Cat();
        }else if(name.equals("Dog")) {
            return new Dog();
        }else{
            throw new IllegalArgumentException("参数不正确");
        }
```

```
    }
}
```

在 src 下创建 applicationContext.xml 文件，代码如下：

```
<? xml version ="1.0"encoding ="UTF - 8"? >
<beans xmlns ="http://www.springframework.org/schema/beans"
  xmlns:xsi ="http://www.w3.org/2001/XMLSchema - instance"
  xsi:schemaLocation ="http://www.springframework.org/schema/beans
      http://www.springframework.org/schema/beans/spring - beans.xsd">
  <!-- 将指定类 TestDaoImpl 配置给 Spring,让 Spring 创建其实例 -->
  <bean id ="cat"class ="org.njxzc.iface.Cat"/>
  <bean id ="dog"class ="org.njxzc.iface.Dog"/>
</beans >
```

在 src 文件夹下建包 test，在该包内建立测试类 Test，代码如下：

```
import org.springframework.beans.BeansException;
import com.ie.face.Animal;
import org.springframework.context.ApplicationContext;
import org.springframework.context.support.FileSystemXmlApplicationContext;

public class Test {
    public static void main(String[] args) {
        /*
        Animal animal = null;
       animal = new Factory().getAnimal("Cat");
       animal.eat();
       animal.walk();
       animal = new Factory().getAnimal("Dog");
       animal.eat();
       animal.walk();
    * /
      //通过 FileSystemXmlApplicationContext 实例化 Spring 的上下文
           ApplicationContext  ctx  =  new  FileSystemXmlApplicationContext  ("  src/
applicationContext.xml");
        Animal animal = null;
       //通过 ApplicationContext 的 getBean()方法,根据 id 来获取 Bean 的实例
        animal = (Animal) ctx.getBean("cat");
        animal.eat();
        animal.walk();
        animal = (Animal) ctx.getBean("dog");
        animal.eat();
        animal.walk();
```

```
    }
}
```

该程序为 Java 应用程序，项目结构如图 4-2 所示。直接运行可看出结果，如图 4-3 所示。

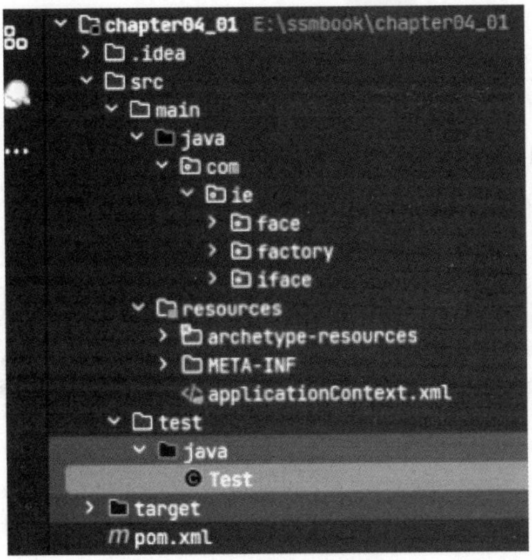

```
chapter04_01  E:\ssmbook\chapter04_01
  .idea
  src
    main
      java
        com
          ie
            face
            factory
            iface
      resources
        archetype-resources
        META-INF
        applicationContext.xml
    test
      java
        Test
  target
  pom.xml
```

图 4-2　项目结构图

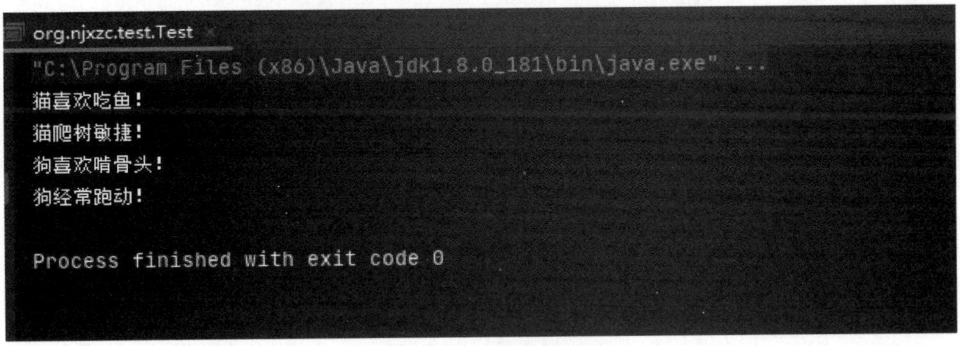

```
org.njxzc.test.Test
"C:\Program Files (x86)\Java\jdk1.8.0_181\bin\java.exe" ...
猫喜欢吃鱼！
猫爬树敏捷！
狗喜欢啃骨头！
狗经常跑动！

Process finished with exit code 0
```

图 4-3　运行结果

这种将多个类对象交给类工厂来生成的软件设计方式，称为简单工厂模式。通过这种模式，若项目需要增加新的对象并被调用，只需在工厂类中增加新的类实例就可以在其他类中调用。

4.3 IoC/DI

在上面的简单工厂模式中，调用程序无需直接创建所调用类的实例，都是通过工厂类实现实例化，从而降低了程序间的耦合度，即控制反转(Inversion of Control，IoC)。而 Spring 框架则提供了更好的办法，开发人员可以直接应用 Spring 提供的依赖注入方式，即被调用者的实例工作由 Spring 容器完成，让 Bean 与 Bean 之间以配置文件组织在一起，对象间的具体实现互相透明，既降低了程序间的耦合度，又减轻了开发者的负担。

在传统的程序设计中，当一个类需要另外一个类协助的时候，通常由调用者来创建被调用者的实例。Spring 将 Java 应用中各实例之间的调用关系称为依赖(dependency)，如果实例 A 调用实例 B 的方法，则称 A 依赖 B。但是在 Spring 中创建被调用者将不再由调用者完成而是由 Spring 容器完成，这种方式叫控制反转。创建被调用对象由 Spring 来完成，在 Spring 容器实例化对象的时候主动将被调用者（或者说它的依赖对象）注入给调用对象，因此又叫依赖注入(Dependency Injection，DI)。

IoC 只是一种编程思想，具体的实现方法是依赖注入。

下面用具体实例来介绍依赖注入的使用方法。

案例说明：原来在一个类中调用另一个类都是在本类中先新建一个要调用的另一个类对象，再调用其方法，这次用 Spring 工厂模式实现在一个类中不新建另一个类的对象也能调用到另一个类的程序。

案例分析：用到 Spring 的控制反转，一个类不需要创建另一个类的对象（实例），而是通过 Spring 容器来构建另一个类的实例。

(1) 创建项目

打开 idea 创建 Maven 项目 ch4_2。打开 pom.xml 配置文件在相应的位置引入需要的 Spring 的 jar 包并自动导入。

```
<properties>
        <project.build.sourceEncoding> UTF- 8 </project.build.sourceEncoding>
        <maven.compiler.source> 11 </maven.compiler.source>
        <maven.compiler.target> 11 </maven.compiler.target>
        <spring.version> 5.0.2.RELEASE </spring.version>
        <commons- logging.version> 1.2 </commons- logging.version>
        <javaee- api.version> 7.0 </javaee- api.version>
    </properties>
    <dependencies>
        <! - - spring 依赖包 - - >
        <dependency>
           <groupId> org.springframework </groupId>
           <artifactId> spring- webmvc </artifactId>
           <version> ${spring.version} </version>
        </dependency>
        <dependency>
           <groupId> commons- logging </groupId>
           <artifactId> commons- logging </artifactId>
           <version> ${commons- logging.version} </version>
        </dependency>
        <dependency>
           <groupId> javax </groupId>
```

```
            <artifactId> javaee- api </artifactId>
            <version> ${javaee- api.version}</version>
        </dependency>
    </dependencies>
......
```

(2) 创建配置文件 applicationContext.xml

在 src -main -resources 目录下创建 Spring 的配置文件 applicationContext.xml,并在该文件中使用实现类创建 Bean,代码如下:

```
<? xml version ="1.0"encoding ="UTF - 8"? >
<beans xmlns ="http://www.springframework.org/schema/beans"
       xmlns:xsi ="http://www.w3.org/2001/XMLSchema - instance"
       xsi:schemaLocation ="http://www.springframework.org/schema/beans
http://www.springframework.org/schema/beans/spring -beans.xsd">
    <!--通过 Bean 元素声明需要 Spring 创建的实例。-->
    <bean id ="cat"class ="org.njxzc.iface.Cat"> </bean>
    <bean id ="dog"class ="org.njxzc.iface.Dog"> </bean>
</beans>
```

<bean>元素有两个常用属性:一个是 id,表示定义的 Bean 实例的名称;另一个是 class,表示定义的 Bean 实例的类型,具体信息将在后面介绍。

其中配置文件头部的约束信息,在 new -XML Configuration File 中选择 Spring Config 就会自动添加。

(3) 修改测试类

配置完成后,就可以修改 Test 类,代码如下:

```
import org.njxzc.face.Animal;
import org.springframework.context.ApplicationContext;
import org.springframework.context.support.FileSystemXmlApplicationContext;

public class test {
    public static void main(String[] args) {
        /*
Animal animal = null;
      animal = new Factory().getAnimal("Cat");
      animal.eat();
      animal.walk();
      animal = new Factory().getAnimal("Dog");
      animal.eat();
      animal.walk();
* /
     //通过 FileSystemXmlApplicationContext 实例化 Spring 的上下文,此处的写法看陈恒教
材 p14,第三小点的方法是要配置 web.xml
```

```
        ApplicationContext ctx = new
FileSystemXmlApplicationContext("E:\\job\\ch4_2\\applicationContext.xml");
        Animal animal = null;
    //通过 ApplicationContext 的 getBean()方法,根据 id 来获取 Bean 的实例
        animal = (Animal) ctx.getBean("cat");
        animal.eat();
        animal.walk();
        animal = (Animal) ctx.getBean("dog");
        animal.eat();
        animal.walk();
    }
}
```

ApplicationContext 是一个接口，负责读取 Spring 配置文件，管理对象的加载、生成，维护 Bean 对象之间的依赖关系，负责 Bean 的生命周期等。语句 animal = (Animal) ctx.getBean("Cat");用于获取配置文件中创建好的实例对象 Cat，即测试类无须再自己创建 Animal 类的对象，因为配置文件已经建好了，只要拿过来用就行。对比下不使用 Spring 时的测试类代码：

```
animal = new Factory().getAnimal("Cat");
```

虽然不用 Spring 框架的代码看起来更简洁，但测试类需要自行创建 animal 对象，使 Test 类依赖于 Factory 类；使用了 Spring 框架之后无须自行创建对象，而是由 Spring 框架来创建，则 Test 类不再直接依赖于 Factory 类。

(4) 运行

运行该测试类，结果如图 4-4 所示。

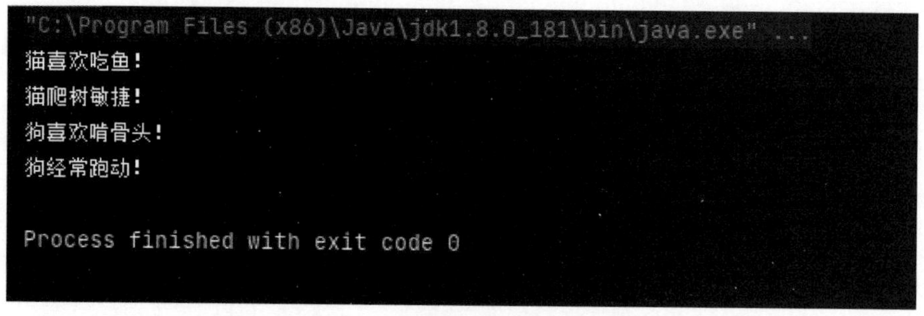

图 4-4 Spring 依赖注入运行结果

对象 ctx 就相当于原来的 Factory 工厂，原来的 Factory 可以删除掉了。再回头看原来的 applicationContext.xml 文件配置：

```
<bean id="cat"class="com.njxzc.iface.Cat"></bean>
<bean id="dog"class="com.njxzc.iface.Dog"></bean>
```

类与类之间的依赖关系增加了程序开发的复杂程度，我们在开发一个类的时候，还要考虑对正在使用该类的其他类的影响。可见，这种程序写法不具备优良的可扩展性和可维护

性。我们利用工厂方法模式的思路解决此类问题,体现了“控制反转”的思想。

Animal 对象的创建交由“第三方”来实现,从而避免了类之间的耦合关系。由此可见,在如何获得所依赖的对象上,“控制权”发生了“反转”,即从 Factory 转移到了 ctx,这就是“控制反转”(对象的创建权反转)。

id 是 ctx.getBean 的参数值,是一个字符串。class 是一个类(包名+类名)。然后在 Test 类里获得 animal 的不同对象:

```
animal = (Animal) ctx.getBean("cat");
animal = (Animal) ctx.getBean("dog");
```

上述程序并没有使用 new 运算符创建 Animal 类的对象,而是通过 Spring 容器来获取类对象,通过控制反转思想解决了耦合问题,但是大量的工厂类被引入开发过程中,增加了开发的工作量,而 Spring 提供了完整的 IoC 实现,让程序员可以专注于业务类和 DAO 类的实现。

小结:相对于控制反转,也可以称为“依赖注入”,即由容器(如 Spring)负责把组件所“依赖”的具体对象“注入”(赋值)给组件,从而避免组件之间以硬编码的方式耦合在一起。

4.4 Spring 注入方式

以上通过一个简单的例子说明了 Spring 的核心机制——依赖注入。测试程序中需要调用的 Cat 和 Dog 两个对象是由容器实例化的,这样更利于统一管理应用对象的生命周期和配置,如对象的创建、销毁、回调等。同时降低了类之间的耦合度,依赖注入通常有如下两种:设值注入和构造注入。

Spring 实例化 Bean 的时候,首先会调用 Bean 默认的无参构造方法来实例化一个空值的 Bean 对象,接着对 Bean 对象的属性进行初始化。初始化是由 Spring 容器自动完成的,称为注入。

4.4.1 setter 注入

设值注入是通过 setter 方法注入被调用者的实例。这种方法简单、直观,很容易理解,因而被大量使用,下面举例说明。Bean 必须满足以下两点要求才能被实例化。

① Bean 类必须提供一个无参的构造方法。注意,如果定义了有参的构造方法,则必须要显式地提供无参的构造方法。

② 属性提供 setter 方法。

使用设值注入时,在 Spring 配置文件中,需要使用<bean>元素的子元素<property>来为每个属性注入值。

创建一个 Maven Project 项目 ch4_3。在项目的 src 文件夹下建立下面的源文件。

Animal 的接口,Animal.java,代码如下:

```
public interfaceAnimal {
    void sport();
}
```

Behavior 接口，Behavior.java，代码如下：

```
public interfaceBehavior {
    public String movement();
}
```

Animal 实现类 Cat.java，代码如下：

```
public classCat implements Animal{
    private Behavior behavior;
    public void sport(){
        System.out.println(behavior.movement());
    }
    public void setBehavior(Behavior behavior){
        this.behavior = behavior;
    }
}
```

Behavior 实现类 Climb.java，代码如下：

```
public classClimb implements Behavior{
    public String movement(){
        return "猫也会爬树!";
    }
}
```

在这个例子中，把动物的行为单独设计为一个接口，动物与行为各自的实例之间就存在着调用与被调用的关系，这样一个调用关系可以通过 Spring 的注入来实现，从而降低了类与类之间的耦合度。

通过 Spring 的配置文件来完成其对象的注入，代码如下：

```
<? xml version ="1.0"encoding ="UTF - 8"? >
<beans
        xmlns ="http://www.springframework.org/schema/beans"
        xmlns:xsi ="http://www.w3.org/2001/XMLSchema - instance"
        xsi:schemaLocation ="http://www.springframework.org/schema/beans
  http://www.springframework.org/schema/beans/spring - beans - 2.0.xsd">
    <!-- 定义第一个 Bean,注入 Cat 类对象 -->
    <bean id ="cat"class ="Cat">
        <!-- property 元素用来指定需要容器注入的属性,behavior 属性需要容器注入
            ref 就指向 behavior 需要注入的 id -->
        <property name ="behavior"ref ="climb"> </property>
    </bean>
    <!-- 注入 Climb -->
    <bean id ="climb"class ="Climb"> </bean>
</beans>
```

测试代码如下：

```
import org.springframework.context.ApplicationContext;
import org.springframework.context.support.FileSystemXmlApplicationContext;

public class Test {
    public static void main(String[] args) {
        ApplicationContext ctx = new
FileSystemXmlApplicationContext(" E: \\ job \\ FactoryExample1 \\ src \\ main \\
resources \\ applicationContext.xml");
        Animal animal = null;
        animal = (Animal) ctx.getBean("cat");
        animal.sport();
    }
}
```

程序执行结果如图 4-5 所示。

```
"C:\Program Files (x86)\Java\jdk1.8.0_181\bin\java.exe" ...
猫也会爬树!

Process finished with exit code 0
```

图 4-5　Spring 设值注入运行结果

4.4.2　构造注入

构造注入是指使用构造方法进行赋值，Bean 类必须提供有参构造方法。使用构造注入时，在配置文件里，需要使用<bean>元素的子元素<constructor-arg>来定义构造方法的参数，可以使用其 value 属性来设置该参数的值。

只要对前面的 Cat 类进行简单的修改，代码如下：

```
public class Cat implements Animal{
    private Behavior behavior;
    public Cat(){
    }
    public Cat(Behavior behavior){
        this.behavior = behavior;
    }
    public void sport(){
        System.out.println(behavior.movement());
    }
    //public void setBehavior(Behavior behavior){
    //    this.behavior = behavior;
    //}
}
```

配置文件也需要做简单的修改，代码如下：

```
<? xml version ="1.0"encoding ="UTF - 8"? >
<beans xmlns ="http://www.springframework.org/schema/beans"
       xmlns:xsi ="http://www.w3.org/2001/XMLSchema - instance"
       xsi:schemaLocation ="http://www.springframework.org/schema/beans
http://www.springframework.org/schema/beans/spring - beans.xsd">
    <!--通过 Bean 元素声明需要 Spring 创建的实例。-->
    <!--<bean id ="cat"class ="Cat">
        <property name ="behavior"ref ="climb"> </property>
    </bean>-->
    <!-- 定义第一个 Bean,注入 Cat 类对象 -->
    <bean id ="cat"class ="Cat">
        <!-- 使用构造注入,为 Cat 实例注入 Behaviour 实例 -->
        <constructor - arg ref ="climb"> </constructor - arg>
    </bean>
    <!-- 注入 Climb -->
    <bean id ="climb"class ="Climb"> </bean>
</beans>
```

<constructor -arg/>标签中用于指定参数的属性如下。

① name：指定构造方法中的参数名称。

② index：指明该参数对应构造器的第几个参数，从 0 开始，该属性也可以不定义，但注意赋值顺序要与构造器中的参数顺序一致。

③ ref：指定某一个实例的引用，如果参数是常量值，ref 由 value 代替。

运行结果同设值注入一样。

在实际开发中，这两种注入方式都是非常常用的。这两种注入的方式没有绝对的好坏，只是适应场景有所不同。建议采用设值注入为主，构造注入为辅的注入策略。对于依赖关系无需变化的注入，尽量采用构造注入。而其他的依赖关系的注入，则考虑采用设值注入。

4.4.3 注入不同数据类型

设值注入的属性通过<property>实现，name：实体类属性名；value：属性值。比如上面的例题：

```
<bean id ="climb "class ="Climb ">
   <property name ="name" value ="cat"> </property>
</bean>
```

构造器注入的属性通过<constructor -arg>实现，name：实体类属性名；index：索引；value：属性值。

```
<bean id ="climb "class ="Climb ">
   <constructor - arg index ="0" value ="cat"> </constructor - arg>
</bean>
```

1. 注入基本数据类型、字符串

对于基本数据类型及其包装类、字符串，除了可以使用value属性，还可以通过<value>子元素进行注入。

2. 引用其他Bean组件

Spring中定义的Bean可以互相引用，从而建立依赖关系，除了使用ref属性，还可以通过<ref>子元素实现。

3. 注入集合类型的属性

对于List或数组类型的属性，可以使用<list>标签注入。

对于Set类型的属性，可以使用<set>标签注入。

对于Map类型的属性，可以使用<map>标签注入。

例4-3可以修改如下：

```
//实体类
import java.util.Arrays;
import java.util.List;
import java.util.Map;

public class Cat implements Animal{
    private String[] name;
    private List <String> list;
    private Map <String, String> map;

    public void setName(String[] name) {
        this.name = name;
    }

    public void setList(List <String> list) {
        this.list = list;
    }

    public void setMap(Map <String, String> map) {
        this.map = map;
    }

    @ Override
    public String toString() {
        return "Cat{"+
                "name ="+ Arrays.toString(name) +
                ", list ="+ list +
                ", map ="+ map +
                ", behavior ="+ behavior +
                '}';
```

```
    }

    private Behavior behavior;
    public Cat() {
    }
    public Cat(Behavior behavior) {
        this.behavior = behavior;
    }
    public void sport() {
        System.out.println(behavior.movement());
    }
    //public void setBehavior(Behavior behavior) {
    //    this.behavior = behavior;
    //}
}
```

applicationContext.xml 修改如下：

```
<? xml version ="1.0"encoding ="UTF - 8"? >
<beans xmlns ="http://www.springframework.org/schema/beans"
        xmlns:xsi ="http://www.w3.org/2001/XMLSchema - instance"
        xsi:schemaLocation ="http://www.springframework.org/schema/beans
http://www.springframework.org/schema/beans/spring - beans.xsd">
    <!--通过 Bean 元素声明需要 Spring 创建的实例。-->
    <!--<bean id ="cat"class ="Cat">
          <property name ="behavior"ref ="climb"> </property>
    </bean >-->
    <!-- 定义第一个 Bean,注入 Cat 类对象 -->
    <bean id ="cat"class ="Cat">
        <!-- 使用构造注入,为 Cat 实例注入 Behaviour 实例 -->
        <constructor - arg ref ="climb"> </constructor - arg>
        <!-- 字符串数组-->
        <property name ="name">
            <array>
                <value>"咪咪"</value>
                <value>"小乖"</value>
            </array>
        </property>
        <!-- list 集合-->
        <property name ="list">
            <list>
                <value>"玩耍"</value>
                <value>"跳跃"</value>
```

```
            </list>
        </property>
        <!-- map集合-->
        <property name="map">
            <map>
                <entry key="黄色"value="咪咪"></entry>
                <entry key="白色"value="小乖"></entry>
            </map>
        </property>
    </bean>
    <!-- 注入Climb -->
    <bean id="climb"class="Climb"></bean>
</beans>
```

测试代码如下：

```
import javafx.application.Application;
import org.springframework.context.ApplicationContext;
import org.springframework.context.support.FileSystemXmlApplicationContext;

public class Test {
    public static void main(String[] args){
        ApplicationContext ctx = new FileSystemXmlApplicationContext("E:\\job\\
ch4代码\\ch4_3\\src\\main\\resources\\applicationContext.xml");
        Animal animal = null;
        animal = (Animal) ctx.getBean("cat");
        animal.sport();
        System.out.println(animal);
    }
}
```

运行结果如下：

```
"C:\Progran Files (x86)\Jave\jdk1.8.0_181\bin\java.exe"...
猫也会爬树!
Cat{name=["咪咪", "小乖"], list=["玩耍", "跳跃"], map={黄色=咪咪, 白色=小乖}, behavior=
Climb@129cf23}

Process finished with exit code 0
```

4.4.4 自动注入

使用set注入和构造注入之后，要是某个类的引用属性，也是其他类的属性的时候，若大量地使用<propety name"="ref =">"去给其他类的这个引用属性赋值，就会显得十分的冗余，而使用自动注入的方式则会简化偏码。自动注入也可以叫做自动装配。所谓自动装配，就是将一个 Bean 自动注入到其他 Bean 的 Property 中。Spring 的<bean>元素中包含一个 autowire 属性，比如：<bean id ="auto" class ="example. autoBean"autowire ="byType"/>可以通过设置 autowire 的属性值来自动装配 Bean。autowire 属性有 5 个值，其值及说明表 4-1 所示。

表 4-1 autowire 属性及说明

属性值	说明
default（默认值）	由<bean>的上级标签<beans>的 default-autowire 属性值确定。例如<beans default-autowire ="byName">，则该<bean>元素中的 autowire 属性对应的属性值就为 byName。
byName	根据属性的名称自动装配。容器将根据名称查找与属性完全一致的 Bean，并将其属性自动装配。
byType	根据属性的数据类型（Type）自动装配，如果一个 Bean 的数据类型，兼容另一个 Bean 中属性的数据类型，则自动装配。
constructor	根据构造函数参数的数据类型，进行 byType 模式的自动装配。
no	默认情况下，不使用自动装配，Bean 依赖必须通过 ref 元素定义。

根据自动注入判断标准的不同，自动注入可以分为两种方式：

① byName：根据名称自动注入。

② byType：根据类型自动注入。

4.5 Spring 核心接口及基本配置

容器是 Spring 框架实现功能的基础，Spring 容器类似一家超级工厂，当 Spring 启动时，所有被配置过的类都会被纳入 Spring 容器的管理之中。

Spring 把它管理的类称为 Bean，通常情况下，与 JavaBean 相比，Spring 并没有要求 Bean 必须遵循一定的规范，即使是普通的 Java 类，只要被配置到容器中，Spring 就可以管理它并把它作为 Bean 处理。包括数据源、Hibernate 的 SessionFactory、事务管理器等。

Spring 可以通过 XML 文件或注解获取配置信息，进而通过容器对象来管理 Bean。Spring 对 Bean 的管理体现在它负责创建 Bean 并管理 Bean 的生命周期。Bean 运行在 Spring 容器中，它只需发挥自己功能，而无须过多关注 Spring 容器的情况。

为了便于开发，Spring 为开发人员提供了容器 API，也就是 Spring 的两个核心接口：BeanFactory（Bean 工厂）和 ApplicationContext（应用上下文），其中 ApplicationContext 是 BeanFactory 的子接口。

4.5.1 Spring 核心接口

1. BeanFactory

Spring 容器最基本的接口就是 BeanFactory，它定义了创建和管理 Bean 的方法，为其他容器提供了最基本的规范。在 Spring 中有几种 BeanFactory 的实现，其中最常使用的是 org.springframework.beans. factory.xml.XmlBeanFactory。它根据 XML 配置文件中的定义装载 Bean。

要创建 XmlBeanFactory，需要传递一个 java.io.InputStream 对象给构造函数。InputStream 对象提供 XML 文件给工厂。例如，下面的代码片段使用一个 java.io.FileInputStream 对象把 Bean XML 定义文件给 XmlBeanFactory：

```
BeanFactory factory = new XmlBeanFactory(new FileInputStream("applicationContext.
xml"));
```

这行简单的代码告诉 Bean Factory 从 XML 文件中读取 Bean 的定义信息，然而现在 Bean Factory 没有实例化 Bean，Bean 被延迟载入到 Bean Factory 中，就是说 Bean Factory 会立即把 Bean 定义信息载入进来，但是 Bean 只有在需要的时候才会被实例化。

为了从 BeanFactory 得到 Bean，只要简单地调用 getBean()方法，把需要的 Bean 的名字当做参数传递进去就行了。由于得到的是 Object 类型，所以要进行强制类型转化。

```
MyBean myBean = (MyBean) factory.getBean("myBean");
```

使用 BeanFactory 实例加载 Spring 配置文件在实际开发中并不常用，使用较多的是它的子接口 ApplicationContext。

2. ApplicationContext

ApplicationContext 是 BeanFactory 的子接口，也称为应用上下文，由 org.springframework.context.ApplicationContext 接口定义。它不仅包含了 BearFactory 的所有功能，还提供了一些附加功能：

① 应用上下文提供了文本信息解析工具，包括对国际化的支持。

② 应用上下文提供了载入文本资源的通用方法，如载入图片。

③ 应用上下文可以向注册为监听器的 Bean 发送事件。

由于它提供的附加功能，应用系统选择 ApplicationContext 作为 Spring 容器更方便些。

在 ApplicationContext 的诸多实现中，有三个常用的实现：

① ClassPathXmlApplicationContext：从类路径中的 XML 文件载入上下文定义信息，把上下文定义文件当成类路径资源。

② FileSystemXmlApplicationContext：从文件系统中的 XML 文件载入上下文定义信息。

③ XmlWebApplicationContext：从 Web 系统中的 XML 文件载入上下文定义信息。

例如：

```
方法一：ApplicationContext context = new ClassPathApplicationContext ("foo.xml");
方法二：ApplicationContext context = new FileSystemXmlApplicationContext ("c:/foo.
xml");
方法三：<context-param>
    <!-- 加载 src 目录下的 applicationContext.xml 文件 -->
    <param-name> contextConfigLocation </param-name>
    <param-value>
        classpath:applicationContext.xml
    </param-value>
```

```
</context -param>
<!-- 指定以 ContextLoaderListener 方式启动 Spring 容器 -->
<listener>
    <listener -class>
        org.springframework.web.context.ContextLoaderListener
    </listener -class>
</listener>
```

FileSystemXmlApplicationContext 和 ClassPathXmlApplicationContext 的区别是：FileSystemXmlApplicationContext 只能在指定的路径中寻找 foo. xml 文件，而 ClassPathXml ApplicationContext 可以在整个类路径中寻找 foo.xml。如果 Bean 的某一个属性没有注入，使用 BeanFactory 加载后，在第一次调用 getBean()方法时会抛出异常，而 ApplicationContext 则在初始化时自检，就可以发现 Spring 中存在的配置错误，这样有利于检查所依赖属性是否注入。因此，在实际开发中，通常都优先选择使用 ApplicationContext，而只有在系统资源较少时，才考虑使用 BeanFactory。

创建 Spring 容器后，就可以获取 Spring 容器中的 Bean。Spring 获取 Bean 的实例通常采用以下两种方法：

① Object getBean(String name)；根据容器中 Bean 的 id 或 name 来获取指定的 Bean，获取之后需要进行强制类型转换。

② <T> T getBean(Class <T> requiredType)；根据类的类型来获取 Bean 的实例。由于此方法为泛型方法，因此在获取 Bean 之后不需要进行强制类型转换。

4.5.2 Spring 基本配置

理论上，Bean 装配可以从任何配置资源获得。但实际上，XML 是最常见的 Spring 应用系统配置源。

如下的 XML 文件展示了一个简单的 Spring 上下文定义文件：

```
<? xml version ="1.0"encoding ="UTF - 8"? >
…
<beans …>      // 根元素
    <bean id ="cat"class ="iface.Cat"> </bean>          // Bean 实例
    <bean id ="dog"class ="iface.Dog"> </bean>   // Bean 实例
</beans>
```

4.5.3 Spring 容器中的 Bean

如果把 Spring 看做一个大型工厂，则 Spring 容器中的 Bean 就是该工厂的产品。要想使用这个工厂生产和管理 Bean，就需要在配置文件中告诉它需要哪些 Bean，以及需要使用何种方式将这些 Bean 装配到一起。

XML 配置文件的根元素是 <beans>，<beans> 中包含了多个 <bean> 子元素，每个 <bean> 子元素定义一个 Bean，并描述 Bean 如何被装配到 Spring 容器中，见表 4 - 2。如下面的语句：

```
<bean id ="cat"class ="iface.Cat "/>
```

表 4-2　<bean>元素常用属性及其子元素

属性或子元素名称	描　　述
id	Bean 在 BeanFactory 中的唯一标识，在代码中通过 BeanFactory 获取 Bean 实例时需要以此作为索引名称
name	容器也可以通过 name 属性为 Bean 进行配置和管理，为 Bean 指定名称
class	Bean 的具体实现类，使用类的名
scope	指定 Bean 实例的作用域
<constructor -arg>	<bean>元素的子元素，使用构造方法注入，指定构造方法的参数。该元素的 index 属性指定参数的序号，ref 属性指定对 BeanFactory 中其他 Bean 的引用关系，type 属性指定参数类型，value 属性指定参数的常量值
<property>	<bean>元素的子元素，用于设置一个属性。该元素的 name 属性指定 Bean 实例中相应的属性名称，value 属性指定 Bean 的属性值，ref 属性指定属性对 BeanFactory 中其他 Bean 的引用关系。
<list>	<property>元素的子元素，用于封装 List 或数组类型的依赖注入
<map>	<property>元素的子元素，用于封装 Map 类型的依赖注入
<set>	<property>元素的子元素，用于封装 Set 类型的依赖注入
<entry>	<map>元素的子元素，用于设置一个键值对

在配置文件中，通常一个普通的 Bean 只需要定义 id(或 name)和 class 两个属性即可。如果在 Bean 中未指定 id 和 name，则 Spring 会将 class 值当作 id 使用。

在 Spring 框架中，Spring 容器可以调用 Bean 对应类中的无参数构造方法来实例化 Bean，这种方式称为构造方法实例化。

当通过 Spring 容器创建一个 Bean 实例时，不仅可以完成 Bean 实例的实例化，还可以通过 scope 属性为 Bean 指定特定的作用域。在 Spring 容器中，Bean 的作用域是指 Bean 实例相对于其他 Bean 实例的请求可见范围。Spring Bean 作用域支持表 4-3 所示。

表 4-3　Spring Bean 作用域

作用域名称	描　　述
singleton	默认的作用域，使用 singleton 定义的 Bean 在 Spring 容器中只有一个 Bean 实例
prototype	Spring 容器每次获取 prototype 定义的 Bean，容器都将创建一个新的 Bean 实例
request	在一次 HTTP 请求中容器将返回一个 Bean 实例，不同的 HTTP 请求返回不同的 Bean 实例。仅在 Web Spring 应用程序上下文中使用
session	在一个 HTTP Session 中，容器将返回同一个 Bean 实例。仅在 Web Spring 应用程序上下文中使用
application	为每个 ServletContext 对象创建一个实例，即同一个应用共享一个 Bean 实例。仅在 Web Spring 应用程序上下文中使用
websocket	为每个 WebSocket 对象创建一个 Bean 实例。仅在 Web Spring 应用程序上下文中使用

(1) 原型模式与单实例模式

Spring 中的 Bean 默认情况下是单实例模式 singleton。在容器分配 Bean 的时候，它总是返回同一个实例。单实例模式的优点主要是省去每次创建对象的性能开销及节约内存，当然，在某些情况下也会出现线程安全问题，这时就需使用其他模式了，如原型模式。singleton 作用域对于无会话状态的 Bean（如 Dao 组件、Service 组件）来说，是最理想的选择。

```
<bean id="scope"class="com.itheima.scope.Scope"scope="singleton"/>
```

<bean>的 singleton 属性告诉 ApplicationContext 这个 Bean 是不是单实例 Bean，默认是 true，但是把它设置为 false 的话，就把这个 Bean 定义成了原型 Bean，即 prototype。

```
<bean id="cat"class="iface.Cat"singleton="false"/>     //原型模式 Bean
```

使用 prototype 在每次获取组件时，都会创建一个新的实例，避免因为共同使用一个实例而产生线程安全问题。

```
<bean id="scope"class="com.itheima.scope.Scope"scope="prototype"/>
```

(2) request 或 session

对于每次 HTTP 请求或 HttpSession，使用 request 或 session 定义的 Bean 都将产生一个新实例，即每次 HTTP 请求或 HttpSession 将会产生不同的 Bean 实例。

(3) global session

每个全局的 HttpSession 对应一个 Bean 实例。典型情况下，仅在使用 portlet context 的时候有效。

Bean 的生命周期是指 Bean 实例被创建、初始化和销毁的过程。

当一个 Bean 实例化的时候，有时需要做一些初始化的工作，然后才能使用，Bean 实例销毁之前，还需要做一些收尾工作。因此，Spring 可以在创建和拆卸 Bean 的时候调用 Bean 的两个生命周期方法。例如，在 Bean 实例初始化之后申请某些资源，在 Bean 实例销毁之前回收某些资源等。

在 Bean 的定义中设置自己的 init -method，这个方法在 Bean 被实例化时马上被调用。同样，也可以设置自己的 destroy -method，这个方法在 Bean 从容器中删除之前调用。

一个典型的例子是连接池 Bean，具体代码如下：

```
public class MyConnectionPool{
    …
    public void initalize(){
        //initialize connection pool
    }
    public void close(){
        //release connection
    }
    …
}
```

Bean 的定义如下：

```
<bean id ="connectionPool"class ="com.spring.MyConnectionPool"
    init -method ="initialize"//当 Bean 被载入容器时调用 initialize 方法
    destroy -method ="close">//当 Bean 从容器中删除时调用 close 方法
</bean>
```

4.6 Spring 的 AOP

4.6.1 AOP简介

AOP(Aspect Orient Programming),也就是面向切面编程,它是一种编程思想。作为面向对象编程的一种补充。面向对象编程(OOP)中关键的是对象,而面向切面编程(AOP)中关键的是切面。AOP与OOP互为补充,可以这样理解,面向对象编程是从静态角度考虑程序结构,面向切面编程是从动态角度考虑程序运行过程。AOP专门用于处理系统中分布于各个模块中的交叉关注点的问题,在Java EE应用中,常常通过AOP来处理一些具有横切性质的系统级服务,如事务管理、安全检查、缓存、对象池管理等。它们在业务方法中反复使用,使得原本很复杂的业务处理代码变得更复杂。程序员在开发核心功能的时候还要额外关心这些代码是否处理正确,是否有遗漏。如果需要修改日志信息的格式或者安全验证的规则,或者再增加新的辅助功能,都会导致业务代码频繁而且大量的修改。

这些穿插在核心业务中的操作就是所谓的"横切逻辑",也称为切面。将这些重复性的代码抽取出来,放在专门的类和方法中处理,这样便于管理和维护。但是业务代码中还要保留对这些方法的调用代码,当需要增加或减少横切逻辑的时候,还是要修改业务方法中的调用代码才能实现,我们希望在需要的时候,系统能够"自动"调用所需的功能,这就是AOP解决的主要问题。AOP的常用应用场景如图4-6所示。

原有代码乃至原业务流程都不改变的情况下,直接在业务流程中切入新代码,添加新功能,即面向切面编程。面向切面编程还有一些基本术语:

切面(Aspect):一个类,在此类中封装一下辅助功能或系统级功能的方法,如日志、权限管理、异常管理、事务处理等。

连接点(Join Point):程序运行中的一些时间点。例如,某个类的初始化完成后、某个方法执行之前、程序处理异常时等。

增强处理(Advice):由切面添加到特定的连接点的一段代码,即在定义好的切入点处所要执行的程序代码。什么时候应用切面由通知来决定。

切入点(Pointcut):需要处理的连接点。在Spring AOP中,所有的方法执行都是连接点,而切入点是一个描述信息,它修饰的是连接点,通过切入点确定哪些连接点需要被处理。切点就是确定什么位置放置切面。

目标对象(Target object):所有被通知的对象。

AOP代理(AOP Proxy):通知应用到目标对象之后被动态创建的对象。

织入(Weaving):将切面代码插入到目标对象上,从而生成代理对象的过程。面向切面的核心概念之间的作用关系如图4-7所示。

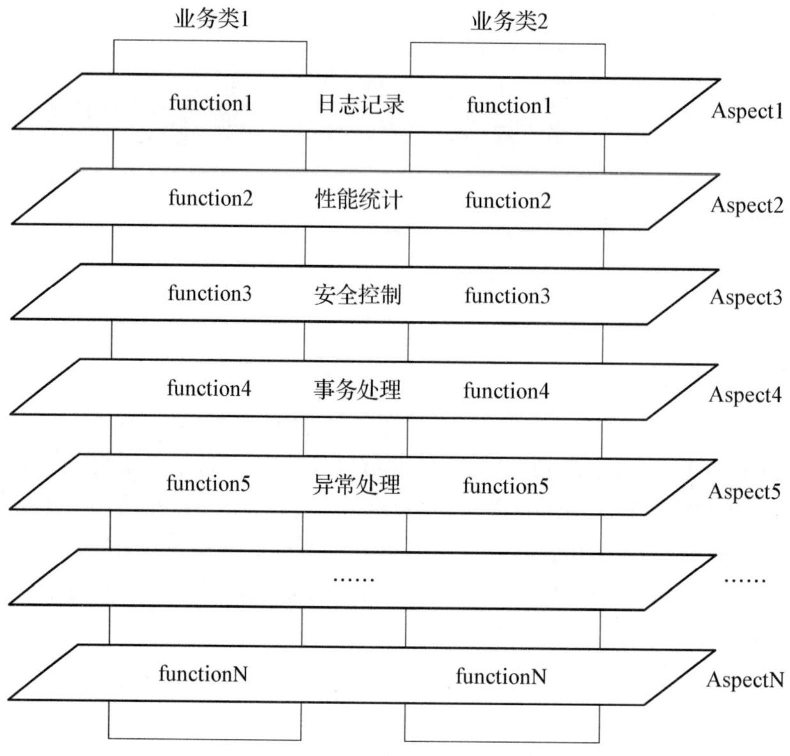

图 4-6　AOP 常用应用场景

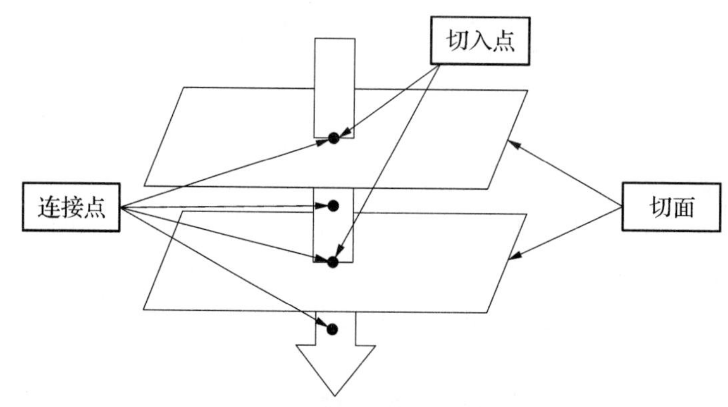

图 4-7　AOP 核心概念间的作用关系

AOP 的核心就是动态代理,接下来将使用用户登录程序案例来理解代理机制。

4.6.2　代理机制

程序中经常需要在其中写入与本功能不是直接相关但很有必要的代码,如日志记录、信息发送、安全和事务支持等,以下代码是一个用户注册类的代码。

创建 Maven 项目 ch4_4,创建 org.njxzc.login 包,并创建 LoginService.java 文件。

LoginService 代码如下:

```
package org.njxzc.ch4_4.login;

import java.net.ServerSocket;

/**
 * 用于用户登录类
 */
public class LoginService {
    public void login(String name,String pswd,String email) {
        Logger.log("用户将登录"+ name);
        System.out.println("存储用户信息");
        MailSender.send(email,"欢迎"+ name +"用户登录本系统");
    }
    public static void main(String[] args) {
        //调用示例
        LoginService service = new LoginService();
        service.login("sitinspring","123456","wang@ njxzc.edu");
    }
}
```

Logger.java 代码如下：

```
package org.njxzc.ch4_4.login;

import java.text.Format;
import java.text.SimpleDateFormat;
import java.util.Date;
import java.util.concurrent.ForkJoinPool;

/**
 * 模拟记录器
 */
public class Logger {
    public static void log(String str) {
        System.out.println(getCurrTime() +"INFO:"+ str);
    }
    /**
     * 取得当前时间
     * @ return
     */
    private static String getCurrTime() {
        Date date = new Date();
        Format formatter = new SimpleDateFormat("HH时mm分ss秒");
        return formatter.format(date);
```

```
    }
}
```

MailSender.java 代码如下：

```
package org.njxzc.ch4_4.login;
/* *
* 模拟邮件发送器
* /
public class MailSender {
    public static void send(String email,String concept) {
        System.out.println("向"+ email +"发送邮件内容为:"+ concept +"的邮件");
    }
}
```

运行结果如下：

```
"C:\Program Files (x86)\Java\jdk1.8.0_181\bin\java.exe"...
09 时 10 分 46 秒 INFO:用户将登录 sitinspring
存储用户信息
向 wang@ njxzc.edu 发送邮件内容为:欢迎 sitinspring 用户登录本系统的邮件

Process finished with exit code 0
```

从 LoginService.java 文件代码可以看出，日志和信息发送等操作并不属于 LoginService 逻辑，这增加了程序的耦合度，并且程序逻辑不清。如果一旦不需要日志或信息发送等服务，将要修改所有与日志记录和信息发送动作有关的代码，给程序维护带来不便。

这种情况可以使用代理(Proxy)机制来解决，代理可以提供对另一个对象的访问，同时隐藏实际对象的具体细节。代理一般会实现它所表示的实际对象的接口。代理可以访问实际对象，但是延迟实现实际对象的部分功能，实际对象实现系统的实际功能，代理对象对客户隐藏了实际对象。客户不知道它是与代理打交道还是与实际对象打交道。

如果我们使用代理模式，把枝节性代码放入代理类中，主干性代码保持在真实的类中，这样就能有效降低耦合度。这种通过在耦合紧密的类之间引入一个中间类是降低类之间耦合度的常见做法。

具体来说就是把枝节性代码放入代理类中，它们由代理类负责调用，而真实类只负责主干的核心业务，它也由代理类调用，它并不知道枝节性代码的存在和作用。对外来说，代理类隐藏在接口之后，客户并不清楚也不需要清楚具体的调用过程。通过这样的处理，主干与枝节之间的交叉解开了，外界的调用也没有复杂化，这就有效降低系统各部分间的耦合度。代理有两种代理方式：静态代理(static proxy)和动态代理(dynamic proxy)。

1. 静态代理

在静态代理的实现中，代理类与被代理的类必须实现同一个接口。在代理类中可以实现日志记录或信息发送等相关服务，并在需要的时候再呼叫被代理类。这样被代理类就可以仅仅保留业务相关的职责了。下面就来了解一下静态代理的方法实现代码。

下面修改 Web 项目 ch4_4，首先定义有关 IService 接口，IService.java 代码如下：

```
package org.njxzc.ch4_4.newlogin;
/* *
* Service 接口
* /
public interface IService {
    public void login(String name,String pswd,String email);
}
```

然后让实现业务逻辑的 LoginService 类实现 IService 接口，LoginService.java 代码如下：

```
package org.njxzc.ch4_4.login;

import java.net.ServerSocket;

/* *
* 用于用户登录类
* /
public class LoginService {
    public void login(String name,String pswd,String email){
        //真正需要由本函数担负的处理
        System.out.println("存储用户信息");
    }
}
```

可以看到，在 LoginService 类中没有任何日志或信息发送的代码插入其中，日志和信息发送服务的实现将被放到代理类中，代理类同样要实现 IService 接口。

LoginProxy.java 代码如下：

```
package org.njxzc.ch4_4.newlogin;

import org.njxzc.ch4_4.login.Logger;
import org.njxzc.ch4_4.login.MailSender;

public class LoginProxy implements IService{
    private IService serviceObject;
    public LoginProxy(IService serviceObject){
        this.serviceObject = serviceObject;
    }
    @ Override
    public void login(String name, String pswd, String email) {
        Logger.log("用户将登录"+ name);
```

```
        serviceObject.login(name,pswd,email);
        MailSender.send(email,"欢迎"+ name +"用户登录本系统");
    }
}
```

在 LoginProxy 类的 login()方法中，真正实现业务逻辑前后安排记录服务，可以实际撰写一个测试程序来看看如何使用代理类。

ProxyDemo.java 代码如下：

```
package org.njxzc.ch4_4.newlogin;

public class ProxyDemo {
    public static void main(String[] args){
        IService proxy = new LoginProxy(new LoginService());
        proxy.login("njxzc","123456","wang@ njxzc.edu");
    }
}
```

程序运行结果如图 4-8 所示。

```
09时38分36秒INFO:用户将登录njxzc
存储用户信息
向wang@njxzc.edu发送邮件内容为: 欢迎njxzc用户登录本系统的邮件

Process finished with exit code 0
```

图 4-8 ProxyDemo.java 运行结果

2. 动态代理

在默认情况下，Spring AOP 使用 JDK 动态代理，当目标对象是一个类并且这个类没有实现接口时，Spring 会切换为使用 CGLib 代理。

JDK 动态代理是 java.lang.reflect.* 包提供的方式，使用动态代理可以使得一个处理者(Handler)为各个类服务。它主要涉及两个 API：InvocationHandler 和 Proxy，其中，InvocationHandler 是一个接口，代理类可以通过实现该接口定义横切逻辑，并将横切逻辑和业务逻辑编织在一起；Proxy 利用 InvocationHandler 动态生成目标类的代理对象。要实现动态代理，同样需要定义所要代理的接口。

JDK 动态代理是通过 java.lang.reflect.Proxy 类来实现的，我们可以调用 Proxy 类的 newProxyInstance()方法来创建代理对象。对于使用业务接口的类，Spring 默认会使用 JDK 动态代理来实现 AOP。

下面修改 Web 项目 ch4_4，Service 和 LoginService 跟静态代理是一样的，但下面的代理类是不同的。

LoginServiceProxy.java 代码如下：

```
package org.njxzc.ch4_4.newlogin;
```

```
import org.njxzc.ch4_4.login.Logger;
import org.njxzc.ch4_4.login.MailSender;

import java.lang.reflect.InvocationHandler;
import java.lang.reflect.InvocationTargetException;
import java.lang.reflect.Method;

public class LoginServiceProxy implements InvocationHandler {
    //代理对象
    Object obj;
    //构造函数,传入代理对象
    public LoginServiceProxy(Object o) {
        obj = o;
    }
    /* *
     * 调用被代理对象的将要被执行的方法,我们可以在调用之前进行日志记录,之后执行邮
    件发送
     * /
    @ Override
    public Object invoke(Object proxy, Method method, Object[] args) throws
Throwable {
        Object result = null;
        try{
            //进行日志记录
            String name = (String) args[0];
            Logger.log(name +"用户将登录");
            //调用 Object 的方法
            result = method.invoke(obj,args);
            //执行邮件发送
            String email = (String) args[2];
            MailSender.send(email,"欢迎"+ name +"用户登录本系统");
        }catch (InvocationTargetException e) {
        }catch(Exception eBj) {
        }finally {
            //Do something after the method is called...
        }
        return result;
    }
}
```

该代理类的内部属性为 Object 类,使用时通过该类的构造函数 LoginServiceProxy (Object obj)对其赋值;此外,在该类还实现了 invoke 方法,该方法中的 method.invoke(obj, args) 其实就是调用被代理对象的将要被执行的方法。这种实现方式是通过反射实现的,方

法参数 obj 是实际的被代理对象，args 为执行被代理对象相应操作所需的参数。通过动态代理类，我们可以在调用之前或者之后执行一些相关操作。代理类的实例需要特殊的方式生成，LoginServiceFactory.java 代码如下：

```
package org.njxzc.ch4_4.newlogin;

import java.lang.reflect.Proxy;

public class LoginServiceFactory {
    public static IService generateService(){
       return (IService) Proxy.newProxyInstance(
                   IService.class.getClassLoader(),
                   new Class[]{IService.class},
                   new LoginServiceProxy(new LoginService())
       );
    }
}
```

动态代理是在运行时生成的类，在生成它时你必须提供一组接口给它，然后该类就宣称它实现了这些接口，可以把该类的实例当作这些接口中的任何一个实现类来用。这个动态代理类其实就是一个代理，它不会做作实质性的工作，而是在生成它的实例时你必须提供一个真实的类的实例，由它接管实际的工作。

最后写一个测试程序，Main.java 代码如下：

```
package org.njxzc.ch4_4.newlogin;

public class Main {
    public static void main(String[] args){
        //调用示例
        IService service = LoginServiceFactory.generateService();
        service.login("njxzc","12345","wang@ njxzc.edu");
    }
}
```

Main.java 程序运行结果与静态代理方法一致。

Proxy 即为 Java 中的动态代理类，其方法 Static Object newProxyInstance(ClassLoader loader, Class[] interfaces, InvocationHandler handler)：返回代理类的一个实例，其中 loader 是类加载器，interfaces 是被代理的真实类的接口，handler 是具体的代理类实例。

使用代理类将与业务逻辑无关的动作提取出来，设计为一个服务类，如同前面的范例 LoginServiceProxy，这样的类称为切面(Aspect)。AOP 将日志记录这类动作设计为通用，不介入特定业务类的一个职责清楚的 Aspect 类，这就是所谓的 Aspect Oriented Programming。

通过前面的学习可知，JDK 的动态代理用起来非常简单，但它是有局限性的，使用动态代理的对象必须实现一个或多个接口。如果想代理没有实现接口的类，那么可以使用

CGLIB 代理。CGLIB(Code Generation Library)是一个高性能开源的代码生成包,它采用非常底层的字节码技术,对指定的目标类生成一个子类,并对子类进行增强。

3. 多种增强类型

Spring 按照通知在目标类方法的连接点位置,可以分为 5 种类型,具体如下:

org.springframework.aop.MethodBeforeAdvice(前置通知):在目标方法执行前实施增强,可以应用于权限管理等功能。

org.springframework.aop.AfterReturningAdvice(后置通知):在目标方法执行后实施增强,可以应用于关闭流、上传文件、删除临时文件等功能。

org.aopalliance.intercept.MethodInterceptor(环绕通知):在目标方法执行前后实施增强,可以应用于日志、事务管理等功能。

org.springframework.aop.ThrowsAdvice(异常抛出通知):在方法抛出异常后实施增强,可以应用于处理异常记录日志等功能。

org.springframework.aop.IntroductionInterceptor(引介通知):在目标类中添加一些新的方法和属性,可以应用于修改老版本程序。

4. ProxyFactoryBean

ProxyFactoryBean 类中的常用可配置属性如表 4-4 所示。

表 4-4 ProxyFactoryBean 常用可配置属性

属性名称	描 述
target	代理的目标对象
proxyInterfaces	代理要实现的接口,如果多个接口,可以使用以下格式赋值 <list> <value></value> ... </list>
proxyTargetClass	是否对类代理而不是接口,设置为 true 时,使用 CGLIB 代理
interceptorNames	需要织入目标的 Advice
singleton	返回的代理是否为单实例,默认为 true(即返回单实例)
optimize	当设置为 true 时,强制使用 CGLIB

ProxyFactoryBean 是 FactoryBean 接口的实现类,FactoryBean 负责实例化一个 Bean,而 ProxyFactoryBean 负责为其他 Bean 创建代理实例。在 Spring 中,使用 ProxyFactoryBean 是创建 AOP 代理的基本方式。

5. AspectJ 开发

AspectJ 是一个基于 Java 语言的 AOP 框架,它提供了强大的 AOP 功能。Spring 2.0 以后,Spring AOP 引入了对 AspectJ 的支持,并允许直接使用 AspectJ 进行编程,而 Spring 自身的 AOP API 也尽量与 AspectJ 保持一致。新版本的 Spring 框架,也建议使用 AspectJ 来开发 AOP。

基于 XML 配置开发 AspectJ 是指通过 XML 配置文件定义切面、切入点及通知,所有这些定义都必须在<aop:config>元素内，具体内容如表 4-5 所示。

表 4-5 AOP 在配置文件中的定义

元素名称	用　　途
<aop:config>	开发 AspectJ 的顶层配置元素，在配置文件的<beans>下可以包含多个该元素
<aop:aspect>	配置(定义)一个切面，<aop:config>元素的子元素，属性 ref 指定切面的定义
<aop:pointcut>	配置切入点，<aop:aspect>元素的子元素，属性 expression 指定通知增强哪些方法
<aop:before>	配置前置通知，<aop:aspect>元素的子元素，属性 method 指定前置通知方法，属性 pointcut -ref 指定关联的切入点
<aop:after -returning>	配置后置返回通知，<aop:aspect>元素的子元素，属性 method 指定后置返回通知方法，属性 pointcut -ref 指定关联的切入点
<aop:around>	配置环绕通知，<aop:aspect>元素的子元素，属性 method 指定环绕通知方法，属性 pointcut -ref 指定关联的切入点
<aop:after -throwing>	配置异常通知，<aop:aspect>元素的子元素，属性 method 指定异常通知方法，属性 pointcut -ref 指定关联的切入点，没有异常发生时将不会执行
<aop:after>	配置后置(最终)通知，<aop:aspect>元素的子元素，属性 method 指定后置(最终)通知方法，属性 pointcut -ref 指定关联的切入点
<aop:declare -parents>	给通知引入新的额外接口，增强功能，不要求掌握该类型的通知

(1) 配置<aop:aspect>元素时，通常会指定 id 和 ref 两个属性，具体内容如下：

属性名称	描　　述
id	用于定义该切面的唯一标识名称
ref	用于引用普通的 Spring Bean

(2)在定义<aop:pointcut>元素时，通常会指定 id 和 expression 两个属性，具体内容如下：

属性名称	描　　述
id	用于指定切入点的唯一标识名称
expression	用于指定切入点关联的切入点表达式

(3)<aop:pointcut>的 execution 属性可以配置切入点表达式：

```
execution([权限修饰符][返回值类型][全限定类名].[方法名]([参数列表]))
```

其中权限修饰符可以省略，* 代表任意值。

execution(* jdk.*.*(..)) 是定义的切入点表达式，该切入点表达式的意思是匹配 JDK 包中任意类的任意方法的执行。

```
Execution(public void addNewUser(entity.User)
```

execution是切入点指示符，括号中是一个切入点表达式，用于配置需要切入增强处理方法的特征。切入点支持模糊匹配。

(4)使用<aop:aspect>的子元素可以配置5种常用通知，这5个子元素不支持使用子元素，但在使用时可以指定一些属性，其常用属性及其描述如表4-6所示。

表4-6　<aop:aspect>子元素配置

属性名称	描　述
pointcut	该属性用于指定一个切入点表达式，Spring将在匹配该表达式的连接点时织入该通知
pointcut-ref	该属性指定一个已经存在的切入点名称，如配置代码中的myPointCut。通常pointcut和pointcut-ref两个属性只需要使用其中之一
method	该属性指定一个方法名，指定将切面Bean中的该方法转换为增强处理
throwing	该属性只对<after -returning>元素有效，它用于指定一个形参名，异常通知方法可以通过该形参访问目标方法所抛出的异常
returning	该属性只对<after -throwing>元素有效，它用于指定一个形参名，后置通知方法可以通过该形参访问目标方法的返回值

面向切面编程，就是在不改变原有程序的基础上为代码段增加新的功能，对其进行增强处理。在代理模式中可以为对象设置一个代理对象，代理对象提供代理方法，当通过代理方法的方法调用原对象的方法时，就可以在代理方法中添加新的功能，这就是所谓的增强处理。增强的功能既可以插到原对象的方法前面，也可以插到其后面。

在这种模式下，就是在原有代码乃至原业务流程不改变的情况下，直接在业务流程中切入新代码，增加新功能，这就是所谓的面向切面编程。

4.7 使用注解实现IoC和AOP

前面程序的实现都是基于XML形式的配置文件进行的。除了XML形式的配置文件，Spring从2.0版本开始引入注解的配置方式，将Bean的配置信息和Bean实现类结合在一起，进一步减少了配置文件的代码量。

使用注解的方法，需要导入spring -aop的jar包，引入Context约束，配置注解扫描等。

4.7.1　注解定义Bean组件

```
@Component("userDao")
Public class UserDaoImpl implements UserDao{
      //省略其他业务方法
}
```

这就是通过注解定义userDao的Bean的例子。@Component("userDao")与XML配置文件中编写<bean id =" userDao" class =" dao. impl. UserDaoImpl"/>等效。除了@Component，Spring还提供了其他注解。

@Repository：用于标注 DAO 类，即注解数据访问层 Bean。

@Service：用于标注业务类。

@Controller：用于标注控制器类。

@Component 注解是一个泛化的概念，仅仅表示一个组件对象 Bean，可以作用在任何层次上，没有明确的角色。这 3 个注解同@Component 作用一样，但是使组件的用途更加清晰，推荐使用特定的注解来标注特定的实现类。

现在有了 Bean 的实现类，但还不能进行测试，因为 Spring 容器并不知道去哪里扫描 Bean 对象。需要在配置文件中配置注解，注解配置方式如下：

```
<context:component -scan base -package ="Bean 所在的包路径"/>
```

4.7.2 注解装配 Bean 组件

Spring 提供了@Autowired 注解实现 Bean 的装配。

```
@Component("userService")
Public class UserServiceImpl implements UserService{
    //声明接口类型的引用和具体实现类解耦合
    @Autowired
    Private UserDao dao;
    //省略其他业务方法
}
```

该程序使用@Service 标注了一个业务 Bean，并使用@Autowired 为 dao 属性注入所依赖的对象，Spring 将直接对 dao 属性进行赋值，此时类中可以省略属性相关的 setter 方法。

@Autowired 采用按类型匹配的方式为属性自动装配合适的依赖对象，即容器会查找和属性类型相匹配的 Bean 组件，并自动为属性注入。若容器中有一个以上类型相匹配的 Bean 时，则可以使用@Qualifier 指定所需的 Bean 的名称。

除了提供@Autowired 注解，Spring 还支持使用@Resource 注解实现组件装配，该注解也能对类的成员变量或方法入参提供注入功能。@Resource 有一个 name 属性，默认情况下，Spring 将这个属性的值解释为要注入的 Bean 的名称。

```
@Component("userService")
Public class UserServiceImpl implements UserService{
    //为 dao 属性注入名为 userDao 的 Bean
    @Resource(name ="userDao")
    Private UserDao dao;
    //省略其他业务方法
}
```

如果没有显式地指定 Bean 的名称，@Resource 注解将根据字段名或者 setter 方法名产生默认的名称；如果注解应用于字段，将使用字段名作为 Bean 的名称；如果注解应用于 setter 方法，Bean 的名称就是通过 setter 方法得到的属性名。

```
@Component("userService")
Public class UserServiceImpl implements UserService{
    //查找名为 dao 的 Bean,并注入给 dao 属性
    @Resource
    Private UserDao dao;
    //省略其他业务方法
}
@Component("userService")
Public class UserServiceImpl implements UserService{
    //查找名为 dao 的 Bean,并注入给 setter 方法
    @Resource
    Public void setUserDao(UserDao userDao) {
    This.dao = userDao;
    }
    //省略其他业务方法
}
```

如果没有显式地指定 Bean 的名称，且无法找到与默认 Bean 名称匹配的 Bean 组件，@Resource注解会由按名称查找的方式自动变为按类型匹配的方式进行装配。例如，如果没有显式指定要查找的 Bean 的名称，且不存在名为 dao 的 Bean 组件，@Resource 注解会转而查找和属性类型相匹配的 Bean 组件并注入。

创建一个 Web Project 项目 ch4_5，在项目的 src 文件夹下建立下面的源文件。Dao 接口 AnimalDao.java 的代码如下：

```
package org.njxzc.ch4_5;

public interface AnimalDao {
    public void sport();
}
```

创建 AnimalDao 接口的实现类 AnimalDaoImpl，该类实现了接口中的 sport()方法。

```
package org.njxzc.ch4_5;

import org.springframework.stereotype.Repository;

@Repository("animalDao")
public class AnimalDaoImpl implements AnimalDao{

    @Override
    public void sport() {
        System.out.println("animalDao 会运动");
    }
}
```

使用@Repository 注解将 AnimalDaoImpl 类标识为 Spring 中的 bean，相当于在配置文件中编写了语句 <bean id =" animalDao" class =" org. njxzc. ch4 _ 5. AnimalDaoImpl"/>。AnimalService.java 代码如下：

```
package org.njxzc.ch4_5;

public interface AnimalService {
    public void sport();
}
```

创建 AnimalService 接口的实现类 AnimalServiceImpl，该类实现了接口中的 sport()方法，代码如下：

```
package org.njxzc.ch4_5;

import org.springframework.stereotype.Service;

import javax.annotation.Resource;

@Service("animalService")
public class AnimalServiceImpl implements AnimalService{
    @Resource(name ="animalDao")
    private AnimalDao animalDao;
    @Override
    public void sport() {
        this.animalDao.sport();
        System.out.println("animalService 会运动");
    }
}
```

使用@Service 注解将 AnimalServiceImpl 类标识为 Spring 中的 bean，相当于在配置文件中编写了语句<bean id ="animalService" class ="org.njxzc.ch4_5.AnimalServiceImpl"/>。然后使用@Resource 注解标注在属性 animalDao 上，这相当于配置文件中<property name = "animalDao" ref ="animalDao"/>。

创建控制器实现类 AnimalController.java，代码如下：

```
package org.njxzc.ch4_5;

import org.springframework.stereotype.Controller;

import javax.annotation.Resource;

@Controller("animalController")
public class AnimalController {
    @Resource(name ="animalService")
```

```
    private AnimalService animalService;
    public void sport() {
        this.animalService.sport();
        System.out.println("animalController 会运动");
    }
}
```

使用@Controller 注解标注 AnimalController 类，相当于在配置文件中编写了语句 <bean id =" animalController" class =" org. njxzc. ch4_5. AnimalController"/>。然后使用@Resource 注解标注在属性 animalService 上，这相当于配置文件中 < property name =" animalService" ref =" animalService"/>。

通过 Spring 的配置文件来完成其对象的注入，代码如下：

```
<? xml version ="1.0"encoding ="UTF - 8"? >
<beans xmlns ="http://www.springframework.org/schema/beans"
        xmlns:xsi ="http://www.w3.org/2001/XMLSchema - instance"
        xmlns:context ="http://www.springframework.org/schema/context"
        xsi:schemaLocation ="http://www.springframework.org/schema/beans
http://www.springframework.org/schema/beans/spring - beans.xsd
                            http://www.springframework.org/schema/context
http://www.springframework.org/schema/context/spring - context.xsd">
    <!--使用 context 命名空间,开启注解处理器-->
    <context:annotation - config />
    <!-- 扫描指定包下所有 Bean 类,进行注解解析 -->
    <context:component - scan base - package ="org.njxzc.ch4_5"/>
</beans>
```

测试代码如下：

```
package org.njxzc.ch4_5;

import org.springframework.context.ApplicationContext;
import org.springframework.context.support.ClassPathXmlApplicationContext;
import org.springframework.context.support.FileSystemXmlApplicationContext;

public class AnnotationTest {
    public static void main(String[] args) {
        ApplicationContext applicationContext = new
FileSystemXmlApplicationContext("src/main/java/org/njxzc/ch4_5/applicationContext.xml");
        AnimalController animalController = (AnimalController)
applicationContext.getBean("animalController");
        animalController.sport();
    }
}
```

程序执行结果如下所示：

```
animalDao 会运动
animalService 会运动
animalController 会运动

Process finished with exit code 0
```

4.7.3 使用注解实现 AOP

AspectJ 通过通知来完成切面切入切点(织入)，根据 AspectJ 切点的位置和通知的时机，AspectJ 中常用的通知有 5 种类型：

① 前置通知：MethodBeforeAdvice。

② 后置通知：AfterReturningAdvice。

③ 环绕通知：MethodInterceptor。

④ 异常通知：ThrowsAdvice。

⑤ 最终通知：AfterAdvice。

基于注解开发 AspectJ 要比基于 XML 配置开发 AspectJ 便捷许多，所以在实际开发中推荐使用注解方式，注解名称如表 4-7 所示。

表 4-7 AspectJ 注解名称

注解名称	描　述
@Aspect	用于定义一个切面，注解在切面类上
@Pointcut	用于定义切入点表达式。在使用时，需要定义一个切入点方法。该方法是一个返回值 void，且方法体为空的普通方法
@Before	用于定义前置通知。在使用时，通常为其指定 value 属性值，该值可以是已有的切入点，也可以直接定义切入点表达式
@AfterReturning	用于定义后置返回通知。在使用时，通常为其指定 value 属性值，该值可以是已有的切入点，也可以直接定义切入点表达式
@Around	用于定义环绕通知。在使用时，通常为其指定 value 属性值，该值可以是已有的切入点，也可以直接定义切入点表达式
@AfterThrowing	用于定义异常通知。在使用时，通常为其指定 value 属性值，该值可以是已有的切入点，也可以直接定义切入点表达式。另外，还有一个 throwing 属性用于访问目标方法抛出的异常，该属性值与异常通知方法中同名的形参一致
@After	用于定义后置(最终)通知。在使用时，通常为其指定 value 属性值，该值可以是已有的切入点，也可以直接定义切入点表达式

使用@Aspect 注解将定义为切面，并且使用@Before 注解将 before()方法定义为前置增强，使用@AfterReturning 注解将 afterReturning()方法定义为后置增强。为了能够获得当前连接点的信息，在增强方法中添加了 JoinPoint 类型的参数，Spring 会自动注入该实例。对于后置增强，还可以定义一个参数用于接收目标方法的返回值。

切入点表达式使用@Pointcut 注解来表示。使用@AfterThrowing 注解可以定义异常抛出增强。

修改项目 ch4_5，pom.xml 文件添加如下代码：

```
<dependency>
    <groupId> org. aspectj </groupId>
    <artifactId> aspectjrt </artifactId>
    <version>$[aspectj.version]</version>
</dependency>
<dependency>
    <groupId> org. aspectj </groupId>
    <artifactId> aspectjweaver </artifactId>
    <version>$[aspectj.version]</version>
</dependency>
```

在项目的 src 文件夹下建立下面的源文件。

Dao 接口 UserlDao.java，代码如下：

```
package org.njxzc.ch4_5;

public interface UserDao {
    public void add();
    public void update();
    public void delete();
}
```

创建 UserDao 接口的实现类 UserDaoImpl，该类实现了接口中的方法。

```
package org.njxzc.ch4_5;

import org.springframework.stereotype.Repository;

@Repository("userDao")
public class UserDaoImpl implements UserDao{
    @Override
    public void add() {
        System.out.println("添加");
    }

    @Override
    public void update() {
        System.out.println("修改");
    }

    @Override
    public void delete() {
        System.out.println("删除");
    }
```

```
}
```

创建切面类 MyAspect，使用@Aspect 注解定义切面，由于该类是作为组件使用的，所以还需要使用@Component 注解；然后使用@Pointcut 注解定义切入点表达式，并通过定义方法来表示切入点名称；最后在每个通知防范上添加相应的注解，并将切入点名称作为参数传递给需要执行增强的通知方法。其代码如下：

```
package org.njxzc.ch4_5;

import org.aspectj.lang.JoinPoint;
import org.aspectj.lang.ProceedingJoinPoint;
import org.aspectj.lang.annotation.After;
import org.aspectj.lang.annotation.AfterReturning;
import org.aspectj.lang.annotation.AfterThrowing;
import org.aspectj.lang.annotation.Around;
import org.aspectj.lang.annotation.Aspect;
import org.aspectj.lang.annotation.Before;
import org.aspectj.lang.annotation.Pointcut;
import org.springframework.stereotype.Component;
/* *
* 切面类,在此类中编写各种类型通知
* /
@Aspect//@ Aspect 声明一个切面
@Component//@ Component 让此切面成为 Spring 容器管理的 Bean
public class MyAspect {
    /* *
     * 定义切入点,通知增强哪些方法。
     "execution(*  aspectj.dao.* .* (..))"是定义切入点表达式,
     该切入点表达式的意思是匹配 aspectj.dao 包中任意类的任意方法的执行。
     其中 execution()是表达式的主体,第一个* 表示的是返回类型,使用* 代表所有类型;
     aspectj.dao 表示的是需要匹配的包名,后面第二个* 表示的是类名,使用* 代表匹配包中所有
的类;
     第三个* 表示的是方法名,使用* 表示所有方法; 后面(..)表示方法的参数,其中“..”表示任意
参数。
     另外,注意第一个* 与包名之间有一个空格。
     * /
    @Pointcut("execution(*  org.njxzc.ch4_5.* .* (..))")
    private void myPointCut() {
    }
    /* *
     * 前置通知,使用 Joinpoint 接口作为参数获得目标对象信息
     * /
    @Before("myPointCut()")//myPointCut()是切入点的定义方法
```

```
public void before(JoinPoint jp) {
    System.out.print("前置通知:模拟权限控制");
    System.out.println(",目标类对象:"+ jp.getTarget()
            + ",被增强处理的方法:"+ jp.getSignature().getName());
}
/* *
 * 后置返回通知
 * /
@AfterReturning("myPointCut()")
public void afterReturning(JoinPoint jp) {
    System.out.print("后置返回通知:"+ "模拟删除临时文件");
    System.out.println(",被增强处理的方法:"+ jp.getSignature().getName());
}
/* *
 * 环绕通知
 * ProceedingJoinPoint 是 JoinPoint 子接口,代表可以执行的目标方法
 * 返回值类型必须是 Object
 * 必须一个参数是 ProceedingJoinPoint 类型
 * 必须 throws Throwable
 * /
@Around("myPointCut()")
public Object around(ProceedingJoinPoint pjp) throws Throwable{
    //开始
    System.out.println("环绕开始:执行目标方法前,模拟开启事务");
    //执行当前目标方法
    Object obj = pjp.proceed();
    //结束
    System.out.println("环绕结束:执行目标方法后,模拟关闭事务");
    return obj;
}
/* *
 * 异常通知
 * /
@AfterThrowing(value ="myPointCut()",throwing ="e")
public void except(Throwable e) {
    System.out.println("异常通知:"+ "程序执行异常"+ e.getMessage());
}
/* *
 * 后置(最终)通知
 * /
@After("myPointCut()")
public void after() {
```

```
        System.out.println("最终通知:模拟释放资源");
    }
}
```

通过Spring的配置文件来完成其对象的注入，代码如下：

```
<? xml version ="1.0"encoding ="UTF - 8"? >
<beans xmlns ="http://www.springframework.org/schema/beans"
       xmlns:xsi ="http://www.w3.org/2001/XMLSchema - instance"
       xmlns:context ="http://www.springframework.org/schema/context"
       xmlns:aop ="http://www.springframework.org/schema/aop"
       xsi:schemaLocation ="http://www.springframework.org/schema/beans
http://www.springframework.org/schema/beans/spring - beans.xsd
                           http://www.springframework.org/schema/context
http://www.springframework.org/schema/context/spring - context.xsd
        http://www.springframework.org/schema/aop
        http://www.springframework.org/schema/aop/spring - aop.xsd">
    <!--使用 context 命名空间,开启注解处理器-->
    <context:annotation - config />
    <!-- 扫描指定包下所有 Bean 类,进行注解解析 -->
    <context:component - scan base - package ="org.njxzc.ch4_5"/>
    <!-- 启动基于注解的 AspectJ 支持 -->
    <aop:aspectj - autoproxy/>
</beans>
```

测试代码如下：

```
package org.njxzc.ch4_5;

import org.springframework.context.ApplicationContext;
import org.springframework.context.support.FileSystemXmlApplicationContext;

public class AnnotationAspectJTest {
    public static void main(String[] args) {
        ApplicationContext applicationContext = new
FileSystemXmlApplicationContext ("src/main/java/org/njxzc/ch4_5/applicationContext.xml");
        UserDao userDao = (UserDao) applicationContext.getBean("userDao");
        userDao.add();
        userDao.update();
        userDao.delete();
    }
}
```

程序执行结果如下所示：

```
环绕开始:执行目标方法前,模拟开启事务
```

```
前置通知:模拟权限控制,目标类对象:org.njxzc.ch4_5.UserDaoImpl@ 1a53ef,被增强处理的方法:add
添加
后置返回通知:模拟删除临时文件,被增强处理的方法:add
最终通知:模拟释放资源
环绕结束:执行目标方法后,模拟关闭事务
环绕开始:执行目标方法前,模拟开启事务
前置通知:模拟权限控制,目标类对象:org.njxzc.ch4_5.UserDaoImpl@ 1a53ef,被增强处理的方法:update
修改
后置返回通知:模拟删除临时文件,被增强处理的方法:update
最终通知:模拟释放资源
环绕结束:执行目标方法后,模拟关闭事务
环绕开始:执行目标方法前,模拟开启事务
前置通知:模拟权限控制,目标类对象:org.njxzc.ch4_5.UserDaoImpl@ 1a53ef,被增强处理的方法:delete
删除
后置返回通知:模拟删除临时文件,被增强处理的方法:delete
最终通知:模拟释放资源
环绕结束:执行目标方法后,模拟关闭事务

Process finished with exit code 0
```

4.8 Spring 数据库开发

JDBC是Spring框架数据访问的重要模块,开发者可通过Spring JDBC操作和管理数据库,并大大简化数据库的操作。Spring框架提供了JdbcTemplate类访问数据库,该类是Spring框架数据抽象层的基础,也是Spring JDBC的核心类。实际开发中,即可使用JdbeTemplate进行数据库开发,也可使用如Mybatis、Hibernate等数据库框架进行开发。

1. Spring JDBC 的配置

Spring JDBC模块主要由4个包组成,包括core(核心包)、dataSource(数据包)、object(对象包)和support(支持包)。在数据库开发时,主要使用core包和dataSource包,core包提供JDBC的核心功能JdbcTemplate类,dataSource包提供访问数据源的实用工具类。如果想要使用Spring JDBC,就需要对这两项进行配置。在Spring中JDBC的配置在配置文件applicationContext.xml中完成,其配置示例如下所示:

```
<!-- 1.配置数据源 -->
    <bean id ="dataSource"
        class ="org.springframework.jdbc.datasource.DriverManagerDataSource">
        <!--数据库驱动 -->
        <property name ="driverClassName"value ="com.mysql.jdbc.Driver"/>
```

```
            <!--连接数据库的 url -->
            <property name ="url"
            value ="jdbc:mysql://localhost:3306/db_spring? characterEncoding = utf8"/>
            <!--连接数据库的用户名 -->
            <property name ="username"value ="root"/>
            <!--连接数据库的密码 -->
            <property name ="password"value ="root"/>
    </bean>
    <!-- 2.配置 JDBC 模板 -->
    <bean id ="jdbcTemplate"class ="org.springframework.jdbc.core.JdbcTemplate">
        <!--默认必须使用数据源 -->
        <property name ="dataSource"ref ="dataSource"/>
    </bean>
<!-- 3.定义 id 为 userDao 的 Bean -->
    <bean id ="xxx"class ="xxx">
        <!--将 jdbcTemplate 注入到 xxx 实例中 -->
        <property name ="jdbcTemplate"ref ="jdbcTemplate"/>
    </bean>
```

上述代码中定义了 3 个 bean，分别是 datasouce、jdbcTemplate 和需要注入类的 Bean。其中 dataSource 对应的 org.springframework.jdbc.datasource.DriverManagerDataSource 类用于对数据源进行配置，dataSource 的配置包括 JDBC 连接数据库时所需的 4 个属性：

（1）driverClassName 指所使用的驱动名称，对应驱动 JAR 包中的 Driver 类。

（2）url 数据源所在地址。

（3）username 访问数据库的用户名。

（4）password 访问数据库的密码。

jdbcTemplate 对应的 org. springfranework. jdbc. core. jdbcTemplate 类中定义了 JdbcTemplate 的配置，需要在 jdbcTemplate 中注入 dataSource，而其他需要使用 jdbcTemplate 的 Bean，也需要将 jdbcTemplate 注入该 Bean 中（通常注入 Dao 类中，在 Dao 类中进行与数据库的相关操作）。

2. Spring JdbcTemplate 的常用方法

jdbcTemplate 类的常用方法有 execute()、update()和 query()，具体用法如下：

public void execute(String sql)，该方法用来执行 sql 语句命令，如执行创建数据表命令。

public int update(String sql，Object args[])，该方法可以对数据表进行增加、修改、删除等操作。使用 args[]设置 SQL 语句中的参数，并返回更新的行数，示例代码如下：

```
String insertSql ="insert into user values (null,?,?)"
Object param1[]={"zhangsan","男"};
jdbcTemplate.update (sql,param1);
```

public List <T> query(String sql，RowMapper <T> rowMapper，Object args)，该方法可以对数据表进行查询操作。rowMapper 将结果集映射到用户自定义的类中（自定义类中

的属性要与数据表的字段对应)。示例代码如下:

```
String selectSql ="select *  from user";
RowMapper <MyUser> rowMapper = new BeanPropertyRowMapper <MyUser> (MyUser.class);
List <MyUser> list = jdbcTemplate.query (sql,rowMapper,null)
```

下面通过实例来说明 jdbcTemplate 操作数据库的过程,使用 jdbcTemplate 创建 user 用户表,并对该表执行添加、删除、修改及查询操作,具体过程如下:

在 IntelliJ IDEA 中创建一个名为 chapter04_6 的 maven 项目,将 Spring 框架的 5 个基础 JAR 包、日志 JAR 包、MySQL 数据库的驱动 JAR 包、Spring JDBC 的 JAR 包的依赖加到 pom.xml 文件中。并在 MySQL 中创建数据库 db_spring,本案例将在 db_spring 库中进行相关操作。

```
CREATE TABLE 'user'
  'uid' int(11) Not NULL AUTO_INCREMENT,
  'uname' varchar(50) DEFAULT NULL,
  'uage' int(4) DEFAULT NULL,
  'usex' varchar(10) DEFAULT NULL,
  'upass' varchar(10) DEFAULT NULL,
  PRIMARY KEY ('uid')
) ENGINE = InnoDB AUTO_INCREMENT = 4 DEFAULT CHARSET = utf8;
INSERT INTO 'user' VALUES (' 1','张三',' 33','男',' 123456');
INSERT INTO 'user' VALUES (' 2','李四',' 22','女',' 123456');
INSERT INTO 'user' VALUES (' 3','王五',' 23','男',' 123456')
……
……
  <properties>
    <maven.compiler.source> 11 </maven.compiler.source>
    <maven.compiler.target> 11 </maven.compiler.target>
    <spring.version> 5.0.2.RELEASE </spring.version>
    <commons - logging.version> 1.2 </commons - logging.version>
    <javaee - api.version> 7.0 </javaee - api.version>
    <mysql.version> 5.1.45 </mysql.version>
    <junit.version> 4.12 </junit.version>
  </properties>
  <dependencies>
    <!-- spring 依赖包 -->
    <dependency>
      <groupId> org.springframework </groupId>
      <artifactId> spring - webmvc </artifactId>
      <version>${spring.version}</version>
    </dependency>
    <dependency>
      <groupId> org.springframework </groupId>
```

```
            <artifactId> spring - tx </artifactId>
            <version>${spring.version}</version>
        </dependency>
        <dependency>
            <groupId> org.springframework </groupId>
            <artifactId> spring - jdbc </artifactId>
            <version>${spring.version}</version>
        </dependency>
        <dependency>
            <groupId> commons - logging </groupId>
            <artifactId> commons - logging </artifactId>
            <version>${commons - logging.version}</version>
        </dependency>
        <dependency>
            <groupId> javax </groupId>
            <artifactId> javaee - api </artifactId>
            <version>${javaee - api.version}</version>
        </dependency>
        <dependency>
            <groupId> mysql </groupId>
            <artifactId> mysql - connector - java </artifactId>
            <version>${mysql.version}</version>
        </dependency>
        <dependency>
            <groupId> junit </groupId>
            <artifactId> junit </artifactId>
            <version>${junit.version}</version>
            <scope> test </scope>
        </dependency>
</dependencies>
......
```

在 src 目录下创建配置文件 applicationContext.xml，在该文件中配置 id 为 dataSource 的数据源 Bean 和 id 为 jdbcTemplate 的 JDBC 模板 Bean，并将数据源注入 JDBC 模板中，applicationContext.xml 具体代码如下：

```
<? xml version ="1.0"encoding ="UTF - 8"? >
<beans xmlns ="http://www.springframework.org/schema/beans"
        ...未改内容略...
  http://www.springframework.org/schema/context/spring - context.xsd">
        ...未改内容略...
  <!-- 3.定义 id 为 userDao 的 Bean -->
  <bean id ="userDao"class ="com.ssm.jdbc.UserDaoImpl">
```

```
        <!--将 jdbcTemplate 注入到 userDao 实例中 -->
        <property name ="jdbcTemplate"ref ="jdbcTemplate"/>
    </bean>
```

在 src 目录下创建一个 com.njxzc.jdbc 包，在该包中创建测试类 JdbcTemplateTest。在该类的 main()方法中，通过 Spring 容器获取在配置文件中定义的 JdbcTemplate 实例，然后使用实例的 execute(String s)方法执行创建数据表的 SQL 语句，具体实现如下：

```
package com.njxzc.jdbc;
import java.util.List;
import org.springframework.context.ApplicationContext;
import org.springframework.context.support.ClassPathXmlApplicationContext;
import org.springframework.jdbc.core.JdbcTemplate;
/* *
* 使用 jdbcTemplate 的 excute()方法创建 user 用户表
* /
public class JdbcTemplateTest {
        private ApplicationContext applicationContext;
        private JdbcTemplate jdbcTemplate;
        @Test
        public void createTablc() {
                //加载配置文件
                applicationContext = new
    ClassPathXmlApplicationContext("applicationContext.xml");
                //获取 JdbcTemplate 实例
                jdbcTemplate = (JdbcTemplate)
    applicationContext.getBean("jdbcTemplate");
                //使用 execute()方法执行 SQL 语句，创建用户表 user
                    jdbcTemplate.execute("create table user("+
                            "id int(11) primary key auto_increment,"+
                            "username varchar(40),"+
                            "password varchar(40))");
        }
}
```

执行程序后再次查询 db_spring 数据库，程序使用 execute(String sql)方法已成功创建了数据表 user，该表包括 3 个字段，用户 id，用户名 username，密码 password。

user 用户表结构如下图 4-9 所示。

列名	数据类型	长度	默认	主键?	非空?	Unsigned	自增?
id	int	11		☑	☑	☐	☑
username	varchar	50		☐	☐	☐	☐
password	varchar	50		☐	☐	☐	☐

图 4-9 user 用户表

在 com.njxzc.jdbc 包中创建 User 类(该类属性与 user 数据表字段一致)，在该类中定义 id、username 和 password 属性，以及其对应的 gette()/setter()方法，实体类 User 的具体代码如下：

```
package com.njxzc.jdbc;
public class User {
        private Integer id;
        private String username;
        private String password;
        //此处省略 setter 和 getter 方法
        public String toString() {
                 return "User [id ="+ id + ", username ="+ username + ",
  password ="+ password + "]";
     }
}
```

在 com.njxzc.jdbc 包中创建接口 UserDao，并在接口中定义添加、更新和删除用户、查询用户的方法，具体代码如下：

```
package com.njxzc.jdbc;
import java.util.List;
public interface UserDao {
        //添加用户
        public int addUser(User user);
        //更新用户
        public int updateUser(User user);
        //删除用户
        public int deleteUser(int id);
        //通过 id 查询用户
        public User findUserById(int id);
        //查询所有用户
        public List <User> findAllUser();
}
```

在 com.njxzc.jdbc 包中创建 UserDao 接口的实现类 UserDaoImpl，并在类中实现添加、更新、删除和查询用户的方法，在实现类 UserDaoImpl 中获取 JDBC 模块的 JdbcTemplate 类来操作数据库进行用户数据的增删改查，具体代码如下：

```
package com.njxzc.jdbc;
    import java.util.List;
    import org.springframework.jdbc.core.BeanPropertyRowMapper;
    import org.springframework.jdbc.core.JdbcTemplate;
    import org.springframework.jdbc.core.RowMapper;
    public class UserDaoImpl implements UserDao {
        //声明 jdbcTemplate 模板
```

```
        private JdbcTemplate jdbcTemplate;
        //获取配置文件中的 jdbcTemplate
        public void setJdbcTemplate(JdbcTemplate jdbcTemplate) {
                this.jdbcTemplate = jdbcTemplate;
        }
        //添加用户
        public int addUser(User user) {
                String sql ="insert into user(username,password) value(?,?)";
                Object[] params = new Object[]{
                        user.getUsername(),
                        user.getPassword()
                };
                        int num = this.jdbcTemplate.update(sql, params);
                return num;
            }
      //更新用户
      public int updateUser(User user) {
              String sql ="update user set username =?,password =? where id =?";
              Object[] params = new Object[]{
                      user.getUsername(),
                      user.getPassword(),
                      user.getId()
          };
      int num = this.jdbcTemplate.update(sql,params);
      return num;
  }
      //删除用户
      public int deleteUser(int id) {
              String sql ="delete from user where id =?";
              int num = this.jdbcTemplate.update(sql,id);
              return num;
      }
      //通过 id 查询用户数据信息
      public User findUserById(int id) {
              String sql ="select *  from user where id =?";
              RowMapper <User> rowMapper = new
   BeanPropertyRowMapper <User> (User.class);
              return this.jdbcTemplate.queryForObject(sql,rowMapper,id);
      }
   //查询所有用户数据信息
      public List <User> findAllUser() {
              String sql ="select *  from user";
              RowMapper <User> rowMapper = new
```

```
BeanPropertyRowMapper < User > (User.class);
            return this.jdbcTemplate.query(sql,rowMapper);
    }
}
```

从上述操作的代码可以看出，添加、更新和删除操作的实现步骤类似，只是 SQL 语句有所不同，在 updateUser()中使用 jdbcTemplate.update(sql，params) 更新用户信息，params 为 SQL 语句中更新的用户参数，deleteUser()中使用 jdbcTemplate.update(sql，id) 根据用户 id 删除用户。

查询操作中即可根据 id 查询单个用户，也可查询所有用户，查询时需使用 rowMapper 将查询结果集映射为 User 用户类，findUserById()中使用 jdbcTemplate.queryForObject(sql，rowMapper，id)查询某个 id 用户信息，id 绑定 sql 语句中的查询 id 参数，并通过 rowMapper 返回 Object 类型的单个用户。findAllUser()使用 jdbcTemplate.query(sql，rowMapper) 查询所有用户信息，通过 rowMapper 返回 List 类型的用户集合。

除此之外，还需要 applicationContext.xml 中定义一个 id 为 userDao 的 Bean，该 Bean 用于将 jdbcTemplate 注入 userDao 实例中，具体代码如下：

```
<!-- 3.定义 id 为 userDao 的 Bean -->
<bean id ="userDao"class ="com.njxzc.jdbc.UserDaoImpl">
    <!--将 jdbcTemplate 注入到 userDao 实例中 -->
    <property name ="jdbcTemplate"ref ="jdbcTemplate"/>
</bean>
```

创建测试类 JdbcTemplateTest 操作数据库，添加 Junit4 测试模块测试数据操作过程，首先将 Junit4 模块的 JAR 包添加项目类路径，选择“file”菜单的“Project Structure”，在对话框中选中 Modules 在右侧点击“+”从“Library”库中添加 Junit4 模块，如下图 4-10 所示。

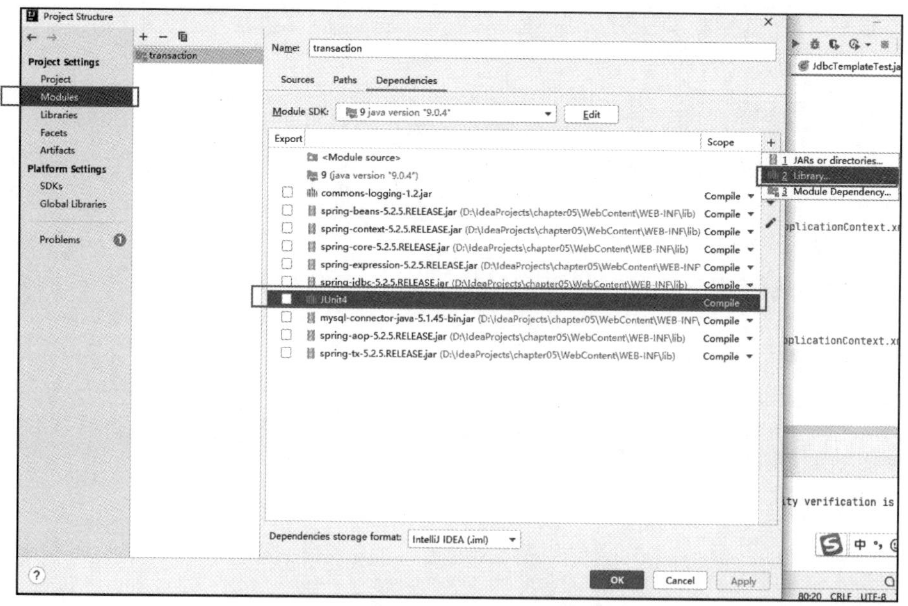

图 4-10 添加 JUnit4 的 JAR 包到类路径

在JdbcTemplateTest测试类中添加创建表的测试方法createTableTest(),添加用户测试方法addUserTest(),修改用户测试方法updateUserTest(),删除用户测试方法deleteUserTest(),以及一个测试方法findUserByIdTest()来测试按id查询用户,通过findAllUserTest()测试查询所有用户,所有方法前面添加@Test注解,具体代码如下:

```
package com.njxzc.jdbc;
import java.util.List;
import org.junit.Test;
import org.springframework.context.ApplicationContext;
import org.springframework.context.support.ClassPathXmlApplicationContext;
import org.springframework.jdbc.core.JdbcTemplate;
/* *
* 使用jdbcTemplate的excute()方法创建user用户表,query()方法查询用户表,update()方法
添加、删除、修改用户表
* /
public class JdbcTemplateTest {
        private ApplicationContext applicationContext;
        private JdbcTemplate jdbcTemplate;
        @Test
        public void createTableTest() {
                                                  //加载配置文件
                applicationContext                    =                    new
   ClassPathXmlApplicationContext("applicationContext.xml");
                //获取JdbcTemplate实例
                jdbcTemplate                    =                    (JdbcTemplate)
   applicationContext.getBean("jdbcTemplate");
                //使用execute()方法执行SQL语句,创建用户表user
                    jdbcTemplate.execute("create table user("+
                            "id int primary key auto_increment,"+
                            "username varchar(40),"+
                            "password varchar(40))");
           }
      @Test
      public void addUserTest(){
              applicationContext = new
  ClassPathXmlApplicationContext("applicationContext.xml");
              UserDao userDao = (UserDao) applicationContext.getBean("userDao");
                  User user1 = new User();
              user1.setUsername("zhangsan");
              user1.setPassword("111111");
              User user2 = new User();
              user2.setUsername("lisi");
              user2.setPassword("111111");
```

```
            int num1 = userDao.addUser(user1);
            int num2 = userDao.addUser(user2);
            if(num1 + num2 > 0){
                    System.out.println("成功插入了"+(num1 + num2)+"条数据"
    }else{
                                System.out.println("插入操作执行失败。");
            }
    }
    @Test
    public void updateUserTest(){
            applicationContext = new
 ClassPathXmlApplicationContext("applicationContext.xml");
            UserDao userDao = (UserDao)applicationContext.getBean("userDao");
            User user = new User();
            user.setId(2);
            user.setUsername("lisi2");
            user.setPassword("666666");
            int num = userDao.updateUser(user);
            if(num > 0){
                    System.out.println("成功更新了"+ num +"条数据。");
            }else{
                    System.out.println("更新操作执行失败。");
            }
    }
    @Test
    public void deleteUserTest(){
            applicationContext = new
ClassPathXmlApplicationContext("applicationContext.xml");
            UserDao userDao = (UserDao)applicationContext.getBean("userDao");

            int num = userDao.deleteUser(1);
            if(num > 0){
                        System.out.println("成功删除了"+ num +"条数据。");
            }else{
                    System.out.println("删除操作执行失败。");
            }
    }
    @Test
    public void findUserByIdTest(){
                applicationContext = new
    ClassPathXmlApplicationContext("applicationContext.xml");
                UserDao
```

```
    userDao = (UserDao) applicationContext.getBean("userDao");
                User user = userDao.findUserById(2);
                System.out.println(user);
        }
        @Test
        public void findAllUserTest() {
                applicationContext = new
    ClassPathXmlApplicationContext("applicationContext.xml");
                UserDao
    userDao = (UserDao) applicationContext.getBean("userDao");
                List <User> list = userDao.findAllUser();
                for(User user:list) {
                        System.out.println(user);
                }
        }
}
```

使用Junit4测试操作数据库的各方法，首先执行createTableTest()方法，将会在数据库中创建user用户表，用法是将光标移动到createTableTest()方法左侧，在行标旁点击Run的小图标，点击该图标将弹出菜单，选择“Run creatableTest() ”，将执行creatableTest()方法。createTableTest()执行完毕，打开db_spring数据库将会看到创建了user数据表。再执行addUserTest()方法，执行完毕user表中将添加用户，添加结果如下图4-11所示。

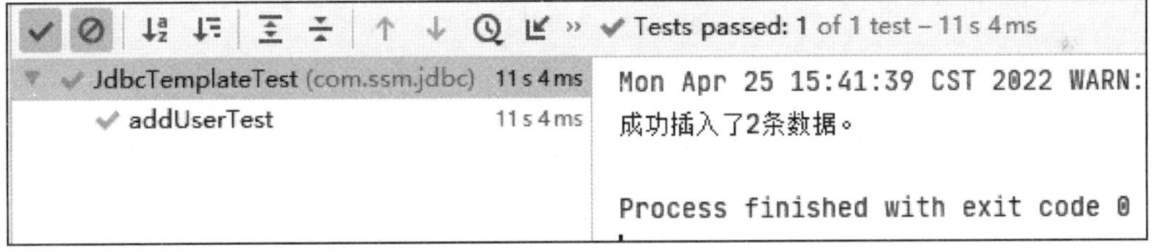

图4-11 添加用户结果

执行updateUserTest()方法将用户"lisi"的用户名修改为"lisi2"，密码修改为"666666"，控制台将显示成功更新了1条数据，如下图4-12所示，数据表中的数据也随之更新。

图4-12 更新用户结果

执行findUserByIdTest()方法查询id为2的用户信息，并在控制台打印查询结果，控制台结果如下图4-13所示。

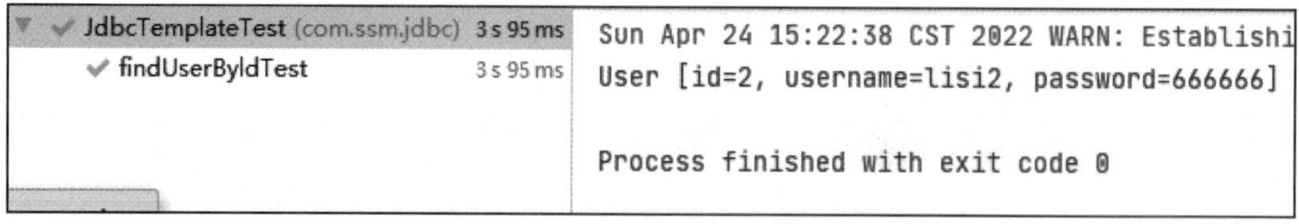

图 4-13　查询 id=2 的用户结果

执行 findAllUserTest()方法查所有用户信息，并在控制台打印查询结果，结果如下图 4-14 所示。

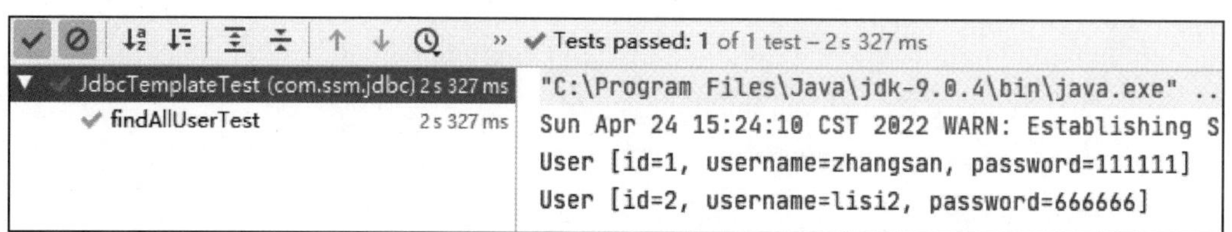

图 4-14　查询所有用户结果

执行 deleteUserTest()方法删除 id 为 1 的用户信息，控制台显示成功删除了 1 条数据，数据表 id 为 1 的用户被删除，结果如下图 4-15 所示：

JdbcTemplateTest (com.ssm.jdbc) 2 s 178 ms
deleteUserTest 2 s 178 ms
Sun Apr 24 15:27:
成功删除了1条数据。

图 4-15　删除用户结果

4.9 Spring 事务管理

事务是对数据库进行读和写的一个操作序列，为保证操作的原子性，一旦其中有一个操作出现错误，系统将事务中对数据库的所有已完成的操作全部撤销，回滚到事务开始的状态，避免由于数据不一致而导致的错误。事务确保了数据的完整性和一致性，在企业级应用开发中必不可少。Spring 的事务管理简化了传统的事务管理流程，并且在一定程度上减少了开发者的工作量。

1. 事务管理的核心接口

Spring 提供的用于事务管理的依赖包为 Spring -tx -5.2.5.RELEAS.jar。在该 JAR 包的 org.springframework.transaction 包中有 3 个事务管理的核心接口：

(1) PlatformTransactionManager 接口

PlatformTransactionManager 接口是 Spring 提供的平台事务管理器，主要用于管理事务。该接口中提供了 3 个事务操作的方法，具体如下：

- TransactionStatus getTransaction(TransactionDefinition definition)：用于获取事务状态信息。该方法会根据 TransactionDefinition 参数返回一个 TransactionStatus 对象。

TransactionStatus 对象表示一个事务,被关联在当前执行的线程上。

- void commit(TransactionStatus status):用于提交事务。
- void rollback(TransactionStatus status):用于回滚事务。

PlatformTransactionManager 接口有许多不同的实现类,常见的几个实现类如下:

- org. springframework. jdbc. datasource. DataSourceTransactionManager:用于配置 JDBC 数据源的事务管理器。
- org. springframework. om. Hibernate: 5. HibernateTransactionManager: 用于配置 Hibernate 的事务管理器。
- org.springframework.transaction.jta.JtaTransactionManager:用于配置全局事务管理器。当底层采用不同的持久层技术时,系统只需使用不同的 PlatformTransactionManager 实现类即可。

(2) TransactionDefinition 接口

TransactionDefinition 接口是事务定义的对象,该对象中定义了事务规则,并提供了获取事务相关信息的方法,具体如下:

- String getName():获取事务对象名称。
- int getlsolationLeve():获取事务的隔离级别。
- int getPropagationBehavior():获取事务的传播行为.
- int setTimeout():获取事务的超时时间。
- boolean isReadOnly():获取事务是否只读。

(3) TransactionStatus 接口

TransactionStatus 接口是事务的状态,描述了某一时间点上事务的状态信息。该接口中包含的方法具体如下:

- void flush():刷新事务。
- boolean hasSavepoint():获取是否存在保存点。
- boolean isComplete():获取事务是否完成。
- boolean isNewTransaction():获取是否是新事务。
- boolean isRollbackOnly():获取是否回滚。
- void setRollbackOnly():设置事务回滚。

2. 事务管理的方式

Spring 中的事务管理分为两种方式:一种是传统的编程序事务管理,另一种是声明式事务管理。编程序事务管理通过编写代码实现事务管理,包括定义事务的开始、正常执行后的事务提交和异常时的事务回滚。声明式事务管理通过 AOP 技术实现事务管理,其将事务管理作为一个“切面”代码单独编写,然后通过 AOP 技术将事务管理的“切面”代码植入业务目标类中。

在实际开发中,通常推荐使用声明式事务管理。声明式事务只需在配置文件中进行相关的事务规则声明,不需要进行代码编写,使开发人员可以更专注于核心业务逻辑代码的编写,提高开发效率,本节将重点说明声明式事务管理。

Spring 的声明式事务管理可以通过两种方式来实现:一种是基于 XML 的方式,另一种是基于 Annotation 的方式。

（1）基于XML方式的声明式事务

基于XML方式的声明式事务管理是通过在配置文件中配置事务规则的相关声明来实现，Spring2.0以后，提供了XML命名空间来配置事务，XML命名空间下提供了<tx:advice>元素来配置事务的通知(增强处理)。当使用<tx:advice>元素配置了事务的增强处理后，可通过编写AOP配置让Spring自动对目标生成代理。

配置<tx:advice>元素时，通常需要指定id和transaction -manager属性，其中id属性是配文件中的唯一标识，transaction -manager属性用于指定事务管理器。除此之外，还需要配置<tx:attributes>子元素，该子元素可通过配置多个<tx:method>子元素来配置执行事务的细节，<tx:method>元素包括以下属性：

- name：必选属性，指定了与事务属性相关的方法名。其属性值支持使用通配符，如"*"、"get *"、"handle *"、"* Order"等。
- propagation：用于指定事务的传播行为，默认值为REQUIRED用于指定事务的隔离级别，其属性值可以为DEFAOLT、READ UNCO MMITTED、isolation。
- READ COMMITTED、REPEATABLE READ和SERIALIZABLE，其默认值为DEFAULT read-only用于指定事务是否只读，其默认值为false。
- timeout：用于指定事务超时的时间，其默认值为1，即永不超时。
- rollback-for：用于指定触发事务回滚的异常类，在指定多个异常类时，异常类之间以英文逗号分隔。
- no-rollback-for：用于指定不触发事务回滚的异常类，在指定多个异常类时，异常类之间以英文逗号分隔。

了解了如何在XML文件中配置事务后，接下来通过一个案例来演示如何通过XML方式实现Spring的声明式事务管理。本案例以上一节的项目代码和数据表为基础，模拟一个用户转账的功能，要求在转账时通过Spring对事务进行控制，其具体实现如项目ch4_11所示。

修改Pom.Xml文件，添加如下依据：略。

在MySQL中，修改数据库db_spring中的数据表user，增加字段ucount(用户账户金额)，设置账户金额默认值为1000，如图4-16所示。

列名	数据类型	长度	默认	主键?	非空?	Unsigned	自增?
id	int	11		☑	☑	☐	☑
username	varchar	40		☐	☐	☐	☐
password	varchar	40		☐	☐	☐	☐
ucount	float		1000	☐	☐	☐	☐
				☐	☐	☐	☐

图4-16 user表增加account账户金额字段

User类中增加ucount(用户账户金额)成员和对应的getter和setter方法，代码如下：

```
private Float ucount;      //用户账户金额
    public Float getUcount() {
```

```
        return ucount;
    }
    public void setUcount(Float ucount) {
        this.ucount = ucount;
    }
```

在 UserDao 接口中创建一个转账的方法 transfer，其代码如下所示：

```
//转账
    public void transfer(String outUser, String inUser, Float ucount);
在实现类 UserDaolmpl 中实现 transfer 方法，代码如下所示：
//用户转账
public void transfer(String outUser, String inUser, Float money) {
    //转入金额
        this.jdbcTemplate.update("update user set ucount = ucount +? where
username =?",money,inUser);
        //模拟系统运行时的突发性问题
        int i = 1/0;
        //转出金额
        this.jdbcTemplate.update("update user set ucount = ucount -? where
username =?", money, outUser);
```

在上述代码中，使用了两个 update()方法对 user 表中的数据执行转入金额和转出金额的更新操作。在两个操作之间添加了一行代码"int i = 1/0;"来模拟系统运行时的突发性问题。如果没有事务控制，那么在 transfer()方法执行后，转入方的金额会增加，而转出方的金额会因为系统出现问题而不变，这显然有问题，转入和转出的操作应该同步进行，要么都不操作要么都操作。如果增加了事务控制，那么在 transfer()方法操作执行后，转入账户的金额和转出账户的金额就能同步操作，在异常错误发生后能保持不变，回滚到错误发生前的数据。

修改配置文件 applicationContext.xml，添加命名空间并编写事务管理的相关配置代码，applicationContext.xml 配置如下：

```
<? xml version ="1.0"encoding ="UTF - 8"? >
<beans xmlns ="http://www.springframework.org/schema/beans"
        ...未改内容略...
   http://www.springframework.org/schema/aop/spring - aop.xsd">
        ...未改内容略...
        <!-- 3.定义 id 为 userDao 的 Bean -->
        <bean id ="userDao"class ="com.ssm.jdbc.UserDaoImpl">
            <!--将 jdbcTemplate 注入到 userDao 实例中 -->
                <property name ="jdbcTemplate"ref ="jdbcTemplate"/>
        </bean>
        <!-- 4.事务管理器，依赖于数据源 -->
        <bean id ="transactionManager"
```

```
class ="org.springframework.jdbc.datasource.DataSourceTransactionManager">
                <property name ="dataSource"ref ="dataSource"/>
        </bean>
        <!-- 5.编写通知:对事务进行增强(通知),需要编写对切入点和具体执行事务细节 -->
        <tx:advice id ="txAdvice"transaction - manager ="transactionManager">
                <tx:attributes>
                        <tx:method name ="* "propagation ="REQUIRED"
isolation ="DEFAULT"read - only ="false"/>
                </tx:attributes>
        </tx:advice>
        <!-- 6.编写 aop,让 spring 自动对目标生成代理,需要使用 AspectJ 的表达式 -->
        <aop:config>
                <!--切入点 -->
                <aop:pointcut expression ="execution(* com.ssm.jdbc.* .* (..))"id
="txPointCut"/>
                <!--切面 -->
                <aop:advisor advice - ref ="txAdvice"pointcut - ref ="txPointCut"/>
        </aop:config>
</beans>
```

applicationContext.xml 配置了 id 为 transactionManager 的事务管理器，接下来通过编写的通知来声明事务，最后通过声明 AOP 的方式让 Spring 自动生成代理。

在 com.ssm.jdbc 包中创建测试类 TransactionTest，并在类中编写测试方法 xmlTest()，代码如下所示：

```
public class TransactionTest {
    @Test
    public void xmlTest() {
            ApplicationContext applicationContext = new
ClassPathXmlApplicationContext("applicationContext.xml");
            UserDao userDao = (UserDao) applicationContext.getBean("userDao");
            userDao.transfer("zhangsan","lisi", 100);
            System.out.println("转账成功!");
    }
}
```

上述代码中 UserDao 实例后，调用了实例中的转账方法，由 zhangsan 向 lisi 转入金额 100 元。如果事务代码起作用，那么在整个转账方法执行完毕后，zhangsan 和 lis 的账户金额应该都是原来的值。执行完 xmlTest()测试方法后，JUnit 控制台的显示结果如图 4 - 17 所示，从中可以看到，JUnit 控制台中报出了“/by zero”的算术异常信息，在执行转账操作后，查看 user 表中的数据，zhangsan 和 lisi 的账户金额没有发生变化，这说明 Spring 中的事务管理配置已经生效。

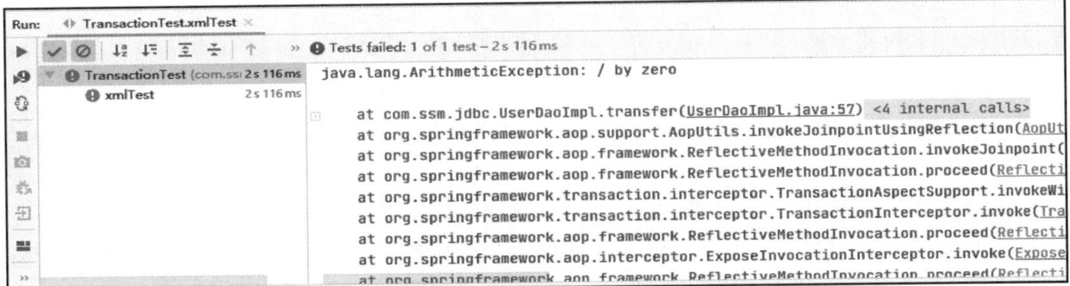

图 4-17 转账异常提示

(2) 基于 Annotation 方式的声明式事务

Spring 的声明式事务管理还可以通过 Annotation 注解的方式来实现，这种方式的使用更为简单。首先，在 Spring 容器中注册事务注解驱动，其代码如下：

```
<tx:annotation -driven transaction -managera transactionManager"/>
```

其次，在需要使用事务的 Spring Bean 类或者 Bean 类的方法上添加注解@Transactional。如果将注解添加在 Bean 类上，就表示事务的设置对整个 Bean 类的所有方法都起作用，如将注解添加在 Bean 类中的某个方法上，就表示事务的设置只对该方法有效。

下面对用户转账的程序进行修改，以 Annotation 方式实现项目中的事务管理，具体实现如下。

在 src 目录下创建一个 Spring 配置文件 applicationContext -annotation.xml，在该文件中声明事务管理器等配置信息，applicationContext -annotation.xml 的配置如下：

```
...未改内容略...
<!-- 5.注册事务管理器驱动 -->
<tx:annotation -driven transaction -manager ="transactionManager"/>
</beans>
```

与基于 XML 方式的配置文件相比，通过注册事务管理器驱动替换了 XML 方式中的通知和编写 AOP 的配置，这样大大减少了配置内容。另外如果使用注解式开发，还需要在配置文件中开启注解处理器，指定扫描哪些包下的注解。如果不在配置里开启注解处理器，也可以在 Bean 类上使用@Transactiona 注解。本节在配置文件中已经配置了 UserDaolmpl 类的 Bean，而@Transactional 注解就配置在该 Bean 类中，可以直接生效。

在 UserDaoImpl 类的 transfe()方法上添加事务注解，添加后的代码如下所示：

```
//用户转账
   @ Transactional (propagation = Propagation. REQUIRED, isolation = Isolation.
DEFAULT,readOnly = false)
   public void transfer(String outUser, String inUser, Integer money) {
          //转入金额
           this. jdbcTemplate. update (" update user set ucount = ucount +? where
username =?",money,inUser);
          //模拟系统运行时的突发性问题
```

```
        int i = 1/0;
        //转出金额
          this.jdbcTemplate.update("update user set ucount = ucount -? where
username =?", money, outUser);
    }
```

上述方法已经添加了@Transactional 注解，并且使用注解的参数配置了事务详情，各个参数之间要用英文逗号“,”进行分隔。在实际开发中，事务的配信息如果在 Spring 的配置文件中完成，业务层类上只需使用@Transactional 注解即可，不需要配置@Transactioual 注解的属性。

在 TransactionTest 类中创建测试方法 annotationTest()，具体代码如下所示：

```
@Test
    public void annotationTest(){
        ApplicationContext applicationContext = new
ClassPathXmlApplicationContext("applicationContext -annotation.xml");
        UserDao userDao =(UserDao)applicationContext.getBean("userDao");
        userDao.transfer("zhangsan","lisi", 200);
        System.out.println("转账成功!");
    }
```

从上述代码可以看出，与 XML 方式的测试方法相比，该方法只是对配置文件的名称进行了修改。程序执行后，会出现与 XML 方式同样的执行结果。

巩固练习

1. 请简述 Spring JDBC 是如何进行配置的。
2. 请简述 Spring 中事务管理的两种方式。

【微信扫码】
习题解答 & 相关资源

第5章 MyBatis

学习目标

1. 了解 MyBatis 运行原理
2. 掌握 MyBatis 的文件映射
3. 掌握 MyBatis 的动态 SQL 语句
4. 掌握 Spring 与 MyBatis 整合应用

MyBatis 的前身是 iBatis，iBatis 本是由 Clinton Begin 开发，后来捐给 Apache 基金会，成立了 iBatis 开源项目。2010 年 5 月该项目由 Apahce 基金会迁移到了 Google Code，并且改名为 MyBatis。

5.1 ORM 简介

对象/关系映射 ORM(Object-Relation Mapping)是用于将对象与对象之间的关系对应到数据库表与表之间的关系的一种模式。简单地说，ORM 是通过使用描述对象和数据库之间映射的元数据，将 Java 程序中的对象自动持久化到关系数据库中。对象和关系数据是业务实现的两种表现形式，业务实体在内存中表现为对象，在数据库中表现为关系数据。内存中的对象之间存在着关联和继承关系，而在数据库中，关系数据无法直接表达多对多关联和继承关系。因此，ORM 系统一般以中间件的形式存在，主要实现程序对象到关系数据库数据的映射。一般的 ORM 包括四个部分：对持久类对象进行 CRUD 操作的 API、用来规定类和类属性相关查询的语言或 API、规定 mapping metadata 的工具，以及可以让 ORM 实现同事务对象一起进行 dirty checking、lazy association fetching 和其他优化操作的技术。其中 CRUD 是在做计算处理时的增加(Create)、读取查询(Retrieve)、更新(Update)和删除(Delete)4 个单词的首字母缩写。

ORM 基本对应规则如下：

(1) 类跟表相对应；

(2) 类的属性跟表的字段相对应；
(3) 类的属性的个数和名称可以和表中定义的字段个数和名称不一样；
(4) Object(类的实例)与表中具体的一条记录相对应；
(5) DB中的表可以没有主键,但是Object中必须设置主键字段；
(6) DB中表与表之间的关系(如:外键)映射成为Object之间的关系。

ORM基本对应关系如图5-1所示。

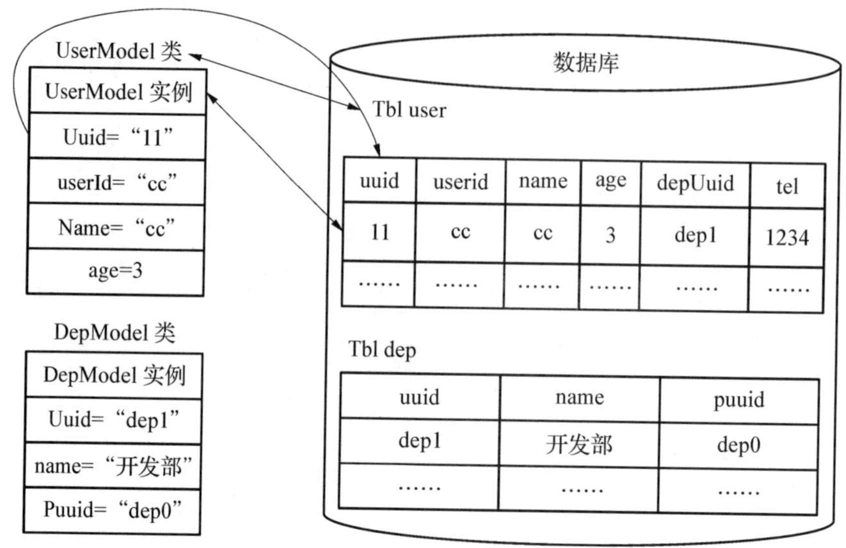

图5-1 ORM基本对应关系

5.1.1 MyBatis简介

MyBatis是当前Java Web开发中流行的支持普通SQL查询,存储过程和高级映射的优秀持久层ORM框架。MyBatis对JDBC进行了封装和简化,消除了几乎所有的JDBC代码和参数的手工设置以及对结果集的检索。MyBatis可以使用简单的XML或注解用于配置和原始映射,将接口和Java的POJO(Plain Old Java Objects,普通的Java对象)映射成数据库中的记录。MyBatis是一个数据持久层(ORM)框架,把实体类和SQL语句之间建立了映射关系,是一种半自动化的ORM实现。

5.1.2 MyBatis工作流程

(1) MyBatis读取配置文件和映射文件。

(2) MyBatis根据配置信息和映射信息生成SqlSessionFactory对象,SqlSessionFactory对象的重要功能是创建MyBatis的核心类对象SqlSession。

(3) SqlSession中封装了操作数据库的所有方法,通过调用SqlSession完成数据库操作,但实际上,SqlSession并没有直接操作数据库,它通过更底层的Executor执行器接口操作数据库。

(4) Executor执行器将要处理的SQL信息封装到一个MappedStatement对象中。在执行SQL语句之前,Executor执行器通过MappedStatement对象将输入的Java数据映射到SQL语句,在执行SQL语句之后,Executor执行器通过MappedStatement对象将SQL

语句的执行结果映射为 Java 数据,整个工作流程如图 5-2 所示。

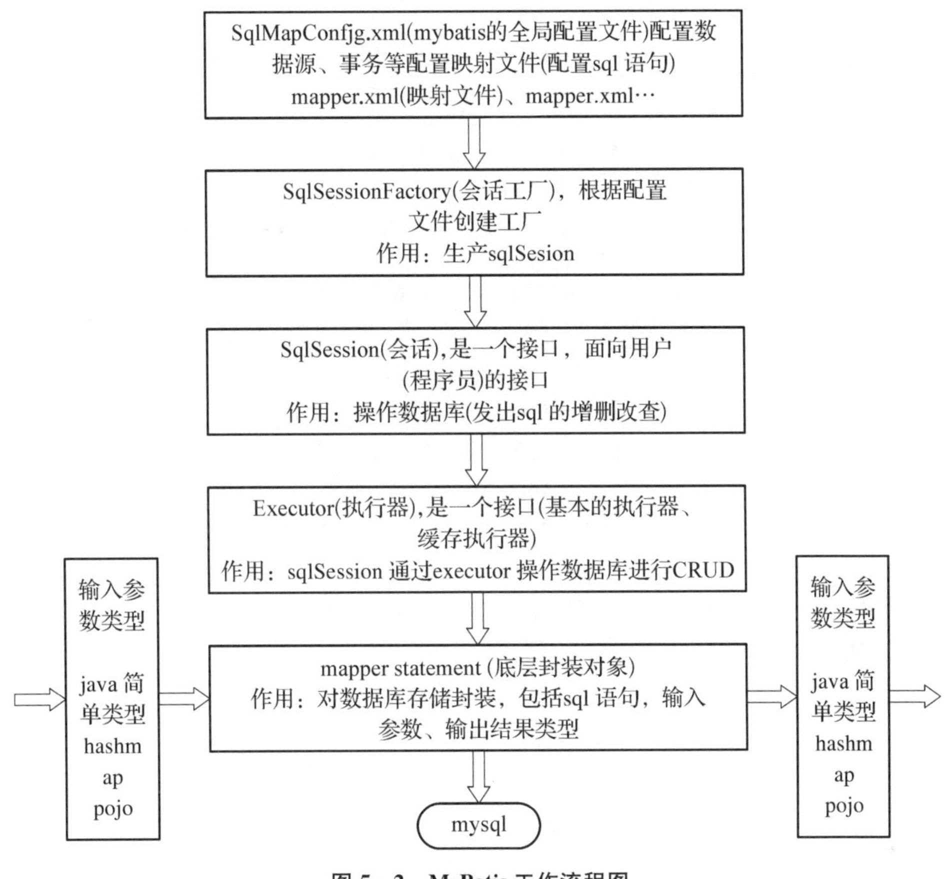

图 5-2 MyBatis 工作流程图

5.1.3 MyBatis 基本要素

MyBatis 的基本要素包括 configuration.xml 全局配置文件、mapper.xml 核心映射文件、两个核心对象:SqlSessionFactory 和 SqlSession。

1. configuration.xml 简介

该文件是系统的核心配置文件,包含数据源和事务管理器等设置和属性信息,XML 文档结构如下:

<configuration>配置文件的根元素节点,<configuration>下的所有子标签并不是都必须配置,但若需要配置时,必须按下面的先后顺序来配置,否则 MyBatis 会报错。

<properties> 标签的作用是将内部的配置转化为外部的配置,从而能够动态地替换内部定义的属性。例如,数据库的连接信息,原来是在内部配置,通过<properties>属性,让系统读取外部的属性文件。MyBatis 支持 <properties> 元素的两种配置方式:通过<property>子元素或通过 properties 文件。当上述两种配置形式同时出现时,MyBatis 会首先读取<properties>元素体内的内容,然后读取 properties 文件中的内容,如果有同名属性,后读取的内容会覆盖掉先读取的内容,即 properties 文件中的内容优先被程序采用。

<settings> 修改 MyBatis 在运行时的行为方式，表 5－1 为<settings>元素的配置内容，其他配置可参考 MyBatis 开发手册。

表 5－1 configuration.xml 文件<settings>元素的配置

设置参数	描述	有效值	默认值
cacheEnabled	全局开启或关闭配置文件中所有映射器已配置的任何缓存	TRUE|FALSE	TRUE
lazyLoadingEnabled	延迟加载的全局开头。当开启时，所有关联对象都会延迟加载。特定关联关系中可通过设置 fetchType 属性来覆盖该项的开关状态	TRUE|FALSE	FALSE
aggressiveLazyLoading	当开启时，任何方法的调用都会加载该对象的所有属性；否则，每个属性会按需加载	TRUE|FALSE	FALSE
multipleResultSetsEnabled	是否允许单一语句返回多结果集	TRUE|FALSE	TRUE
useColumnLabel	使用列标签代替列名	TRUE|FALSE	TRUE

<typeAliases>为 Java 类型命名一个短的名字，如果不取别名，配置文件若要引用一个 POJO 实体类，必须输入权限定性类名，全限定性类名比较长，用了别名使之后引用变得更加简化，示例如下：

```
<typeAliases>
    <typeAlias alias="user"type="com.mybatis.domain.User"/>
</typeAliases>
```

当 POJO 类过多时，还可以通过自动扫描包的形式自定义别名，默认是类名小写，但不区分大小写。

```
<typeAliases>
    <package name="com.mybatis.domain"/>
</typeAliases>
```

<typeHandlers>类型处理器，它的核心功能是根据需要将数据由 Java 类型转化成 JDBC 类型，或者由 JDBC 类型转化为 Java 类型。

<ObjectFactory>：MyBatis 通过 ObjectFactory（对象工厂）创建结果集对象。通常使用默认的 ObjectFactory 即可。

<plugins>元素：MyBatis 允许在已映射语句执行过程中的某一点进行拦截调用，这种拦截调用是通过插件来实现的。<plugins>元素的作用就是配置用户所开发的插件。

<environments>环境配置，主要用于数据源的配置，示例如下：

```
<configuration>
    <environments default="development">
        <environment id="development">
            <transactionManager type="JDBC"/>
            <dataSource type="POOLED">
            <property name="driver"value="${driver}"/>
```

```
                <property name="url"value="${url}"/>
                <property name="username"value="${username}"/>
                <property name="password"value="${password}"/>
                </dataSource>
            </environment>
            <environment id="development2">
                ……
            </environment>
        </environments>
    <mappers><!--映射器,告诉 MyBatis 到哪里去找映射文件-->
    <mapper resource="com/ie/mapper/UserMapper.xml"/>
    </mappers>
</configuration>
```

<environments>元素是配置运行环境的根元素，其 default 属性用于指定默认环境的 id 值，一个<environments>元素下可以有多个<environment>子元素；<environment>元素用于定义一个运行环境，其 id 属性用于设置所定义环境的 id 值；<transactionManager>元素用于配置事务管理器，其 type 属性用于指定事务管理器的类型；<dataSource>元素用于配置数据源，其 type 属性用于指定数据源的类型。

<mappers>映射器，映射文件包含了 POJO 对象和数据表之间的映射信息，<mappers>元素引导 MyBatis 找到映射文件并解析其中的映射信息。

为了方便对数据库连接的管理，可以快速替换到不同的数据库，连接数据库的 4 大要素数据一般都是单独存放在一个专门的属性文件中的，MyBatis 主配置文件再从这个属性文件中读取这些数据。

2. 基础配置文件——事务管理

MyBatis 有两种事务管理类型：

(1) JDBC。这个类型直接全部使用 JDBC 的提交和回滚功能，它依靠使用连接的数据源来管理事务的作用域。

(2) MANAGED。这个类型什么不做，它从不提交、回滚和关闭连接。而是让窗口来管理事务的全部生命周期。(比如说 Spring 或者 JAVA EE 服务器)

MyBatis 有三种数据源类型：

(1) UNPOOLED。无连接池，这个数据源实现是在每次请求的时候简单的打开和关闭一个连接。虽然这有点慢，但作为一些不需要性能和立即响应的简单应用来说，不失为一种好选择。

(2) POOLED。这个数据源缓存 JDBC 连接对象用于避免每次都要连接和生成连接实例而需要的验证时间。对于并发 Web 应用，这种方式非常流行因为它有最快的响应时间。

(3) JNDI。这个数据源实现是为了准备和 Spring 或应用服务一起使用，可以在外部也可以在内部配置这个数据源，然后在 JNDI 上下文中引用它。这个数据源配置只需要两项属性：initial_context，这个属性用来在初始上下文中寻找环境，该属性的值与调用的容器相关；data_source，这是属性引用数据源实例位置的上下文的路径。MyBatis 使用 JNDI 调用在 Tomcat 容器中配置的数据源的代码如下：

```
<dataSource type="JNDI">
    <property name="initial_context"value="java:comp/env"/>
    <property name="data_source"value="jdbc/name"/>
</dataSource>
```

其中,"jdbc/name"是在Tomcat配置文件context.xml中定义的数据源名称。

5.2 核心对象

SqlSessionFactory是单个数据库映射关系经过编译后的内存镜像,它的首要功能是创建SqlSession。所有的MyBatis应用都是以SqlSessionFactory实例为中心,SqlSessionFactory的实例可以通过SqlSessionFactoryBuilder对象来获得。得到之后,通过SqlSessionFactory的openSession()方法来获取SqlSession实例。可以通过XML配置文件构建出SqlSessionFactory实例,其实现代码如下:

```
//读取配置文件
InputStream inputStream = Resources.getResourceAsStream("配置文件位置");
//根据配置文件构建 SqlSessionFactory 实例
SqlSessionFactory sqlFactory = new SqlSessionFactoryBuilder().build(inputStream);
```

sqlFactory对象是线程安全的,它一旦被创建,在整个应用执行期间都会存在。SqlSession对象是MyBatis中的核心类对象,它类似于JDBC中的Connection对象,其首要作用是执行持久化操作,具有强大功能,在开发过程中最为常用。SqlSession对象是线程不安全的,也不能被共享,操作时应注意隔离级别、数据库锁等高级特性。

(1) SqlSession的获取方式

```
Reader reader = Resources.getResourceAsReader("configuration.xml");
sqlSessionFactory =  new SqlSessionFactoryBuilder().build(reader);
SqlSession sqlSession = sqlSessionFactory.openSession();
```

(2) SqlSession的使用

调用insert,update,selectList,selectOne,delete等方法执行增、删、改、查等操作。

① 查询方法:

<T> T selectOne(String statement);参数statement是在配置文件中定义的<select>元素的id。

<T> T selectOne(String statement, Object parameter);参数statement是在配置文件中定义的<select>元素的id,parameter是查询所需的参数。

<E> List <E> selectList(String statement);参数statement是在配置文件中定义的<select>元素的id。

<E> List <E> selectList(String statement, Object parameter);参数statement是在配置文件中定义的<select>元素的id,parameter是查询所需的参数。

<E> List <E> selectList(String statement, Object parameter, RowBounds rowBounds);参数statement是在配置文件中定义的<select>元素的id,parameter是查询

所需的参数，rowBounds 是用于分页的参数对象。

void select(String statement, Object parameter, ResultHandler handler)；参数 statement 是在配置文件中定义的 <select> 元素的 id，parameter 是查询所需的参数，ResultHandler 对象用于处理查询返回的复杂结果集，通常用于多表查询。

② 插入、更新和删除方法：

int insert(String statement)；参数 statement 是在配置文件中定义的 <insert> 元素的 id。

int insert(String statement, Object parameter)；参数 statement 是在配置文件中定义的 <insert> 元素的 id，parameter 是插入所需的参数。

int update(String statement)；参数 statement 是在配置文件中定义的 <update> 元素的 id。

int update(String statement, Object parameter)；参数 statement 是在配置文件中定义的 <update> 元素的 id，parameter 是更新所需的参数。

int delete(String statement)；参数 statement 是在配置文件中定义的 <delete> 元素的 id。

int delete(String statement, Object parameter)；参数 statement 是在配置文件中定义的 <delete> 元素的 id，parameter 是删除所需的参数。

③ 其他方法：

void commit()；　提交事务的方法。

void rollback()；　回滚事务的方法。

void close()；　关闭 SqlSession 对象。

<T> T getMapper(Class <T> type)；　返回 Mapper 接口的代理对象。

Connection getConnection()；　获取 JDBC 数据库连接对象的方法。

(3) SqlSession 的关闭

必须确保 SqlSession 在 finally 语句块中正常关闭。

5.2.1 应用示例

本书采用的 MyBatis 的版本是 mybatis-3.5.10，可以通过网址[①]进行下载。下载并解压 mybatis-3.5.10.zip 压缩包，会得到一个名为 mybatis-3.5.10 的文件夹，mybatis-3.5.10.jar是 MyBatis 的核心包，mybatis-3.5.10.pdf 是 MyBatis 的使用手册，lib 文件夹是 MyBatis 的依赖包。也可以直接采用 Maven 形式直接通过依赖获取相应的 JAR 支持。

创建 Maven 项目 chaprer05_01。在项目中首先导入相关 JAR 包、其次编写配置文件和映射文件、然后创建接口、创建实体类，最后是设计 DAO 层的实现类。

1. 准备工作

在 pom 文件中除了加入 Spring 核心依赖以外还需要准备三类 JAR 包，一个是 MyBatis 的 JAR 包，另一个是数据库的驱动 JAR 包，本文采用的是 MySQL 数据库，最后是日志 JAR 包 log4j，具体 pom.xml 文件中配置如下所示：

---

① https://github.com/mybatis/mybatis-3/releases

```
......
  <dependency>
        <groupId> org.springframework </groupId>
        <artifactId> spring -webmvc </artifactId>
        <version>${spring.version}</version>
     </dependency>
     <dependency>
        <groupId> commons -logging </groupId>
        <artifactId> commons -logging </artifactId>
        <version>${commons -logging.version}</version>
     </dependency>
     <dependency>
        <groupId> javax </groupId>
        <artifactId> javaee -api </artifactId>
        <version>${javaee -api.version}</version>
     </dependency>
     <dependency>
        <groupId> org.mybatis </groupId>
        <artifactId> mybatis </artifactId>
......
        <version>${mybatis.version}</version>
     </dependency>
     <dependency>
        <groupId> org.mybatis </groupId>
        <artifactId> mybatis -spring </artifactId>
        <version>${mybatis.spring.version}</version>
     </dependency>
     <dependency>
        <groupId> mysql </groupId>
        <artifactId> mysql -connector -java </artifactId>
        <version>${mysql.version}</version>
     </dependency>
     <dependency>
        <groupId> log4j </groupId>
        <artifactId> log4j </artifactId>
        <version>${log4j.version}</version>
     </dependency>
     <dependency>
        <groupId> org.slf4j </groupId>
        <artifactId> slf4j -log4j12 </artifactId>
        <version>${slf4j -log4j12.version}</version>
     </dependency>
```

2. 数据库

使用的 ssmdb 库的 user 表，建表脚本如下：

```
DROP TABLE IF EXISTS 'user';
CREATE TABLE 'user'(
   'id' int(11) NOT NULL AUTO_INCREMENT,
   'name' varchar(50) DEFAULT NULL,
   PRIMARY KEY (' id')
) ENGINE = InnoDB AUTO_INCREMENT = 4 DEFAULT CHARSET = utf8;
INSERT INTO 'user' VALUES ('1', '张三');
INSERT INTO 'user' VALUES ('2', '李四');
INSERT INTO 'user' VALUES ('3', '王五');
```

3. 项目结构

结构如图 5-3 所示。

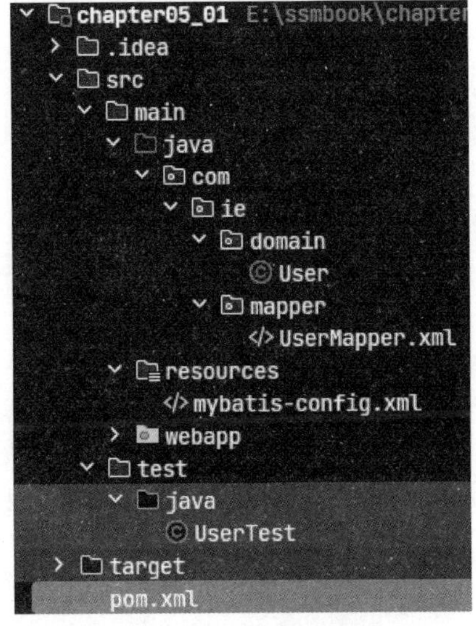

图 5-3 项目结构图

4. 具体代码

User 类代码如下：

```
package com.mybatis.domain;
import java.io.Serializable;
public class User implements Serializable{
        private static final long serialVersionUID = 1L;
        private int id;
        private String name;
    ...getter 和 setter 方法略...
        public String toString() {
```

```
            return "User [id:"+ this.id + ";name:"+ this.name + "]";
    }
}
```

配置文件 configuration.xml 代码如下

```
<? xml version ="1.0"encoding ="UTF-8"? >
<! DOCTYPE configuration PUBLIC "-//mybatis.org//DTD Config 3.0//EN"
"http://mybatis.org/dtd/mybatis - 3 - config.dtd">
<configuration>
<environments default ="development">
<environment id ="development"
<transactionManager type ="JDBC"/>
<dataSource type ="POOLED">
<property name ="driver"  value ="com.mysql.jdbc.Driver"/>
<property name ="url"
value =" jdbc: mysql://localhost: 3306/ssmdb? useUnicode = true&amp; characterEncoding =
UTF-8"/>
<property name ="username"value ="root"/>
<property name ="password"value ="123456"/>
</dataSource>
</environment>
</environments>
<mappers>
<mapper resource ="com/ie/mapper/UserMapper.xml"/>
</mappers>
</configuration>
```

配置 log4j，在项目目录 resources 下创建 log4j.properties 文件，输入内容如下：

```
#  Global logging configuration
log4j.rootLogger = ERROR, stdout
#  MyBatis logging configuration...
log4j.logger.com.ie.mapper = DEBUG
#  Console output...
log4j.appender.stdout = org.apache.log4j.ConsoleAppender
log4j.appender.stdout.layout = org.apache.log4j.PatternLayout
log4j.appender.stdout.layout.ConversionPattern =% 5p [% t] - % m% n
```

其中 log4j.logger.com.ie.mapper = DEBUG 里面的 com.ie.mapper 是包名，根据项目不同包名也会不同。DEBUG 是日志记录的一种级别，表示可以显示所执行的 SQL 语句、参数值、对数据库的影响等信息，若改为 TRACE 级别，则还可进一步显示查询出的每条记录的每个字段名及值。SQL 映射文件代码如下：

```
<? xml version ="1.0"encoding ="UTF-8" ? >
<! DOCTYPE mapper
```

```
        PUBLIC "-//mybatis.org//DTD Mapper 3.0//EN"
        "http://mybatis.org/dtd/mybatis-3-mapper.dtd">
<mapper namespace="com.ie.mapper.UserMapper">
    <select id="selectUserById" resultType="com.ie.domain.User">
        select * from user where id = #{id}
    </select>
</mapper>
```

映射文件中，<! DOCTYPE mapper PUBLIC "-//mybatis.org//DTD Mapper 3.0//EN""http://mybatis.org/dtd/mybatis -3 -mapper.dtd">是映射文件的约束信息，可以从MyBatis解压文件中的mybatis -3.4.5.pdf文档中找到，在该文档中搜索"mybatis -3 -mapper.dtd"关键字，即可找到映射文件的约束。

测试类代码如下：

```
package com.mybatis.domain;
import java.io.IOException;
import java.io.Reader;
import org.apache.ibatis.io.Resources;
import org.apache.ibatis.session.SqlSession;
import org.apache.ibatis.session.SqlSessionFactory;
import org.apache.ibatis.session.SqlSessionFactoryBuilder;
public class UserTest {
        public static void main(String[] args) throws IOException {
            String resource = "mybatis-config.xml";
            Reader reader = Resources.getResourceAsReader(resource);
            SqlSessionFactory ssf = new SqlSessionFactoryBuilder().build
              (reader);
            SqlSession session = ssf.openSession();
            try {
                User user = (User) session.selectOne("selectUserById",1);
                System.out.println(user);
            } catch (RuntimeException e) {
                e.printStackTrace();
            }finally{
                session.close();
            }
        }
}
```

UserTest.class执行效果如图5-4所示。

```
D:\Tomcat\jdk\bin\java.exe ...
DEBUG [main] - ==>  Preparing: select * from user where id = ?
DEBUG [main] - ==> Parameters: 1(String)
DEBUG [main] - <==      Total: 1
User{id=1, name='张三'}

Process finished with exit code 0
```

图 5－4　UserTest.class 执行效果

5.3　MyBatis 的映射文件

映射文件是 MyBatis 中的又一重要组件，它包含了各类 SQL 语句、参数、结果集、映射规则等信息。在映射文件中，<mapper>元素是映射文件的根元素，其他元素都是它的子元素，只有一个属性 namespace，用于区分不同的 mapper，全局唯一。<mapper>根元素的所有子元素如图 5－5 所示。

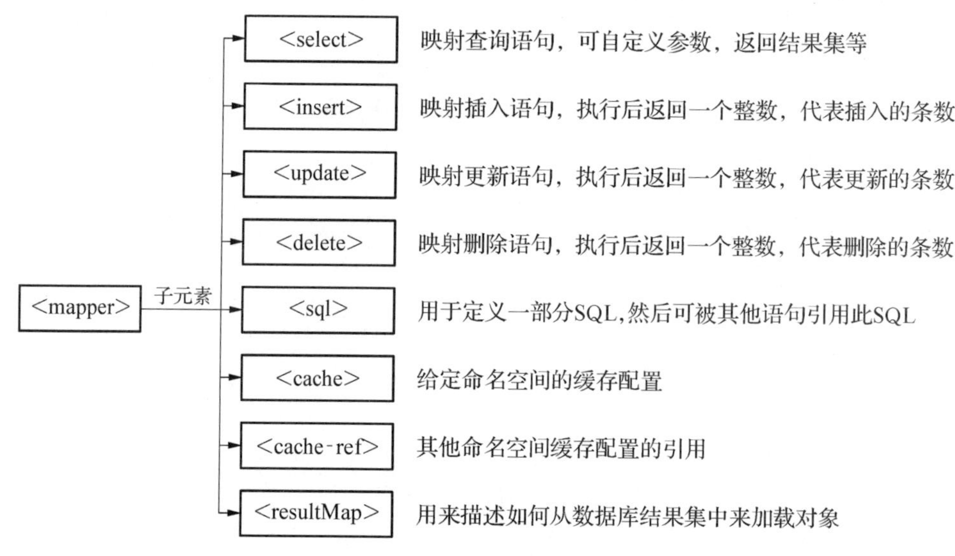

图 5－5　<mapper>根元素的所有子元素

5.3.1　select 元素

<select> </select>标签用于设计 SQL 语句，其标签内部只能是 select 查询语句，同理<insert> </insert>标签内部只能是 insert 语句，<update> </update>标签内部只能是 update 语句，<delete> </delete>标签内部只能是 delete 语句。

```
<? xml version ="1.0"encoding ="UTF - 8"? >
<! DOCTYPE mapper
PUBLIC "-//mybatis. org//DTD Mapper 3.0//EN"
"http://mybatis. org/dtd/mybatis - 3 -mapper.dtd">
```

```
<mapper namespace="student">
        <cache></cache>
        <cache-ref namespace=""/>
        <parameterMap  type=""  id="">
            <parameter property=""javaType=""  resultMap=""
typeHandler=""/>
        </parameterMap>
        <sql  id="">
        </sql>
        <resultMap  type=""  id="">
        </resultMap>
        <select  id=""  parameterType=""  resultType="">
        </select>
        <insert  id=""  parameterType="">
        </insert>
        <update  id=""  parameterType="">
        </update>
        <delete  id=""  parameterType="">
        </delete>
    </mapper>
```

<select>是 MyBatis 中最常用的元素之一，主要用于映射查询语句，它包含了 SQL 语句、参数类型和返回值类型等信息。比如：

```
<select id="selectUserById"  paramterType="integer"  resultType="com.ie.pojo.
User">
     select *  from user  where uid = #{id}
</select>
```

id 的值是唯一标识符，它接收一个 Integer 类型的参数，返回一个对象，结果集自动映射到对象的属性。实际开发中，如果查询 SQL 语句需要多个参数，可以使用 Map 接口或者 Java Bean 传递多个参数，如果参数较少，建议选择 Map，如果参数较多，建议选择 Java Bean。

(1) 顺序传递参数

单个参数比较简单，也可以不写，参数名称和形参可以不一致，Mybatis 默认自动匹配，对于多参数传递 Mybatis 默认使用#{arg0}，#{arg1}来替换，关键代码如下：

```
public User selectUser(String name, int deptId);
<select id="selectUser"resultMap="UserResultMap">
    select * from user  where uname = #{arg0} and uid = #{arg1}
</select>
```

(2) @Param 注解传递参数

使用@Param 注解可以将多个参数依次传递给 Mybatis，注解可以被应用于映射器的方法参数来给每个参数一个名字。否则，多参数将会以它们的顺序位置来被命名：#{arg0}，

#{arg1}等。使用 @Param(“userName”)，参数应该被命名为 #{userName}。关键代码如下：

```
public User selectUser (@ Param ("userName") String name, int @ Param ("deptId")
deptId);
<select id="selectUser"resultMap="UserResultMap">
    select * from user where uname = #{userName} and dept_id = #{deptId}
</select>
```

（3）使用 Map 接口参数

Map 适用几乎所有场景，但是用得不多。原因有两个：首先，Map 是一个键值对应的集合，使用者要通过阅读它的键，才能明了其作用；其次，使用 Map 不能限定其传递的数据类型，因此业务性质不强，可读性差，使用者要读懂代码才能知道需要传递什么参数给它。如果传参中没有对应的 key 值，在执行 SQL 时默认取 null。关键代码如下：

```
public User selectUser(Map<String, Object> params);
<select id="selectUser"parameterType="java.util.Map"resultMap="UserResultMap">
    select * from user where uname = #{uname} and usex = #{usex}
</select>
```

（4）Java Bean 传递参数

在 MyBatis 中，可以将多个参数传递给映射器时把它们封装在一个 Javen Bean 中，使用时 parameterType 指定为对应的 bean 类型，参数的引用直接使用 bean 的属性。

```
public User selectUser(User user);
<select id="selectUser"parameterType="com.ie.pojo.User"resultMap="UserResultMap">
    select * from user    where uname = #{uname} and usex = #{usex}
</select>
```

#{}里面的名称对应的是 User 类里面的成员属性。这种方法直观，但需要建一个实体类，扩展不容易，需要加属性。

（5）<resultMap>元素

<resultMap>表示结果映射集，是 MyBatis 中最重要也是最强大的元素。它的主要作用是定义映射规则、级联的更新以及定义类型转化器等。

```
<resultMap type=""id="">
    <constructor>            <!-- 类在实例化时，用来注入结果到构造方法中 -->
        <idArg/>             <!-- ID 参数；标记结果作为 ID -->
        <arg/>               <!-- 注入到构造方法的一个普通结果 -->
    </constructor>
    <id/>                    <!-- 用于表示哪个列是主键 -->
    <result/>                <!-- 注入到字段或 JavaBean 属性的普通结果 -->
    <association property=""/>        <!-- 用于一对一关联 -->
    <collection property=""/>         <!-- 用于一对多关联 -->
```

```
    <discriminator javaType ="">        <!--使用结果值来决定使用哪个结果映射-->
        <case value =""/>           <!--基于某些值的结果映射 -->
    </discriminator>
</resultMap>
```

<resultMap>元素的 type 属性表示需要映射的 POJO,id 属性是这个 resultMap 的唯一标识。子元素<id>用于表示哪个列是主键,而<result>用于表示 POJO 和数据表中普通列的映射关系。在默认情况下,MyBatis 程序在运行时会自动地将查询到的数据与需要返回的对象的属性进行匹配赋值(需要表中的列名与对象的属性名称完全一致)。一条查询 SQL 语句执行后将返回结果,而结果可以使用 Map 存储,也可以使用 POJO 存储。如下 mapper 文件分别给出了返回结果时 POJO,Map 以及 List <map <String,Object>>的查询:

```
<select id ="selectUserById"  resultType ="com.ie.pojo.User">
      select *  from user whereuid = #{id}
</select>
<select id ="selectUserMapById"resultType ="map">
      select *  from user where uid = #{id}
</select>
<select id ="selectUserMap"   resultType ="map">
      select *  from user
</select>
```

以上对应的 Sqlsession 分别进行调用,代码如下:

```
User user = (User) session.selectOne("selectUserById", 1);
System.out.println(user);
Map <String,Object> usermap = session.selectOne("selectUserMapById",1);
System.out.println(usermap);
List <Map <String,Object>> listmap = session.selectList("selectUserMap");
System.out.println(listmap);
```

运行结果如图 5-6 所示。

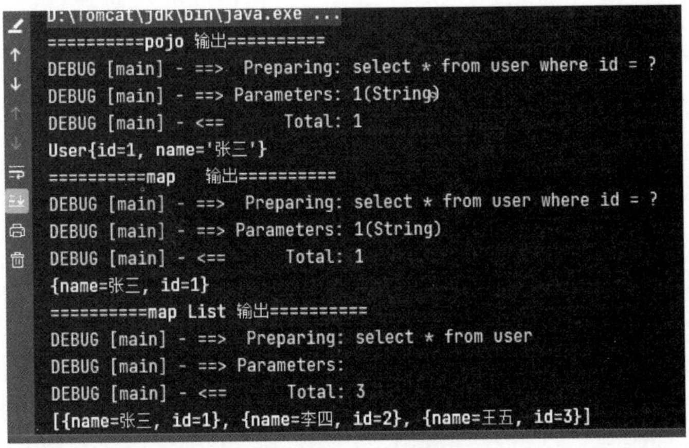

```
D:\Tomcat\jdk\bin\java.exe ...
==========pojo 输出==========
DEBUG [main] - ==>  Preparing: select * from user where id = ?
DEBUG [main] - ==> Parameters: 1(String)
DEBUG [main] - <==      Total: 1
User{id=1, name='张三'}
==========map  输出==========
DEBUG [main] - ==>  Preparing: select * from user where id = ?
DEBUG [main] - ==> Parameters: 1(String)
DEBUG [main] - <==      Total: 1
{name=张三, id=1}
==========map List 输出==========
DEBUG [main] - ==>  Preparing: select * from user
DEBUG [main] - ==> Parameters: 
DEBUG [main] - <==      Total: 3
[{name=张三, id=1}, {name=李四, id=2}, {name=王五, id=3}]
```

图 5-6 返回结果截图

5.3.2 <insert>、<update>和<delete>元素

<insert>元素有几个特有属性。

① id。可以理解为 Mybatis 执行语句的名称，与 Mapper 接口一一对应，此属性为必须属性，且在命名空间（mapper 标签的 namespace）中唯一。

② parameterType。该属性的含义就是其字面意思，即传入语句的参数类型，是类的全限定类名，非必须。

③ flushCache。表示执行该语句将清空一级、二级缓存，默认为 true。

④ timeout。超时时间，即程序提交 SQL 语句到数据库等待的时间，超过此设置时间将抛出超时异常，默认设置是不超时，也就是说程序会一直等待直到有结果返回，单位为妙。

⑤ useGeneratedKeys。该属性是获取数据库内部生产的主键，默认为 false。

⑥ keyProperty。赋值主键的属性名，即把数据库内部生产的主键赋值给该属性。

⑦ keyColumn。赋值主键的字段名，即把数据库内部生产的主键赋值给该字段。

（1）不返回主键

此是插入数据最简单的用法，关键代码如下：

```
public int insertUser(User user) ;
<insert id="insertUser"parameterType="com.ie.pojo.User">
    INSERT INTO user (uname, uage,usex,upass) VALUES (#{uname}, #{uage}, #{usex},#
{upass})
</insert>
```

上述示例中 parameterType 值为 User 类的全限定类名，表示接收一个 User 类型的参数，SQL 语句中的#{}表示通过占位符的形式接收参数。

（2）返回自增主键

MySQL 在增加操作中，如果设置了主键 id 是自增的，那么插入数据时 id 的值一般写 null，因为存入数据库时 id 都会自动+1，但是在购物交易的添加模块中却并不完美。当上网买东西时，用户付完钱之后一般都会返回一个订单编号，其实这个订单编号在数据库中就是主键，但是因为在插入数据时 id 的值写了 null，所以订单编号也为 null，也就是说返回不了订单编号的数据，实际开发中常利用主键回填技术实现此功能。主键回填一般用于增加操作中，把插入数据时插入为 null 的主键 id 数据填回去，存入到 Java 对象和主键对应的属性中（数据库主键字段为 id 则回填的是实体类的 id 属性），实现添加+查询主键一步到位。以 MySQL 为例关键代码如下：

```
public int addUserBack(User mu);
<insert id="addUserBack"parameterType="User"keyProperty="uid"useGeneratedKeys=
"true">
    insert into user (uname,usex) values(#{uname},#{usex})
</insert>
```

<update> 和 <delete> 元素比较简单，它们的属性和 <insert> 元素、<select> 元素的属性差不多，执行后也返回一个整数，表示影响了数据库的记录行数。关键代码如下：

```
<!-- 修改一个用户 -->
```

```
<update id="updateUser"parameterType="com.pojo.User">
    update user set uname = #{uname},usex = #{usex} where uid = #{uid}
</update>
<!-- 删除一个用户 -->
<delete id="deleteUser"parameterType="Integer">
    delete from user where uid = #{uid}
</delete>
```

5.3.3 级联查询

实际的开发中,对数据库的操作常常会涉及多张表,表与表之间的关系主要包括一对一、一对多和多对多。级联的优点是获取关联数据方便,但是级联过多会增加数据库系统的复杂性,降低系统性能。在实际开发中应根据实际场景灵活使用。

在实际开发中三种级联方式建立外键的基本原则如下:

一对一:在任意一方引入对方主键作为外键。

一对多:在"多"的一方,添加"一"的一方的主键作为外键。

多对多:产生中间关系表,引入两张表的主键作为外键,两个主键成为联合主键或使用新的字段作为主键。

(1) 一对一

在现实生活中一对一关联关系很常见。例如:学生只能有一个档案信息号,再比如:一个人只能有一个身份证等。在 Mybatis 中通过<association>元素来处理一对一关联关系。它是映射文件<resultMap>元素的子元素,在<association>元素中,通常使用以下属性:

property:指定映射到实体类的对象属性。

column:指定表中对应的字段(即查询返回的列名)。

javaType:指定映射到实体对象属性的类型。

select:指定引入嵌套查询的子 SQL 语句,该属性用于关联映射中的嵌套查询。

MyBatis 加载关联关系对象通常有三种方式:嵌套查询、嵌套结果和连接查询(POJO 存储结果)。嵌套查询是通过执行另外一条 SQL 映射语句来返回预期的复杂类型。嵌套结果是使用嵌套结果映射来处理重复的联合结果的子集。虽然使用嵌套查询的方式比较简单,但是嵌套查询的方式要执行多条 SQL 语句,这对于大型数据集合和列表展示不是很好,因为这样可能会导致成百上千条关联的 SQL 语句被执行,从而极大的消耗数据库性能并且会降低查询效率。而 POJO 方式则是使用创建 POJO 类对象保存多表连接查询的结果。下面用一个实例进行说明。

新建基于 Maven 的项目 chapter05_02,pom.xml,mybatis-config.xml 等配置文件沿用例题 chapter05_01。

① 准备数据表

```
CREATE TABLE 't_person'(
  'id' int(10) NOT NULL AUTO_INCREMENT,
  'name' varchar(20) COLLATE utf8_unicode_ci DEFAULT NULL,
  'age' int(4) DEFAULT NULL,
  'sex' varchar(10) COLLATE utf8_unicode_ci DEFAULT NULL,
```

```
    'idcard_id' int(10) DEFAULT NULL,
    PRIMARY KEY ('id'),
    KEY 'idcard_id' ('idcard_id'),
    CONSTRAINT 'tp' FOREIGN KEY (' idcard_id') REFERENCES 't_idcard' ('id') ON DELETE
CASCADE ON UPDATE CASCADE
) ENGINE = InnoDB AUTO_INCREMENT = 4 DEFAULT CHARSET = utf8 COLLATE = utf8_unicode_ci;
CREATE TABLE 't_idcard' (
    'id' int(10) NOT NULL AUTO_INCREMENT,
    'code' varchar(20) COLLATE utf8_unicode_ci DEFAULT NULL,
    PRIMARY KEY (' id')
) ENGINE = InnoDB AUTO_INCREMENT = 3 DEFAULT CHARSET = utf8 COLLATE = utf8_unicode_ci;
```

② 创建持久类

在 com.ie.pojo 创建持久类 Person，代码如下：

```
……
public class Person {
    private Integer id;             //主键 id
    private String name;            //姓名
    private Integer age;            //年龄
    private String sex;             //性别
    private IdCard card;            //人员关联的证件
……//省略 setter 和 getter 方法
}
```

在 com.ie.pojo 创建持久类 IdCard，代码如下：

```
public class IdCard {
    private Integer id;                 //主键 id
    private String code;                //身份证号码
……//省略 setter 和 getter 方法
}
```

方法三关联查询的结果存于自定义的 PersonAndCard 类，代码如下：

```
……
public class PersonAndCard {
    private Integer id;
    private String name;
    private Integer age;
    private String code;
……//省略 setter 和 getter 方法
}
```

③ 创建 mapper 文件

在 com. ie. mapper 创建两张表对应的映射文件 IdCardDao. xml，PersonDao. xml，IdCardDao.xml 关键代码如下：

```
    <! -- 根据 id 查询证件信息 -->
    <select id="slectCodeById" resultType="IdCard">
        SELECT * from t_idcard where id = #{id}
    </select>
</mapper>
```

PersonDao.xml 代码如下：

```
<? xml version="1.0"encoding="UTF-8"? >
<! DOCTYPE mapper
        PUBLIC "-//mybatis.org//DTD Mapper 3.0//EN"
        "http://mybatis.org/dtd/mybatis-3-mapper.dtd">
<mapper namespace="com.ie.dao.PersonDao">
    <! -- 一对一 根据 id 查询个人信息:第一种方法(嵌套查询) -->
    <resultMap type="com.ie.pojo.Person"id="cardAndPerson1">
        <id property="id"column="id"/>
        <result property="name"column="name"/>
        <result property="age"column="age"/>
        <result property="sex"column="sex"/>
        <! -- 一对一关联查询 -->
         <association property="card" column="idcard_id" javaType="com.ie.
pojo.IdCard"
                    select="com.ie.dao.IdCardDao.slectCodeById"/>
    </resultMap>
    <select id="SelectPersonById1" resultMap="cardAndPerson1">
        select * from t_person where id = #{id}
    </select>
    <! -- 一对一 根据 id 查询个人信息:第二种方法(嵌套结果) -->
    <resultMap type="com.ie.pojo.Person"id="cardAndPerson2">
        <id property="id"column="id"/>
        <result property="name"column="name"/>
        <result property="age"column="age"/>
        <result property="sex"column="sex"/>
        <! -- 一对一关联查询 方法三 -->
        <association property="card"javaType="com.ie.pojo.IdCard">
            <id property="id"column="idcard_id"/>
            <result property="code"column="code"/>
        </association>
    </resultMap>
    <select id="SelectPersonById2" resultMap="cardAndPerson2">
        select p.*, ic.code from t_person p, t_idcard ic where p.idcard_id =
ic.id
            and p.id = #{id}
```

```
    </select>
    <!-- 一对一 根据 id 查询个人信息:第三种方法(使用 POJO 存储结果) -->
    <select id="SelectPersonById3"parameterType="java.lang.Integer"
resultType="com.ie.pojo.PersonAndCard">
        select p.* , ic.code from t_person p, t_idcard ic  where p.idcard_id = ic.id
          and p.id = #{id}
    </select>
</mapper>
```

④ 创建测试类

在 test 包中创建测试类 TestOneToOne，代码如下：

```
public class TestOneToOne {
    public static void main(String[] args) throws IOException {
        // TODO Auto-generated method stub
        String resource = "mybatis-config.xml";
        Reader reader = Resources.getResourceAsReader(resource);
        SqlSessionFactory ssf = new SqlSessionFactoryBuilder().build(reader);
        try (SqlSession session = ssf.openSession()) {
            System.out.println("==========一对一嵌套查询 输出==========");
            Person per1 = session.selectOne("SelectPersonById1", 1);
            System.out.println(per1);
            System.out.println("==========一对一嵌套结果 输出==========");
            Person per2 = session.selectOne("SelectPersonById2", 2);
            System.out.println(per2);
            System.out.println("==========一对一连接查询 POJO 输出==========");
            PersonAndCard per3 = session.selectOne("SelectPersonById3", 1);
            System.out.println(per3);
        } catch (RuntimeException e) {
            e.printStackTrace();
        }
    }
}
```

运行测试类得到相应的查询结果，如图 5-7 所示。

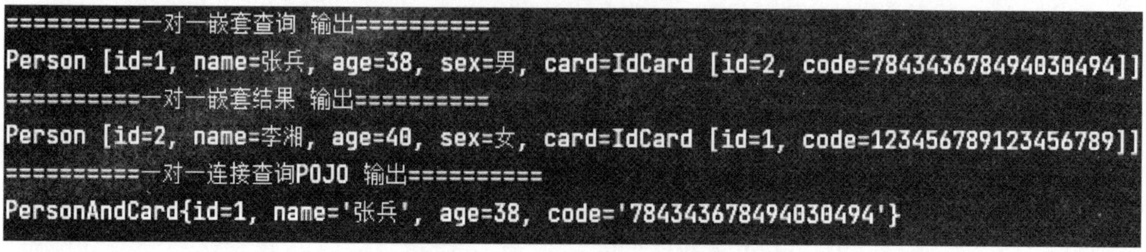

```
==========一对一嵌套查询 输出==========
Person [id=1, name=张兵, age=38, sex=男, card=IdCard [id=2, code=784343678494030494]]
==========一对一嵌套结果 输出==========
Person [id=2, name=李湘, age=40, sex=女, card=IdCard [id=1, code=123456789123456789]]
==========一对一连接查询POJO 输出==========
PersonAndCard{id=1, name='张兵', age=38, code='784343678494030494'}
```

图 5-7 一对一查询结果截图

（2）一对多

在实际项目中一对多的场景很多，比如电商系统中一个用户可以有多个订单，而一个订单只属于一个用户。在 MyBatis 中通过 <collection> 子元素来处理一对多关联关系。<collection> 的属性大部分与 <association> 元素相同，但其还包含一个特殊属性：ofType。ofType 属性与 javaType 属性相对应，它用于指定实体类对象中集合类属性所包含的元素的类型。同样也用实例方式进行分析，在 chapter05_02 项目中继续完成一对多实例。

① 准备数据表

t_user 表代码如下：

```
CREATE TABLE 't_user'(
  'uid' int(11) NOT NULL AUTO_INCREMENT,
  'uname' varchar(50) DEFAULT NULL,
  'uage' int(4) DEFAULT NULL,
  'usex' varchar(10) DEFAULT NULL,
  'upass' varchar(10) DEFAULT NULL,
  PRIMARY KEY ('uid')
) ENGINE = InnoDB AUTO_INCREMENT = 4 DEFAULT CHARSET = utf8;
```

t_orders 表代码如下：

```
CREATE TABLE 't_orders'(
  'id' int(11) NOT NULL AUTO_INCREMENT,
  'ordersn' varchar(10) COLLATE utf8_unicode_ci DEFAULT NULL,
  'user_id' int(11) DEFAULT NULL,
  PRIMARY KEY ('id'),
  KEY 'user_id'('user_id'),
  CONSTRAINT 'fkuserid' FOREIGN KEY ('user_id') REFERENCES 't_user'('uid') ON DELETE
CASCADE ON UPDATE CASCADE
) ENGINE = InnoDB AUTO_INCREMENT = 6 DEFAULT CHARSET = utf8 COLLATE = utf8_unicode_ci;
```

② 创建持久类

Users 类代码如下：

```
……
public class Users {
    private Integer uid;
    private String uname;
    private Integer uage;
    private String usex;
    private String upass;
    private List < Orders > ordersList; //用户关联的订单
……//省略 setter 和 getter 方法
}
```

Orders 类代码如下：

```
......
public class Orders {
    private Integer id;                    //订单 id
    private String ordersn;                //订单编号
......//省略 setter 和 getter 方法
}
```

方法三关联查询的结果存于自定义的 UserAndOrders 类代码如下：

```
......
public class UserAndOrders {
    private Integer uid;
    private String uname;
    private String usex;
    private Integer id;
    private String ordersn;
......//省略 setter 和 getter 方法
}
```

③ 创建 mapper 文件

```
<? xml version ="1.0"encoding ="UTF-8"? >
<! DOCTYPE mapper
        PUBLIC "-//mybatis.org//DTD Mapper 3.0//EN"
        "http://mybatis.org/dtd/mybatis -3 -mapper.dtd">
<mapper namespace ="com.ie.dao.UserDao">
    <! --mybatis 一对多 -->
    <! -- 一对多 根据 uid 查询用户及其关联的订单信息:第一种方法(嵌套查询) -->
    <resultMap type ="com.ie.pojo.Users"id ="userAndOrders1">
        <id property ="uid"column ="uid"/>
        <result property ="uname"column ="uname"/>
        <result property ="uage"column ="uage"/>
        <result property ="usex"column ="usex"/>
        <result property ="upass"column ="upass"/>
    <! -- 一对多关联查询,ofType 表示集合中的元素类型,将 uid 传递给 selectOrdersById -->
      <collection property ="ordersList"ofType ="com.ie.pojo.Orders"
                column ="uid"select ="com.ie.dao.OrdersDao.selectOrdersById"/>
    </resultMap>
    <select id ="selectUserOrdersById1"resultMap ="userAndOrders1">
      select *  from t_user where uid = #{id}
    </select>
    <! --    一对多 根据 uid 查询用户及其关联的订单信息:第二种方法(嵌套结果) -->
    <resultMap type ="com.ie.pojo.Users"id ="userAndOrders2">
      <id property ="uid"column ="uid"/>
      <result property ="uname"column ="uname"/>
```

```
        <result property="uage"column="uage"/>
        <result property="usex"column="usex"/>
        <result property="upass"column="upass"/>
        <!--一对多关联查询,ofType表示集合中的元素类型 -->
        <collection property="ordersList"ofType="com.ie.pojo.Orders">
            <id property="id"column="id"/>
            <result property="ordersn"column="ordersn"/>
        </collection>
    </resultMap>
    <select id="selectUserOrdersById2"resultMap="userAndOrders2">
        select u.* , o.id, o.ordersn from t_user u, t_orders o where u.uid= o.user_id
          and u.uid= #{id}
    </select>
<!--一对多 根据uid查询用户及其关联的订单信息:第三种方法(使用POJO存储结果) -->
    <select id="selectUserOrdersById3"resultType="com.ie.pojo.UserAndOrders">
        select u.* , o.id, o.ordersn from t_user u, t_orders o where u.uid = o.user_id
          and u.uid = #{id}
    </select>
</mapper>
```

④ 创建测试类

在test包中创建测试类TestOneToMore,代码如下:

```
......
public class TestOneToMore {
    public static void main(String[] args) throws IOException {
        String resource = "mybatis-config.xml";
        Reader reader = Resources.getResourceAsReader(resource);
        SqlSessionFactory ssf = new SqlSessionFactoryBuilder().build(reader);
        try (SqlSession session = ssf.openSession()) {
            System.out.println("==========一对多嵌套查询 输出==========");
            List<Users> u1 = session.selectList("selectUserOrdersById1", 1);
            System.out.println(u1);
            System.out.println("==========一对多嵌套结果 输出==========");
            List<Users> u2 = session.selectList("selectUserOrdersById2", 1);
            System.out.println(u2);
            System.out.println("==========一对多连接查询 POJO 输出==========");
            List<UserAndOrders> u3 = session.selectList("selectUserOrdersById3", 1);
            System.out.println(u3);
        } catch (RuntimeException e) {
            // TODO Auto-generated catch block
            e.printStackTrace();
        }
```

```
    }
}
```

运行测试类得到相应的查询结果，如图 5－8 所示。

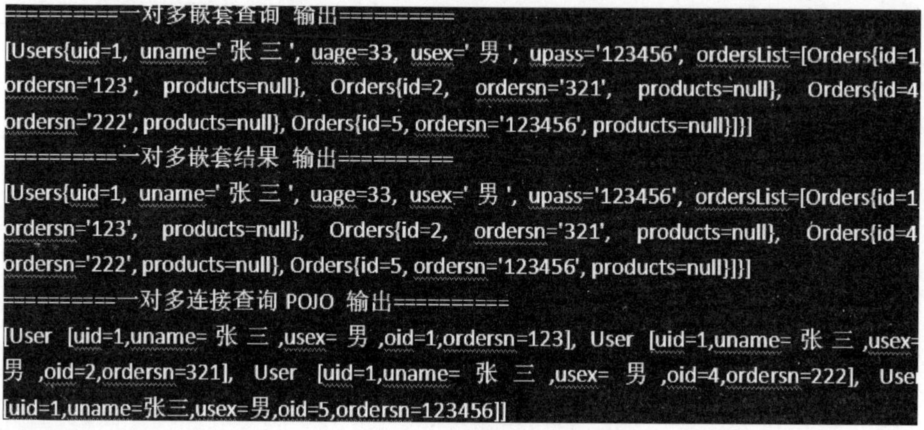

```
=========一对多嵌套查询 输出=========
[Users{uid=1, uname=' 张 三 ', uage=33, usex=' 男 ', upass='123456', ordersList=[Orders{id=1, ordersn='123', products=null}, Orders{id=2, ordersn='321', products=null}, Orders{id=4, ordersn='222', products=null}, Orders{id=5, ordersn='123456', products=null}]}]
=========一对多嵌套结果 输出=========
[Users{uid=1, uname=' 张 三 ', uage=33, usex=' 男 ', upass='123456', ordersList=[Orders{id=1, ordersn='123', products=null}, Orders{id=2, ordersn='321', products=null}, Orders{id=4, ordersn='222', products=null}, Orders{id=5, ordersn='123456', products=null}]}]
=========一对多连接查询 POJO 输出=========
[User [uid=1,uname= 张 三 ,usex= 男 ,oid=1,ordersn=123], User [uid=1,uname= 张 三 ,usex= 男 ,oid=2,ordersn=321], User [uid=1,uname= 张 三 ,usex= 男 ,oid=4,ordersn=222], User [uid=1,uname=张三,usex=男,oid=5,ordersn=123456]]
```

图 5－8　一对多查询结果截图

（3）多对多

通常情况下，多对多表关系要转化为一对多的形式进行处理，这种转化是通过一张中间表来实现的。同样也用实例方式进行分析，在 chapter05_02 项目中继续完成多对多实例。

① 准备数据表

t_product 表代码如下：

```
CREATE TABLE 't_product'(
   'id' int(32) PRIMARY KEY NOT NULL AUTO_INCREMENT,
   'uname' varchar(50) DEFAULT NULL,
   'uage' int(4) DEFAULT NULL,
   'usex' varchar(10) DEFAULT NULL,
   'upass' varchar(10) DEFAULT NULL,
   PRIMARY KEY ('uid')
) ENGINE = InnoDB AUTO_INCREMENT = 4 DEFAULT CHARSET = utf8;
```

t_orders 表代码如下：

```
CREATE TABLE 't_orders'(
   'id' int(11) NOT NULL AUTO_INCREMENT,
   'ordersn' varchar(10) COLLATE utf8_unicode_ci DEFAULT NULL,
   'user_id' int(11) DEFAULT NULL,
   PRIMARY KEY ('id'),
   KEY 'user_id'('user_id'),
   CONSTRAINT 'fkuserid' FOREIGN KEY ('user_id') REFERENCES 't_user'('uid') ON DELETE
CASCADE ON UPDATE CASCADE
) ENGINE = InnoDB AUTO_INCREMENT = 6 DEFAULT CHARSET = utf8 COLLATE = utf8_unicode_ci;
```

⑤ 创建持久类

Users 类代码如下：

```
……
public class Users {
    private Integer uid;
    private String uname;
    private Integer uage;
    private String usex;
    private String upass;
    private List <Orders> ordersList; //用户关联的订单
……//省略 setter 和 getter 方法
}
```

Orders 类代码如下：

```
……
public class Orders {
    private Integer id;                     //订单 id
    private String ordersn;                 //订单编号
……//省略 setter 和 getter 方法
}
```

方法三关联查询的结果存于自定义的 UserAndOrders 类代码如下：

```
……
public class UserAndOrders {
    private Integer uid;
    private String uname;
    private String usex;
    private Integer id;
    private String ordersn;
……//省略 setter 和 getter 方法
}
```

⑥ 创建 mapper 文件

```
<? xml version ="1.0"encoding ="UTF-8"? >
<! DOCTYPE mapper
        PUBLIC "-//mybatis.org//DTD Mapper 3.0//EN"
        "http://mybatis.org/dtd/mybatis -3 -mapper.dtd">
<mapper namespace ="com.ie.dao.UserDao">
    <! --mybatis 一对多 -->
    <! -- 一对多 根据 uid 查询用户及其关联的订单信息:第一种方法(嵌套查询) -->
    <resultMap type ="com.ie.pojo.Users"id ="userAndOrders1">
        <id property ="uid"column ="uid"/>
        <result property ="uname"column ="uname"/>
```

```
        <result property="uage"column="uage"/>
        <result property="usex"column="usex"/>
        <result property="upass"column="upass"/>
    <!-- 一对多关联查询,ofType 表示集合中的元素类型,将 uid 传递给 selectOrdersById -->
        <collection property="ordersList"ofType="com.ie.pojo.Orders"
                    column="uid"select="com.ie.dao.OrdersDao.selectOrdersById"/>
    </resultMap>
    <select id="selectUserOrdersById1"resultMap="userAndOrders1">
        select *  from t_user where uid = #{id}
    </select>
    <!--    一对多 根据 uid 查询用户及其关联的订单信息:第二种方法(嵌套结果)-->
    <resultMap type="com.ie.pojo.Users"id="userAndOrders2">
        <id property="uid"column="uid"/>
        <result property="uname"column="uname"/>
        <result property="uage"column="uage"/>
        <result property="usex"column="usex"/>
        <result property="upass"column="upass"/>
        <!-- 一对多关联查询,ofType 表示集合中的元素类型 -->
        <collection property="ordersList"ofType="com.ie.pojo.Orders">
            <id property="id"column="id"/>
            <result property="ordersn"column="ordersn"/>
        </collection>
    </resultMap>
    <select id="selectUserOrdersById2"resultMap="userAndOrders2">
        select u.* , o.id, o.ordersn from t_user u, t_orders o where u.uid= o.user_id
          and u.uid = #{id}
    </select>
<!-- 一对多 根据 uid 查询用户及其关联的订单信息:第三种方法(使用 POJO 存储结果) -->
    <select id="selectUserOrdersById3"resultType="com.ie.pojo.UserAndOrders">
        select u.* , o.id, o.ordersn from t_user u, t_orders o where u.uid = o.user_id
          and u.uid = #{id}
    </select>
</mapper>
```

⑦ 创建测试类

在 test 包中创建测试类 TestOneToMore,代码如下:

```
……
public class TestOneToMore {
    public static void main(String[] args) throws IOException {
        String resource = "mybatis-config.xml";
        Reader reader = Resources.getResourceAsReader(resource);
        SqlSessionFactory ssf = new SqlSessionFactoryBuilder().build(reader);
```

```
        try (SqlSession session = ssf.openSession()) {
            System.out.println("==========一对多嵌套查询 输出==========");
            List <Users> u1 = session.selectList("selectUserOrdersById1", 1);
            System.out.println(u1);
            System.out.println("==========一对多嵌套结果 输出==========");
            List <Users> u2 = session.selectList("selectUserOrdersById2", 1);
            System.out.println(u2);
            System.out.println("==========一对多连接查询 POJO 输出==========");
            List <UserAndOrders> u3 = session.selectList("selectUserOrdersById3", 1);
            System.out.println(u3);
        } catch (RuntimeException e) {
            // TODO Auto -generated catch block
            e.printStackTrace();
        }
    }
}
```

运行测试类得到相应的查询结果，如图 5－9 所示。

```
=========一对多嵌套查询 输出=========
[Users{uid=1, uname='张三', uage=33, usex='男', upass='123456', ordersList=[Orders{id=1
ordersn='123', products=null}, Orders{id=2, ordersn='321', products=null}, Orders{id=4
ordersn='222', products=null}, Orders{id=5, ordersn='123456', products=null}]}]
=========一对多嵌套结果 输出=========
[Users{uid=1, uname='张三', uage=33, usex='男', upass='123456', ordersList=[Orders{id=1
ordersn='123', products=null}, Orders{id=2, ordersn='321', products=null}, Orders{id=4
ordersn='222', products=null}, Orders{id=5, ordersn='123456', products=null}]}]
=========一对多连接查询 POJO 输出=========
[User [uid=1,uname=张三,usex=男,oid=1,ordersn=123], User [uid=1,uname=张三,usex=
男,oid=2,ordersn=321], User [uid=1,uname=张三,usex=男,oid=4,ordersn=222], Use
[uid=1,uname=张三,usex=男,oid=5,ordersn=123456]]
```

图 5－9　一对多查询结果截图

多对多的代码示例与讲解因为篇幅原因在本书不再详细阐述，读者可自行查阅网络资源或其他参考书进一步了解。

5.4 动态 SQL

使用 JDBC 或框架进行数据库开发时，编写出来的拼装 SQL 语句的通常比较繁琐，也很容易写错。为降低编写的难度，MyBatis 提供了对 SQL 语句动态组装，MyBatis 采用了功能强大的基于 OGNL 的表达式来实现动态 SQL，动态 SQL 元素主要包括以下元素：

（1）<if>元素：用于单条件分支判断。

（2）<choose>、<when>、<otherwise>元素：用于多条件分支判断。

（3）<where>、<trim>、<set>素：用于处理一些 SQL 拼装、特殊字符问题。

（4）<foreach>元素：用于循环遍历迭代对象各元素。

（5）<bind>元素：从 OGNL 表达式中创建一个变量，并将其绑定到上下文，常用于模糊查询的 SQL。

5.4.1 <if>元素

在 MyBatis 中，<if>元素是常用的判断语句，主要用于实现某些简单的条件选择。在实际应用中，可能会通过多个条件来精确地查询某个数据。例如，要查找某个用户信息，可以通过姓名和性别来查找用户，也可以直接通过姓名来查找用户，还可以什么条件都不填写而查询出所有用户，此时姓名和性别就是非必需条件。类似于这种情况，在 MyBatis 中就可以通过<if>元素来实现，下面通过一个具体的案例来演示<if>元素的使用。

打开项目 chapter05_02 的映射文件 UserDao.xml，在 select 查询语句的 where 子句后添加<if>元素实现多条件查询，增加的动态 SQL 代码如下：

```
<select id="findUserByNameAndSex"parameterType="com.ie.pojo.User"
resultType="com.ie.pojo.User">
    select *  from t_user where 1=1
    <if test="uname != null and uname !=""> and uname like concat('%',#{uname},'%')
    </if>
    <if test="usex != null and usex !=""> and usex=#{usex}
    </if>
</select>
```

上面代码中，使用<if>元素进行 SQL 拼接，判断 if 元素中的条件是否为真，将所有 if 条件为真的 SQL 片段动态组装起来，进行多条件查询。若所有 if 元素中的条件都不成立，则查询出所有用户。

在 test 包中创建测试类 MybatisTest，编写测试方法 findUserByNameAndSexTest()，在测试方法上添加@Test 注解实现测试方法的自动运行。这里需要下载 Junit 框架的 JAR 包，本书使用的版本是 junit.4.12.jar。其代码如下所示：

```
@Test
public void findUserByNameAndSexTest() throws Exception {
    //通过工具类生成 sqlSession 对象
    SqlSession sqlSession = MybatisUtils.getSession();
    //创建 User 对象,封装需要组合查询的条件
    User user = new User();
    user.setUname("张三");
    user.setUsex("男");
    //执行 sqlSession 的查询方法,返回结果集
    List<User> users = sqlSession.selectList("findUserByNameAndSex", user);
    for (User u : users) {
        System.out.println(u.toString());
    }
    sqlSession.close();
}
```

上述代码中在 findUserByNameAndSexTest()方法中，首先通过 MybatisUtils 工具类获取了 SqlSession 对象，然后使用 User 对象封装了用户名为“张三”且性别为“男”的查询条件，并通过 SqlSession 对象的 selectList()方法，执行多条件组合的查询操作。最后，程序执行完毕时关闭了 SqlSession 对象。执行 findUserByNameAndSexTest()方法后，控制台的输出结果如图 5-10 所示。

```
✓ Tests passed: 1 of 1 test - 717 ms
D:\Tomcat\jdk\bin\java.exe ...
User{uid=1, uname='张三', uage=33, usex='男', upass='123456'}
```

图 5-10 if 查询结果 1 截图

从图 5-10 可以看出，已经查询出了 uame 为“张三” 且 sex 为“男” 的用户信息，这里满足查询条件的仅有一个用户。接着再将封装到 User 对象中的姓名为“张三” 和性别为“男” 的 两行代码注释掉，然后再次执行方法，控制台的输出结果如图 5-11 所示。

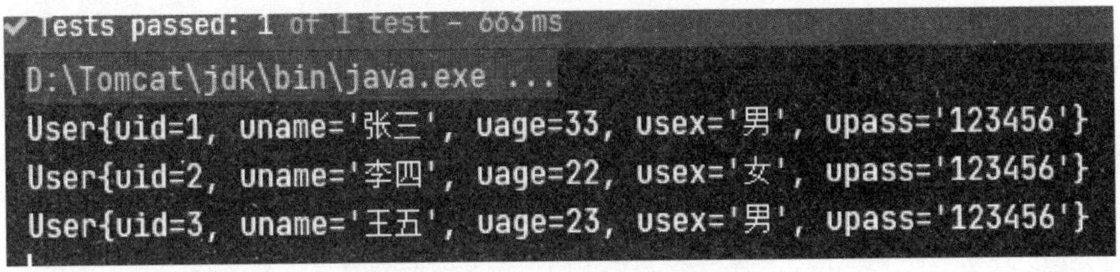

```
✓ Tests passed: 1 of 1 test - 663 ms
D:\Tomcat\jdk\bin\java.exe ...
User{uid=1, uname='张三', uage=33, usex='男', upass='123456'}
User{uid=2, uname='李四', uage=22, usex='女', upass='123456'}
User{uid=3, uname='王五', uage=23, usex='男', upass='123456'}
```

图 5-11 if 查询结果 2 截图

从图 5-11 所示可以看到，如果查询条件中有参数则按参数查询，当未传递任何参数时，则将数据表中的所有数据查询出来，这就是<if>元素的使用。

5.4.2 <choose>、<when>和<otherwise>元素

在使用<if>元素时，通过判断 test 属性中条件表达式的值为真则执行元素中的语句，多条件为真则执行行多个分支语句进行多条件的查询，但是在实际应用中，有时只需要从多个条件中选择一个执行。例如，若用户姓名不为空，则只根据用户姓名进行筛选。若用户姓名为空，而用户性别不为空，则只根据用户性别进行筛选。若用户姓名和性别都为空，则要求查询出所有用户信息。

此种情况下，使用<if>元素进行处理是不合适的，可以使用<choose>、<when>、<otherwise>元素进行处理，类似于在 Java 语言中使用 switch，case，default 语句。下面使用<choose>、<when>、<otherwise>元素组合实现查询，具体如下：

(1) 在映射文件 UserMapper.xml 中，使用<choose>、<when>、<otherwise>元素执行上述情况的动态 SQL 代码如下所示：

```
<select id="findUserByNameOrSex"parameterType="com.ie.pojo.User"
resultType="com.ie.pojo.User">
    select * from t_user where 1=1
```

```
    <choose>
     <when test ="uname != null and uname !=""> and urname like concat('% ',#{uname},
'%')
     </when>
     <when test ="usex != null and usex !="">  and usex =#{usex}
     </when>
    </choose>
</select>
```

上面代码中，使用<choose>元素进行 SQL 拼接，如果第一个 when 元素中的条件为真，则只动态组装第一个<when>元素内的 SQL 片段，否则继续向下判断第二个<when>元素中的条件是否为真，若第二个为真则只组装第二个<when>元素内的 SQL 片段，以此类推即多选一执行。若前面所有 when 元素中的条件都不为真，则查询出所有用户。

(2) 在测试类 MybatisTest 中，编写测试方法 findUserByNameOrSexTest()，其代码如下所示：

```
@Test
public void findUserByNameOrSexTest() throws Exception {
    SqlSession sqlSession = MybatisUtils.getSession();
    User user = new User();
    user.setUname("张三");
    user.setUsex("男");
    List <User> users = sqlSession.selectList("findUserByNameOrSex", user);
    for (User u : users) {
        System.out.println(u.toString());
    }
    sqlSession.close();
}
```

执行上述方法后，结果与图 5 - 10 所示的结果相同，不过虽然同时传入了姓名和性别两个查询条件，但 MyBatis 所生成的 SQL 是动态组装根据用户姓名进行条件查询的。如果将上述代码中的“user.setUname(“张三”)：”删除或者注释掉，然后再次执行，这时 MyBatis 生成的 SQL 组装语句只根据性别进行条件查询，同样会查询出用户信息。如果将设置用户姓名和性别参数值的两行代码都注释掉，MyBatis 会查询出所有用户，那么程序的执行结果如图 5 - 11 所示。

5.4.3 <where>、<trim>元素

在前面的实例中，映射文件中编写的 SQL 后面都加入了“where 1 = 1”的条件，是为了保证当条件不成立时拼接起来的 SQL 语句在执行时不会报错，使得 SQL 不出现语法错误。那么在 MyBatis 中，有没有什么办法不用加入“1 = 1”这样的条件，也能使拼接后的 SQL 成立呢？针对这种情况，MyBatis 提供了<where>元素。将映射文件中的“where1 = 1”条件删除，使用<where>元素替换后的代码如下所示：

```
<select id="findUserByNameAndSex1"parameterType="com.ie.pojo.User"
resultType="com.ie.pojo.User">
        select *  from t_user
      <where>
         <if test=" uname != null and uname !="" > and uname like concat('% ',
#{uname},'%')
        </if>
        <if test="usex != null and usex !=""> and usex =#{usex}
        </if>
      </where>
</select>-->
```

上述代码中,使用<where>元素对“where 1 = 1”条件进行了替换,<where>元素会自动判断组合条件下拼装的 SQL 语句,只有<where>元素内的条件成立时,才会在拼接 SQL 中加入 where 关键字,否则将不会添加。即使 where 之后的内容有多余的“AND”或“OR”,<where>元素也会自动将它们去除。除了使用<where>元素外,还可以通过<trim>元素来定制需要的功能,上述代码可修改为:

```
   <!--<if>、<trim>元素使用 -->
<select id="findUserByNameAndSex2"parameterType="com.ie.pojo.User"
resultType="com.ie.pojo.User">
   select *  from t_user
   <trim prefix="where"prefixOverrides="and">
         <if test=" uname != null and uname !="" > and uname like concat('%',
#{uname},'%')
        </if>
        <if test="usex != null and usex !=""> and usex =#{usex}
        </if>
       </trim>
</select>
```

上述配置代码中,同样使用<trim>元素对“where 1 = 1”条件进行了替换,<trim>元素的作用是去除一些特殊的字符串,它的 prefix 属性代表的是语句的前缀(这里使用 where 作为前缀来连接后面的 SQL 片段),而 prefixOverrides 属性代表的是需要去掉 哪些特殊字符串(这里定义了要去除 SQL 中的第一个 and),上面的写法和使用<where>元素等效。

5.4.4　<set>元素

为了让程序只更新需要的字段,MyBatis 提供了<set>元素来完成这一工作。<set>元素主要用于更新操作,主要作用是在动态包含的 SQL 语句前输出一个 set 关键字,并将 SQL 语句中最后一个多余的逗号去除。以更新操作为例,使用<set>元素对映射文件中更新用户信息的 SQL 语句进行修改的代码如下:

```
<!--<set>元素使用,更新用户信息-->
   <update id="updateUser"parameterType="com.ie.pojo.User">
```

```
    update t_user
    <set>
        <if test="uname != null and uname !=""> uname=#{uname},
        </if>
        <if test="usex != null and usex !="">  usex=#{usex},
        </if>
    </set>
    where uid=#{uid}
</update>
```

在上述配置的SQL语句中，使用了<set>和<if>元素相结合的方式来组装update语句，其中<set>元素会动态前置SET关键字，同时消除SQL语句中最后一个多余的逗号。<if>元素用于判断相应的字段是否传入值，如果传入的更新字段非空，就将此字段进行动态SQL组装，并更新此字段，否则此字段不执行更新。

注意，在映射文件中使用<set>元素组合进行update语句动态SQL组装时，如更新元素内包含的内容都为空，就会出现SQL语法错误，所以在使用<set>元素进行字段信息更新时，要确保传入的更新字段不能都为空。

在测试类MybatisTest中，编写测试方法updateUserTest()，修改id=1的用户姓名以及性别值，其代码如下所示：

```
@Test
public void updateUserTest() throws Exception {
  String resource = "mybatis-config.xml";
  InputStream inputStream = Resources.getResourceAsStream(resource);
  SqlSessionFactory sqlSessionFactory = new SqlSessionFactoryBuilder().build
(inputStream);
  SqlSession sqlSession = sqlSessionFactory.openSession();
  User user = new User();
  user.setUid(3);
  user.setUname("张九");
  user.setUsex("男");
  int rows = sqlSession.update("updateUser", user);
  if (rows > 0) {
        System.out.println("成功修改了"+ rows + "条数据!");
    } else {
        System.out.println("修改数据失败!");
    }
    sqlSession.commit();
    sqlSession.close();
}
```

5.4.5 <foreach>元素

MyBatis中提供了<foreach>元素来遍历数组和集合等可迭代对象。假设在一个用户表中有1 000条数据，现在需要将id值小于100的用户信息全部查询出来，就可以通过<foreach>元素来解决。

<foreach>元素通常在构建条件语句时使用，其使用方式如下：

```
<!--<foreach>元素使用 -->
<select id="findUserByIds"parameterType="List"resultType="com.ie.pojo.User">
      select * fromt_user where uid in
      <foreach item="id"index="index"collection="list"open="("separator=","close=")">
            #{uid}
      </foreach>
</select>
```

在上述代码中，使用<foreach>元素对传入的集合进行遍历以及动态SQL组装。关于<foreach>元素中使用的几种属性的描述具体如下：

(1) item：配置循环中当前的元素。

(2) index：配置当前元素在集合中的位置下标。

(3) collection：配置传递过来的参数类型可以是arraylist、list(或collection)、Map集合的键、POJO包装类中的数组或集合类型的属性名等，注意需首字母小写。

(4) open和close：配置以什么符号将这些集合元素包装起来。

(5) separator：配置各个元素的间隔符。

可以将任何可迭代对象(如列表、集合等)和任何字典或者数组对象传递给<foreach>作为集合参数，当使用可迭代对象或者数组时，index表示当前迭代的次数，item表示本次迭代获取的元素。当使用字典(或者MapEntry对象的集合)时，index表示键，c表示值。对<foreach>元素的使用进行测试，在测试类MybatisTest中，编写测试方法findUserByIdsTest()，其代码如下所示：

```
@Test
   public void findUserByIdsTest() {
        SqlSession sqlSession = MybatisUtils.getSession();
        List<Integer> ids = new ArrayList<Integer>();
        ids.add(1);
        ids.add(2);
        ids.add(3);
        List<User> users = sqlSession.selectList("findUserByIds", ids);
        for (User user : users) {
            System.out.println(user.toString());
        }
        sqlSession.close();
   }
```

在上述代码中，执行查询操作时传入了一个客户编号集合ids。执行findUserByIdsTest()

方法后，控制台的输出结果如图 5－12 所示。从中可以看出，成功地批量查询出对应的用户信息。

```
User{uid=1, uname='张三', uage=33, usex='男', upass='123456'}
User{uid=2, uname='李四', uage=22, usex='女', upass='123456'}
User{uid=3, uname='张九', uage=23, usex='男', upass='123456'}
```

图 5－12 批量查询用户结果截图

在使用 <foreach> 时，最关键、最容易出错的就是 collection 属性，该属性必须指定，而且在不同情况下该属性的值不一样，主要有以下 3 种情况：

（1）如果传入的是单参数且参数类型是一个数组或者 list 的时候，collection 属性值分别为 arraylist、list（或 collection）。

（2）如果传入的参数有多个，就需要把它们封装成一个 Map，当然单参数也可以封装成 Map 集合，这时 collection 属性值就为 Map 的键。

（3）如果传入的参数是 POJO 包装类，collection 属性值就为该包装类中需要进行遍历的数组或集合的属性名。

在设置 collection 属性值的时候，必须按照实际情况配置，否则程序就会出现异常。

5.5 Spring 与 MyBatis 整合

MyBatis 与 Spring 框架整合如果采用传统 DAO 开发方式需要编写 DAO 接口以及接口的实现类，并且需要向 DAO 实现类中注入 SqlSessionFactory，然后在方法体内通过其创建 SqlSession。为此，可以使用 mybatis-spring. jar 包所提供的 SqlSessionTemplate 类或 SqlSessionDaoSupport 类来实现此功能。虽然使用传统的 DAO 开发方式可以实现所需功能，但是采用这种方式在实现类中会出现大量的重复代码，在方法中也需要指定映射文件中执行语句的 id，并且不能保证编写时 id 的正确性，运行时才能知道。为此，实际开发中常使用 MyBatis 提供的 Mapper 接口编程方式来整合框架。MapperFactoryBean 是 mybatis-spring 团队提供的，一个用于根据 Mapper 接口生成 Mapper 对象的类，该类在 Spring 配置文件中使用时可以配置以下参数：

（1）mapperInterface：用于指定接口。

（2）SqlSessionFactory：用于指定 SqlSessionFactory。

（3）SqlSessionTemplate：用于指定 SqlSessionTemplate。若与 SqlSessionFactory 同时设定，则只会启用 SqlsessionTemplate。

5.5.1 整合环境的搭建

Spring 和 MyBatis 的整合首先需要准备所需的 JAR 包和编写配置文件，需要准备 Spring 和 MyBatis 这两个框架相关的 JAR 包，这两个 JAR 包和前面相同这里不再赘述。除此之外，还需要准备 Mybatis 与 Spring 整合的中间 JAR 包，本书采用的是 mybatis-spring-2.0.6.jar，数据库驱动 JAR 包以及数据源所需的 JAR 包，本书使用的是 DBCP 数据源，使用的 JAR 包为 commons-dbcp2-2.7.0.jar。还需再增加 Junit 框架的 JAR 包，这里使用的版本为 junit.4.12.jar，通过加入 Junit 框架可使@Test 注解自动运行测试方法，进一步简化代码。以上 JAR 包可通过 Maven 的依赖获取，在 Pom.xml 文件中进行配置，具体如下：

```
……
<properties>
        <maven.compiler.source> 11 </maven.compiler.source>
        <maven.compiler.target> 11 </maven.compiler.target>
        <spring.version> 5.0.2.RELEASE </spring.version>
        <commons-logging.version> 1.2 </commons-logging.version>
        <javaee-api.version> 7.0 </javaee-api.version>
        <mybatis.version> 3.5.11 </mybatis.version>
        <mysql.version> 5.1.45 </mysql.version>
        <mybatis.spring.version> 2.0.6 </mybatis.spring.version>
        <slf4j-log4j12.version> 1.7.30 </slf4j-log4j12.version>
        <log4j.version> 1.2.17 </log4j.version>
        <commons-dbcp2.version> 2.7.0 </commons-dbcp2.version>
        <junit.version> 4.12 </junit.version>
    </properties>
    <dependencies>
        <!-- spring 依赖包 -->
        <dependency>
            <groupId> org.springframework </groupId>
            <artifactId> spring-webmvc </artifactId>
            <version>${spring.version}</version>
        </dependency>
        <dependency>
            <groupId> org.springframework </groupId>
            <artifactId> spring-tx </artifactId>
            <version>${spring.version}</version>
        </dependency>
        <!-- https://mvnrepository.com/artifact/org.springframework/spring-jdbc -->
        <dependency>
            <groupId> org.springframework </groupId>
            <artifactId> spring-jdbc </artifactId>
            <version>${spring.version}</version>
        </dependency>

        <dependency>
            <groupId> commons-logging </groupId>
            <artifactId> commons-logging </artifactId>
            <version>${commons-logging.version}</version>
        </dependency>
        <dependency>
```

```
            <groupId>javax</groupId>
            <artifactId>javaee-api</artifactId>
            <version>${javaee-api.version}</version>
        </dependency>
        <dependency>
            <groupId>org.mybatis</groupId>
            <artifactId>mybatis</artifactId>
            <version>${mybatis.version}</version>
        </dependency>
        <dependency>
            <groupId>org.mybatis</groupId>
            <artifactId>mybatis-spring</artifactId>
            <version>${mybatis.spring.version}</version>
        </dependency>
        <dependency>
            <groupId>mysql</groupId>
            <artifactId>mysql-connector-java</artifactId>
            <version>${mysql.version}</version>
        </dependency>
        <!-- https://mvnrepository.com/artifact/org.apache.commons/commons-
dbcp2 -->
        <dependency>
            <groupId>org.apache.commons</groupId>
            <artifactId>commons-dbcp2</artifactId>
            <version>${commons-dbcp2.version}</version>
        </dependency>
        <dependency>
            <groupId>log4j</groupId>
            <artifactId>log4j</artifactId>
            <version>${log4j.version}</version>
        </dependency>
        <dependency>
            <groupId>org.slf4j</groupId>
            <artifactId>slf4j-log4j12</artifactId>
            <version>${slf4j-log4j12.version}</version>
        </dependency>
        <dependency>
            <groupId>junit</groupId>
            <artifactId>junit</artifactId>
            <version>${junit.version}</version>
            <scope>test</scope>
        </dependency>
```

```
        </dependencies>
……
```

5.5.2 框架整合示例

下面通过一个实例实现 MyBatis 与 Spring 的整合，具体实现如下。

创建一个基于 Maven 的 Web 项目 chapter05_03，在项目的 com.ie.resources 目录下分别创建 db.properties 文件、Spring 的配置文件 applicationContext.xml 以及 MyBatis 的配置文件 mybatis-config.xml，具体配置如下。

(1) 创建 db.properties 数据库配置，具体代码如下：

```
jdbc.driver=com.mysql.jdbc.Driver
jdbc.url = jdbc:mysql://localhost:3306/ssmdb?useUnicode=true&amp;useSSL=
false&amp;characterEncoding=UTF-8
jdbc.username=root
jdbc.password=root
jdbc.maxTotal=30
jdbc.maxIdle=10
jdbc.initialSize=5
```

在 db.properties 中，除了配置连接数据库的基本 4 项外，还配置数据库连接池的最大连接数 maxTotal 值、最大空闲连接数 maxIdle 值以及初始化连接数 initialSize 值。

(2) 创建 applicationContext.xml 配置，具体代码如下：

```
<?xml version="1.0"encoding="UTF-8"?>
<beans xmlns="http://www.springframework.org/schema/beans"
    <!--读取 db.properties -->
     <context:property-placeholder location="classpath:db.properties"/>
     <!--配置数据源 -->
     <bean id="dataSource"
           class="org.apache.commons.dbcp2.BasicDataSource">
         <!--数据库驱动 -->
         <property name="driverClassName"value="${jdbc.driver}"/>
         <!--连接数据库的 url -->
         <property name="url"value="${jdbc.url}"/>
         <!--连接数据库的用户名 -->
         <property name="username"value="${jdbc.username}"/>
         <!--连接数据库的密码 -->
         <property name="password"value="${jdbc.password}"/>
         <!--最大连接数 -->
         <property name="maxTotal"value="${jdbc.maxTotal}"/>
         <!--最大空闲连接 -->
         <property name="maxIdle"value="${jdbc.maxIdle}"/>
         <!--初始化连接数 -->
```

```
            <property name="initialSize"value="${jdbc.initialSize}"/>
        </bean>
        <!--事务管理器,依赖于数据源 -->
        <bean id="transactionManager"
    class="org.springframework.jdbc.datasource.DataSourceTransactionManager">
                <property name="dataSource"ref="dataSource"/>
        </bean>
        <!--注册事务管理器驱动,开启事务注解 -->
        <tx:annotation-driven transaction-manager="transactionManager"/>
        <!--配置 MyBatis 工厂 -->
        <bean id="sqlSessionFactory"class="org.mybatis.spring.
    SqlSessionFactoryBean">
                <!--注入数据源 -->
                <property name="dataSource"ref="dataSource"/>
                <!--指定核心配置文件位置 -->
                <property name="configLocation"value="classpath:mybatis-config.xml"/>
        </bean>
              <!-- Mapper 代理开发(基于 MapperScannerConfigurer) -->
        <bean class="org.mybatis.spring.mapper.MapperScannerConfigurer">
                <property name="basePackage"value="com.ie.mapper"/>
        </bean>
```

在配置文件中，首先定义了读取 properties 文件的配置，然后配置了数据源，接下来配置了事务管理器并开启了事务注解，最后配置了 MyBatis 工厂来与 Spring 整合。其中，MyBatis 工厂的作用是构建 SqlSessionFactory，它通过 mybatis-spring 包中提供的 org.mybatis.Spring.SqlSessionFactoryBean 类来配置。通常在配置时需要提供两个参数：一个是数据源；另一个是 MyBatis 的配置文件路径。这样 Spring 的 loC 容器就会在初始化 id 为 sqlSessionFactory 的 Bean 时，解析 MyBatis 的配置文件，并与数据源一同保存到 Spring 的 Bean 中。

（3）创建 mybatis-config.xml 配置，代码如下：

```
<?xml version="1.0"encoding="UTF-8"?>
<!DOCTYPE configuration PUBLIC "-//mybatis.org//DTD Config 3.0//EN"
    "http://mybatis.org/dtd/mybatis-3-config.dtd">
<configuration>
    <!--配置别名 -->
    <typeAliases>
        <package name="com.ie.pojo "/>
    </typeAliases>
    <!--配置 Mapper 的位置 -->
    <mappers>
        <mapper resource="com/ie/mapper/UserDao.xml "/>
    </mappers>
</configuration>
```

由于在 Spring 中已经配置了数据源信息，因此在 MyBatis 的配置文件中不再需要配置数据源信息。这里只需要使用 <typeAliases> 和 <mappers> 元素来配置文件别名以及指定 mapper 文件位置即可。此外，还需在项目的 resouces 目录下创建 log4j.properties 文件，该文件的编写可参考前面章节，也可将前面创建的文件复制到此项目中使用。

（4）创建实体类。

在 com.ie.pojo 包中创建实体类 User，其对应的数据表沿用项目 chapter05_02 中的t_user 表。

```
……
public class User {
    private int uid;                //用户 id
    private String uname;           //用户姓名
    private int uage;               //用户年龄
    private  String usex;
    private  String upass;
……
}
```

（5）创建映射文件。

在 com.ie.dao 包中创建 UserDao 接口并在接口文件中添加注解@Repository("userDao")，UserDao 接口代码如下：

```
package com.ie.dao;
import com.ie.pojo.User;
import org.springframework.stereotype.Repository;
@Repository("userDao")
public interface UserDao {
    User findUserById(Integer ids);
}
```

在 com.ie.mapper 包中创建对应的映射文件 UserDao.xml，并设置其 namespace 为对应的 dao 接口，UserDao.xml 映射文件代码如下：

```
<? xml version ="1.0"encoding ="UTF-8"? >
<! DOCTYPE mapper
          PUBLIC "-//mybatis.org//DTD Mapper 3.0//EN"
          "http://mybatis.org/dtd/mybatis - 3 - mapper.dtd">
< mapper namespace ="com.ie.dao.UserDao " >
    < select id ="findUserById"parameterType ="Integer"resultType ="User">
        select *  from user  where uid = #{id}
    </select >
</mapper >
```

接着在 MyBatis-config.xml 的配置文件中引入新的映射文件，代码如下：

```
......
<configuration>
    <!--配置别名 -->
    <typeAliases>
        <package name="com.ie.pojo"/>
    </typeAliases>
    <!--配置 Mapper 的位置 -->
    <mappers>
        <mapper resource="com/ie/mapper/UserDao.xml"/>
    </mappers>
</configuration>
```

在 Spring 的配置文件 applicationContext.xml 中可以为 dao 接口创建一个 id 为 userDao 的 Bean，代码如下所示：

```
<!--Mapper 代理开发(基于 MapperFactoryBean) -->
 <bean id="userDao"class="org.mybatis.spring.mapper.MapperFactoryBean">
   <property name="mapperInterface"value="com.ie.mapper.UserDao"/>
   <property name="sqlSessionFactory"ref="sqlSessionFactory"/>
</bean>
```

在实际的项目中，DAO 层会包含很多接口，如果每一个接口在 Spring 配置文件中配置，不但会增加工作量，还会使得 Spring 配置文件非常臃肿。为此，mybsatis-spring 包采用 MapperScannerConfigurer 类进行自动扫描的形式来配置 MyBatis 中的映射器。MapperScannerConfigurer 类在 Spring 配置文件中使用时，可以配置以下属性：

① basePackage：指定映射接口文件所在的包路径，当需要扫描多个包时可以使用分号或逗号作为分隔符。指定包路径后，会扫描该包及其子包中的所有文件。

② annotationClass：指定要扫描的注解名称，只有被注解标识的类，才会被配置为映射器。

③ sqlSessionFactoryBeanName：指定在 Spring 中定义的 SqlSessionFactory 的 Bean 名称。

④ sqlSessionTemplateBeanName：指定在 Spring 中定义的 SqlSessionTemplate 的 Bean 名称。若定义此属性，则 sqlSessionFactoryBeanName 将不起作用。

⑤ markerInterface：指定创建映射器的接口。

MapperScannerConfigurer 的使用简单，只需要在 Spring 的配置文件中编写如下代码：

```
<!--Mapper 代理开发(基于 MapperScannerConfigurer) -->
      <bean class="org.mybatis.spring.mapper.MapperScannerConfigurer">
          <property name="basePackage"value="com.ie.mapper"/>
      </bean>
```

在通常情况下，MapperScannerConfigure 在使用时只需通过 basePackage 属性指定需要扫描的包即可。Spring 会自动地通过包中的接口生成映射器。这使得开发人员可以在编写很少代码的情况下完成对映射器的配置，从而提高开发效率。最后在测试类

UserDaoTest 中编写测试方法 findUserByIdMapperTest()，其代码如下：

```
@Test
public void findUserByIdMapperTest(){
    ApplicationContext applicationContext = new
    ClassPathXmlApplicationContext("applicationContext.xml");
    UserDao ud = (UserDao) applicationContext.getBean("userDao");
    User user = ud.findUserById(2);
    System.out.println(user);
}
```

上述方法中，通过 Spring 容器获取了 UserDao 接口实例，并调用了实例中的 findUserById()方法来查询 id 为 2 的用户信息。

Mapper 接口编程方式只需要程序员编写 Mapper 接口，相当于 DAO 接口，然后由 MyBatis 框架根据接口的定义创建接口的动态代理对象。虽然使用 Mapper 接口编程的方式很简单，但是在具体使用时还是需要遵循以下规范：

① Mapper 接口的名称和对应的 Mapper.xml 映射文件的名称必须一致。

② Mapper.xml 文件中的 namespace 与 Mapper 接口的类路径相同。

③ Mapper 接口中的方法名和 Mapper.xml 中定义的每个执行语句的 id 相同。

④ Mapper 接口中方法的输入参数类型要和 Mapper.xml 中定义的每个 SQL parameterType 的类型相同。

⑤ Mapper 接口方法的输出参数类型要和 Mapper.xml 中定义的每个 SQL 的 resultType 的类型相同。

巩固练习

1. 简述 MyBatis 与 Spring 框架整合所需要的 pom.xml 配置。

2. 动手搭建对 MyBatis 与 Spring 框架整合的环境，并分别使用传统 DAO 方式和基于 Mapper 接口的方式进行开发整合实践。

【微信扫码】
习题解答 & 相关资源

第 6 章

Spring MVC

学习目标

1. 了解 Spring MVC 基本概念和工作原理
2. 掌握 Spring MVC 传参的基本方法
3. 了解并掌握 JSON 数据交互、类型转换和格式化
4. 了解国际化和统一异常处理
5. 掌握文件的上传和下载

6.1 Spring MVC 概述

Spring MVC 是 Spring 提供的一种实现了 Web MVC 设计模式的使用请求—响应模型的轻量级 Web 框架,它是 Spring 框架的一部分,可以方便地利用 Spring 所提供的其他功能。

6.1.1 MVC 设计模式与工作流程

MVC 是一种 Web 开发领域的设计模式,是 Model View Controller 的首字母缩写,指的是对 Web 应用程序中的资源按功能划分的 3 大部分。

(1) View(视图):是用户进行操作的可视化界面,可以是 HTML、JSP、XML 等。

(2) Model(模型):用于处理业务逻辑、封装、传输业务数据。

(3) Controller(控制器):是程序的调度中心,控制程序的流转,接收客户端的请求,判断该调用哪个服务端程序来处理,处理完毕后把获得的模型数据显示到视图,返回给用户。

在 MVC 设计模式中,Spring MVC 作为控制器(Controller)来建立模型与视图的数据交互,是结构最清晰的 MVC Model 实现。

在 Spring MVC 框架中,Controller 替代 Servlet 来负担控制器的职责,Controller 接收

请求，调用相应的 Model 进行处理，处理器完成业务处理后返回处理结果。Controller 调用相应的 View 并对处理结果进行视图渲染，最终传送响应消息到客户端，如图 6-1 所示。

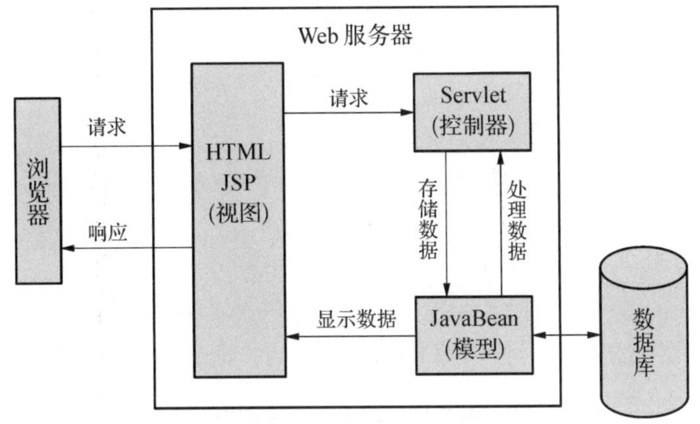

图 6-1 MVC 设计模式图

Spring MVC 的工作流程如下：

(1) 用户发送请求到前端控制器 DispatcherServlet；

(2) 由 DispatcherServlet 控制器寻找一个或多个 HandlerMapping，找到处理请求的 Controller；

(3) DispatcherServlet 将请求提交到 Controller；

(4) Controller 调用业务逻辑处理后返回 ModelAndView；

(5) DispatcherServlet 寻找一个或多个 ViewResolver 视图解析器，找到 ModelAndView 指定的视图；

(6) 视图负责将结果显示到客户端，如图 6-2 所示。

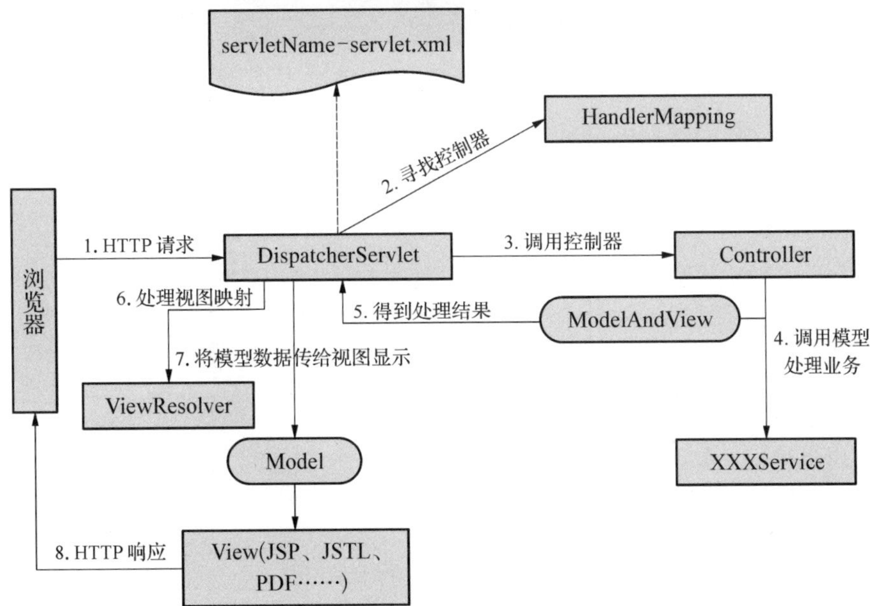

图 6-2 Spring MVC 工作原理图

6.1.2 Spring MVC 的第一个应用

了解了什么是 Spring MVC，以及它的一些优点后，接下来通过一个简单的入门案例，来演示 Spring MVC 的使用，具体实现步骤如下。

1. 创建 Maven Web 项目 chapter06_01，引入核心 JAR 包

项目中添加了 Spring 的 4 个核心 JAR 包、commons-logging 的 JAR 以及两个 Web 相关的 JAR，这两个 Web 相关的 JAR 包就是 Spring MVC 框架所需的 JAR 包。

（1）Spring-web-5.x.RELEASE.jar：在 Web 应用开发时使用 Spring 框架所需的核心类。

（2）Spring-webmvc-5.x.RELEASE.jar：Spring MVC 框架相关的所有类，包含框架的 Servlets、Web MVC 框架以及对控制器和视图的支持。项目结构如图 6-3 所示。

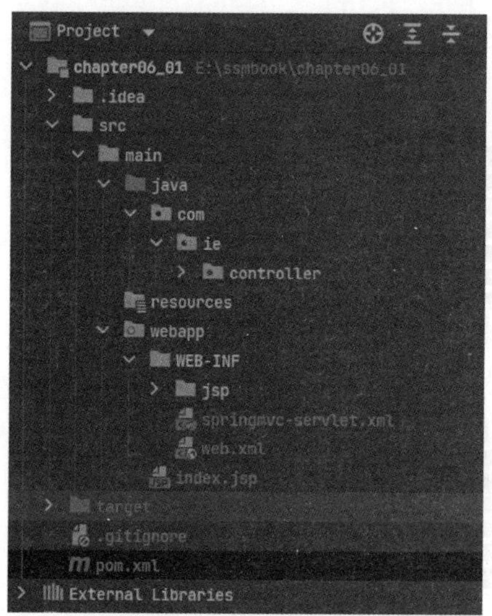

图 6-3 项目结构图

在 pom.xml 文件中添加依赖如下：

```
<properties>
      <maven.compiler.source> 11 </maven.compiler.source>
      <maven.compiler.target> 11 </maven.compiler.target>
      <spring.version> 5.2.5.RELEASE </spring.version>
      <commons-logging.version> 1.2 </commons-logging.version>
      <javaee-api.version> 7.0 </javaee-api.version>
  </properties>
  <dependencies>
      <!-- spring 依赖包 -->
      <dependency>
          <groupId> org.springframework </groupId>
          <artifactId> spring-core </artifactId>
```

```
            <version>${spring.version}</version>
        </dependency>
        <dependency>
            <groupId>org.springframework</groupId>
            <artifactId>spring-beans</artifactId>
            <version>${spring.version}</version>
        </dependency>
        <dependency>
            <groupId>org.springframework</groupId>
            <artifactId>spring-context</artifactId>
            <version>${spring.version}</version>
        </dependency>
        <dependency>
            <groupId>org.springframework</groupId>
            <artifactId>spring-aop</artifactId>
            <version>${spring.version}</version>
        </dependency>
        <dependency>
            <groupId>org.springframework</groupId>
            <artifactId>spring-webmvc</artifactId>
            <version>${spring.version}</version>
        </dependency>
        <dependency>
            <groupId>commons-logging</groupId>
            <artifactId>commons-logging</artifactId>
            <version>${commons-logging.version}</version>
        <dependency>
            <groupId>javax</groupId>
            <artifactId>javaee-api</artifactId>
            <version>${javaee-api.version}</version>
        </dependency>
        </dependency>
    </dependencies>
```

2. 配置前端控制器

在 web.xml 上配置 DispatcherServlet 核心控制器，项目 webapp/WEB-INF 目录里的 web.xml 文件配置如下：

```
<?xml version="1.0"encoding="UTF-8"?>
<web-app
        xmlns:xsi="http://www.w3.org/2001/XMLSchema-instance"
        xmlns="http://xmlns.jcp.org/xml/ns/javaee"
        xsi:schemaLocation="http://xmlns.jcp.org/xml/ns/javaee
```

```
http://xmlns.jcp.org/xml/ns/javaee/web-app_3_1.xsd"
            id="WebApp_ID"version="3.1">
    <!--部署 DispatcherServlet -->
    <servlet>
      <servlet-name>springmvc</servlet-name>
      <servlet-class>org.springframework.web.servlet.DispatcherServlet</
servlet-class>
      <!--表示容器在启动时立即加载 servlet -->
      <load-on-startup>1</load-on-startup>
    </servlet>
    <servlet-mapping>
      <servlet-name>springmvc</servlet-name>
      <!--处理所有 URL -->
      <url-pattern>/</url-pattern>
    </servlet-mapping>
  </web-app>
```

3. 创建 Spring MVC 的配置文件并配置控制器映射信息

在 WEB-INF 下创建 SpringMVC 配置文件 springmvc-servlet.xml，具体内容如下：

```
<?xml version="1.0"encoding="UTF-8"?>
<beans xmlns="http://www.springframework.org/schema/beans"
     xmlns:xsi="http://www.w3.org/2001/XMLSchema-instance"
     xsi:schemaLocation="
         http://www.springframework.org/schema/beans
         http://www.springframework.org/schema/beans/spring-beans.xsd">
  <!--LoginController 控制器类,映射到"/login"  -->
  <bean name="/FirstMvc"class="com.ie.controller.MvcController"/>
  <bean class="org.springframework.web.servlet.view.InternalResourceViewResolver"
         id="internalResourceViewResolver">
       <!--前缀 -->
       <property name="prefix"value="/WEB-INF/jsp/"/>
       <!--后缀 -->
       <property name="suffix"value=".jsp"/>
  </bean>
  </beans>
```

配置文件中自定义了一个 Bean，它定义了一种具体的“请求/响应”映射关系，表示假如客户端发出的 URL 请求的是“/firstController”，则指定由服务端的 com.ie.controller.FirstController 程序来处理。通过这行代码确定了一条具体的“请求/响应”映射关系，是一对一的对应关系，即 name 属性表示的客户端请求(如 URL 路径)，对应 class 属性表示的服务端的响应程序。

4. 配置视图解析器

视图解析器用来解释控制器返回的逻辑视图的真实路径，这样更方便，易于扩展。

```
<bean id ="viewResolver"
class ="org.springframework.web.servlet.view.InternalResourceViewResolver">
        <property name ="prefix"value ="/WEB - INF/jsp/"/>
        <property name ="suffix"value =".jsp"/>
</bean>
```

上面代码是控制器 Controller 返回的逻辑视图，需要加上前缀"/WEB-INF/jsp/"和后缀".jsp"，最后拼接成完整的视图路径。视图解析器不是非要不可，如果没有视图解析器，则 Controller 返回的视图必须加上完整路径的视图名称；有了视图解析器，Controller 类可以简化为只写主文件名即可。

5. 创建 Controller 类

在 src/main 下新建 java 文件夹，然后创建 pacakge com.ie.controller，最后创建控制类 FirstController，具体代码如下：

```
public class MvcController implements Controller {
    @ Override
    public ModelAndView handleRequest(HttpServletRequest request,
                                      HttpServletResponse response) {
        ModelAndView mav = new ModelAndView();
        mav.addObject("msg", "Hello,Spring MVC 程序");
        mav.setViewName("first");//视图解析器机型完整的装配
        return mav;
    }
}
```

handleRequest()是 Controller 接口的实现方法，其他类会调用该方法来处理请求，并返回一个包含视图名或包含视图名和模型的 ModelAndView 对象。

6. 创建视图(View)页面

在 WEB-INF 下创建文件夹 jsp，新建 first.jsp 文件，用于请求控制器的跳转，具体代码如下：

```
<%@page language ="java"contentType ="text/html; charset = UTF-8"
    pageEncoding ="UTF-8"%>
<! DOCTYPE html PUBLIC "-//W3C//DTD HTML 4.01 Transitional//EN"
"http://www.w3.org/TR/html4/loose.dtd">
<html>
<head>
<meta http -equiv ="Content -Type"content ="text/html; charset = UTF-8">
<title> SpringMVC 例题 1 </title>
</head>
```

```
<body>
    ${msg}
</body>
</html>
```

在jsp文件中${msg}取到了控制器程序中添加的msg值。

7. 启动项目，测试应用

在浏览器中运行 http://localhost:8080/chapter06_01/FirstMvc 得到结果如图6-4所示。

图6-4 访问成功页面

6.2 Spring MVC的核心类和常用注解

上一小节的Spring MVC程序是基于配置式的开发，有助于理解Spring MVC的基本原理与流程，Spring MVC还提供注解式的开发，大大简化了开发流程，实际开发中常使用注解式开发。

6.2.1 Spring MVC的核心类

DispatcherServlet的全名是org.springframework.web.servlet.DispatcherServlet，它在程序中充当着前端控制器的角色。在上例中的web.xml文件中已经做好了配置。在配置代码中，<param-value>classpath:springmvc-config.xml </param-value>指的是Spring MVC的配置文件为src目录下的springmvc-config.xml文件，容器启动后会自动到src目录下查找名为springmvc-config.xml的配置文件加载进来。<load-on-startup>元素和<init-param>元素都是可选的。如果<load-on-startup>元素的值为1，则在应用程序启动时会立即加载该Servlet；如果<load-on-startup>元素不存在，则应用程序会在第一个Servlet请求时加载该Servlet。

如果未指明Spring MVC配置文件的位置，应用程序会在启动时默认到WEB-INF目录下查找如下格式的MVC配置文件ServletName-servlet.xml，其中ServletName应与web.xml配置文件的<servlet-name>中的一致。

6.2.2 基于注解的控制器

在Spring早期2.5版本之前，只能使用实现Controller接口的方式来开发一个控制器。后来的版本已经不需要再实现Controller接口，使用org.springframework.stereotype.Controller注解类型就可以实现Spring类控制器，只需要将注解@Controller加到控制类上即可。比如上例中在MvcController控制器类的上部添加@Controller：

```
@Controller
public class MvcController {
    ......
}
```

Spring 通过@Controller 注解找到相应的控制器类后，还需要知道控制器内部对每一个请求是如何处理的，这就需要使用 RequestMapping 注解类型。其形式为@RequestMapping，该注解可以用于类上，也可用于方法上。

1. 标注在方法上

当标注在某一方法上时，该方法即是一个请求的处理方法，它会在接收到 URL 请求时被调用，如下例所示：

```
@Controller
public class MvcController {
    @RequestMapping(value = "/FirstMvc ")
    public ModelAndView handleRequest (HttpServletRequest request, HttpServletResponse
response) {
  ......
    }
}
```

该方式下完整的请求地址为：http://localhost:8080/chapter06_01/FirstMvc

2. 标注在类上

当标注在类上时该类中的所有方法都将映射为相对于类级别的请求，表示此控制器所处理的所有 URL 请求都被映射到 value 属性所指定的路径下，此时相应的方法上也要添加相应的@RequestMapping，最终的 URL 请求必须是两者的结合体。类上的注解是上一级路径，方法上的注解是下一级路径。示例如下：

```
@Controller
@RequestMapping("value = /user ")
public class MvcController {
    @RequestMapping("value = /FirstMvc ")
    public ModelAndView handleRequest (HttpServletRequest request, HttpServletResponse
response) { ...... }
}
```

该方式下完整的请求地址为：http://localhost:8080/chapter06_01/user/FirstMvc，如果有多个方法请求，那么在对应的请求路径前都要加上“/user”。在一般的开发中常常采用此种方法，把相关的处理放在同一个控制器类中。

@RequestMapping 注解除了可以指定 value 属性外，还可以指定其他一些属性，如下表 6-1 所示。

表 6-1 @RequestMapping 注解属性

属性名	类型	描述
name	String	可选属性，用于为映射地址指定别名。
value	String[]	可选属性，同时也是默认属性，用于映射一个请求和一种方法，可以标注在一个方法或一个类上。
method	RequestMethod[]	可选属性，用于指定该方法用于处理哪种类型的请求方式，其请求方式包括 GET、POST、HEAD、OPTIONS、PUT、PATCH、DELETE 和 TRACE。 例如：method=RequestMethod.GET 表示只支持 GET 请求，如果需要支持多个请求方式则需要通过{}写成数组的形式，并且多个请求方式之间是有英文逗号分隔。
params	String[]	可选属性，用于指定 Request 中必须包含某些参数的值，才可以通过其标注的方法处理。
headers	String[]	可选属性，用于指定 Request 中必须包含某些指定的 header 的值，才可以通过其标注的方法处理。
consumes	String[]	可选属性，用于指定处理请求的提交内容类型（Content-type），比如 application/json, text/html 等。
produces	String[]	可选属性，用于指定返回的内容类型，返回的内容类型必须是 request 请求头（Accept）中所包含的类型。

表中所有属性都是可选的，但其默认属性是 value。当 value 是其唯一属性时，可以省略属性名。例如，下面两种标注的含义相同：

```
@RequestMapping(value ="/ FirstMvc")
@RequestMapping("/ FirstMvc")
```

Spring 框架 4.3 版本以后中，引入了符合 RESTFUL 的组合注解，来帮助简化常用的 HTTP 方法的映射，并更好地表达被注解方法的语义。

@GetMapping：匹配 GET 方式的请求；

@PostMapping：匹配 POST 方式的请求；

@PutMapping：匹配 PUT 方式的请求；

@DeleteMapping：匹配 DELETE 方式的请求；

@PatchMapping：匹配 PATCH 方式的请求。

以@PostMapping 为例，该组合完整的表达为：@RequestMapping 请求加上 method 属性时应该写成如下形式：

```
@RequestMapping(value ="/FirstMvc ",method = RequestMethod.POST)
public ModelAndView handleRequest(HttpServletRequest req,HttpServletResponse
res) {
  ......
   }
```

换成 RESTFUL 风格以后则可以写成如下形式：

```
@PostMapping(value ="/FirstMvc ")
public ModelAndView handleRequest (HttpServletRequest req, HttpServletResponse
res) {
......
  }
```

6.2.3 基于注解的 Spring MVC 应用

新建基于 mavenWeb 项目 chapter06_02,该项目的代码只要在 chapter06_01 基础进行适当的修改,即可完成注解的实现。具体步骤如下:

(1) 项目的 pom.xml,web.xml 文件不需要修改。

(2) 去除 springmvc-servlet.xml 文件中的 <bean name ="/FirstMvc" class =" com.ie.controller.MvcController"/>,添加 <context:component -scan base -package =" com.ie.controller"/>实现对指定包下控制器的自动扫描。

(3)修改控制器如下:

```
@ Controller
public class MvcController {
    @RequestMapping("/FirstMvc")
    public ModelAndView handleRequest (HttpServletRequest request, HttpServletResponse
response) {
         ModelAndView mav = new ModelAndView();
         mav.addObject("msg", "Hello,Spring MVC 程序!");
         mav.setViewName("first");
         return mav;
    }
}
```

在浏览器中运行 http://localhost:8080/chapter06_02/FirstMvc 即可实现同样的功能。

6.2.4 Spring MVC 获取参数的常见方式

在控制器类中,每一个请求处理方法都可以有多个不同类型的参数,以及一个多种类型的返回结果。@RequestMapping 中 params 属性定义了请求中必须携带的参数的要求。

在执行程序时,Spring MVC 会根据客户端请求参数的不同,将请求消息中的信息以一定的方式转换并绑定到控制器类的方法参数中。

1. 实体 Bean 作为形参

在实际应用中实体类的各个属性与前台表单的各个元素的 name 属性相同。

(1) 创建 Maven Web 项目 chapter06_03,引入核心 JAR 包。

项目中添加了 Spring 的 4 个核心 JAR 包、commons-logging 的 JAR 以及两个 Web 相关的 JAR,这两个 Web 相关的 JAR 包就是 Spring MVC 框架所需的 JAR 包。

Spring-web-5.x.RELEASE.jar:在 Web 应用开发时使用 Spring 框架所需的核心类。

Spring-webmvc-5.x. RELEASE. jar：Spring MVC 框架相关的所有类，包含框架的Servlets、Web MVC 框架以及对控制器和视图的支持。pom. xml 文件配置如chapter06_02。

（2）配置前端控制器。

在 web.xml 上配置 DispatcherServlet 核心控制器，项目 webapp/WEB-INF 目录里的 web.xml 文件配置如 chapter06_02。

（3）创建 Spring MVC 的配置文件，配置控制器映射信息。

在 WEB-INF 下创建 SpringMVC 配置文件 springmvc-servlet.xml，具体内容如下：

```
<? xml version ="1.0"encoding ="UTF-8"? >
<! --此处省略自动生成内容 -->
    <context:component -scan base -package ="com.ie.controller"/>
    <bean class ="org.springframework.web.servlet.view.InternalResourceViewResolver"
        id ="internalResourceViewResolver">
        <property name ="prefix"value ="/WEB -INF/jsp/"/>
        <! -- 后缀 -->
        <property name ="suffix"value =".jsp"/>
    </bean>
    <mvc:annotation -driven />
    <! --配置静态资源的访问映射,此配置中的文件,将不被前端控制器拦截 -->
    <mvc:resources location ="/WEB -INF/js/"mapping ="/js/* * "></mvc:resources>
    </beans>
```

（4）创建视图文件。

index.jsp 的核心代码如下：

```
<%@page language ="java"contentType ="text/html; charset = UTF-8"pageEncoding ="UTF-8"%>
<! DOCTYPE html PUBLIC "-//W3C//DTD HTML 4.01 Transitional//EN"
"http://www.w3.org/TR/html4/loose.dtd">
<html>
<head>
    <meta http -equiv ="Content -Type"content ="text/html; charset = UTF-8">
    <title>注册</title>
</head>
<body>
<form action ="${pageContext.request.contextPath}/registerUser"method ="post">
    用户名:<input type ="text"name ="username"value ="${username}"/><br/>
    密    码:<input type ="password"name ="password"/>
    <br/>
    <input type ="submit"value ="注册"/>
</form>
</body>
</html>
```

(5) 创建 Controller 类。

在 src/main 下新建 java 文件夹，创建 pacakge com. ie. controller，最后创建控制类 UserController，关键代码如下：

```
@RequestMapping("/registerUser")
public String registerUser(User user,Model model) {
    String username = user.getUsername();
    String password = user.getPassword();
    System.out.println("username ="+ username + ",password ="+ password);
    model.addAttribute("uname", username);
    return "success";
}
```

(6) 创建用户实体类。

在 src/main 下新建 java 文件夹，创建 pacakge com.ie.pojo，然后创建实体类 User，具体代码如下：

```
package com.ie.pojo;
public class User{
    private String username;
    private String password;
    ....../set,get 方法略
}
```

返回页面 success.jsp：

```
<%@page language ="java"contentType ="text/html; charset = UTF-8"
    pageEncoding ="UTF-8"%>
<! DOCTYPE html PUBLIC "-//W3C//DTD HTML 4.01 Transitional//EN"
"http://www.w3.org/TR/html4/loose.dtd">
<html >
<head>
<meta http -equiv ="Content -Type"content ="text/html; charset = UTF-8">
<title>注册成功</title>
</head>
<body>
    ${uname}用户注册成功!
</body>
</html>
```

(7) 启动项目，测试应用。

运行 http://localhost:8080/chapter06_03/发布运行，效果如图 6-5 所示。

用户名：xiaozhuang
密 码：••••••
注册

xiaozhuang用户注册成功！

图 6-5 实体类传参结果图

2. 基本类型作为形式参数

当请求参数与对应控制器方法中的形式参数名称与类型一致，控制器方法就能接收到来自前台表单传过来的参数，即请求参数与方法形参要完全相同，这些参数由系统在调用时直接赋值，可在方法内直接使用。如上例中可以修改为：

```
@RequestMapping("/registeruser")
public String register(String username, String password, Model model) {
    System.out.println("username ="+ username + ",password ="+ password);
    model.addAttribute("uname", username);
    return "success";
}
```

3. 默认数据类型

Spring MVC 有支持的默认参数类型，直接在形参上给出这些默认类型的声明，就能直接使用。支持的默认参数如下：

(1) HttpServletRequest 对象。HttpServletRequest 对象代表客户端的请求，当客户端通过 HTTP 协议访问服务器时，HTTP 请求头中的所有信息都封装在这个对象中，通过这个对象提供的方法，可以获得客户端请求的所有信息。

(2) HttpServletResponse 对象。HttpServletResponse 对象是服务器的响应。这个对象中封装了向客户端发送数据、发送响应头和发送响应状态码的方法。

(3) HttpSession 对象。HttpSession 是当一个用户第一次访问某个网站通过 HttpServletRequest 中调用 getSession 方法创建的，可以用来记录用户信息。

(4) Model/ModelMap 对象。ModelMap 对象主要用来传递控制器方法中的数据信息到结果页面，该对象的用法类似 request 对象的 setAttribute 方法，而 Model/ModelMap 则是通过 addAttribute 方法向页面传递参数的。同样地，上例可以修改如下：

```
@RequestMapping("/deregister")
public String deregister(HttpServletRequest request, Model model) {
    String uname = request.getParameter("username");
    String upass = request.getParameter("password");
    System.out.println("username ="+ uname + ",password ="+ upass);
```

```
    model.addAttribute("uname", uname);
    return "success";
    }
```

4. 通过@RequestParam 接收请求参数

RequestParam：用于获取请求参数的值，它可以将请求参数赋值给方法中的形参，进而完成对请求参数的处理。

@RequestParam 注解提供了若干属性，具体如表 6 - 2 所示。

表 6 - 2　@RequestParam 属性

属性	描述
value	指定请求参数的名称
required	指定参数是否是必须绑定的
defaultValue	指定参数的默认值

有时候前端请求中参数名和后台控制器类方法中的形参名不一样，就会导致后台无法正确接收到前端请求中的参数，可以通过@RequestParam 的 value 属性进行绑定，比如：

```
@RequestMapping("/requestpregister")
public String requestpregister(@RequestParam("username") String uname,
@RequestParam("password") String upass, Model model) {
    User user = new User();
    user.setUsername(uname);
    user.setPassword(upass);
    System.out.println("username ="+ uname + ",password ="+ upass);
    model.addAttribute("uname", uname);
    return "success";
}
```

5. 复杂数据绑定

(1) 数组类型的数据绑定

当遇到前端请求需要传递到后台一个或多个相同名称参数的情况时（如批量删除），采用前面讲解的简单数据绑定的方式显然是不合适的，可以使用绑定数组的方式来完成。下面以删除多个用户为例进行分析。

首先定义 name 属性相同而 value 属性值不同的复选框控件，并在每一个复选框对应的行中编写了一个对应用户，在单击“删除”按钮执行删除操作时，表单会提交到一个以“/DeleteUsers”结尾的请求中。通过 JSP 页面的 form 表单对数组类型赋值，关键代码如下：

```
<%@page language ="java"contentType ="text/html; charset = utf - 8"
    pageEncoding ="utf - 8"%>
<! DOCTYPE html >
< html >
< head >
```

```
<meta charset="utf-8">
<title>DeleteUser</title>
</head>
<body>
    <form action="${pageContext.request.contextPath}/hello/DeleteUser" method="get">
        <table border="1">
            <tr>
                <td>选择</td>
                <td>用户名</td>
            </tr>
            <tr>
                <td><input name="ids" value="10" type="checkbox"/></td>
                <td>张晓萌</td>
            </tr>
            <tr>
                <td><input name="ids" value="20" type="checkbox"/></td>
                <td>王小利</td>
            </tr>
            <tr>
                <td><input name="ids" value="30" type="checkbox"/></td>
                <td>李荣华</td>
            </tr>
        </table>
        <input type="submit" value="删除"/>
    </form>
</body>
</html>
```

控制器部分先定义一个向用户列表页面 user.jsp 跳转的方法，然后定义了一个接收前端批量删除用户的方法。在删除方法中，使用 Integer 类型的数组进行数据绑定，并通过 for 循环执行具体数据的删除操作。关键代码如下：

```
@RequestMapping(value = "/toUser")
public String SelectUser() {
    return "user";
}
@RequestMapping(value = "/DeleteUser")
public String DeleteUser(Integer[] ids) {
    if (ids != null) {
        for (int i = 0; i < ids.length; i++) {
            System.out.println("删除 id 为:" + ids[i] + " 的值!");
        }
```

```
    }else {
        System.out.println("ids == null");
    }
    return "success";
}
```

运行 localhost:8080/chapter06_03/toUser，选择需要删除的记录。在 idea 的控制台能看到所选的记录被删除掉，实际应用中 id 应作为向数据库操作的条件，如图 6-6 所示。

```
删除id为：20 的值！
删除id为：30 的值！
```

图 6-6 数组传参结果图

(2) 对于集合类型的数据绑定

在批量删除用户的操作中，前端请求传递的都是同名参数的用户 id，只要在后台使用同一种数组类型的参数绑定接收，就可以在方法中通过循环数组参数的方式来完成删除操作。但如果是批量修改用户操作，前端请求传递过来的数据可能就会批量包含各种类型的数据，如 Integer，String。这样可以使用集合数据绑定：即在包装类中定义一个包含用户信息类的集合，然后在接收方法中将参数类型定义为该包装类的集合。

在 com.ie.pojo 包中新建一个类，变量定义及 getter/setter 控制器中具体实现代码如下：

```
package com.ie.pojo;
import java.util.List;
public class UserVO {
    private List <User> users;
    public List <User> getUsers() {
        return users;
    }
    public void setUsers(List <User> users) {
        this.users = users;
    }
}
```

通过 JSP 页面的 form 表单对集合类型赋值，useredit.jsp 具体代码如下：

```
<body>
<form action ="${pageContext.request.contextPath}/useredit" method ="post" id ="
formid">
    <table width ="30% "border ="1">
        <tr>
            <td>选择</td>
            <td>用户名</td>
        </tr>
```

```
        <tr>
            <td><input name="users[0].id"value="10"type="checkbox"/></td>
            <td><input name="users[0].username"value="huangyueyue1"
type="text"/></td>
        </tr>
        <tr>
            <td><input name="users[1].id"value="20"type="checkbox"/></td>
            <td><input name="users[1].username"value="huangyueyue2
"type="text"/></td>
        </tr>
        <tr>
            <td><input name="users[2].id"value="30"type="checkbox"/></td>
            <td><input name="users[2].username"value="huangyueyue3"
type="text"/></td>
        </tr>
    </table>
    <input type="submit"value="修改"/>
</form>
</body>
```

最后在控制器中编写接收批量修改用户的方法,以及向用户修改页面跳转的方法,在使用集合数据绑定时,后台方法中不支持直接使用集合形参进行数据绑定,所以需要使用包装 POJO 作为形参,然后在包装 POJO 中包装一个集合属性。

```
@RequestMapping(value = "/toUserEdit")
    public String toUserEdit() {
       return "useredit";
    }
@RequestMapping(value = "/useredit")
    public String editUsers(UserVO userList) {
     List<User> users = userList.getUsers();
       if (users != null) {
           for (User user : users) {
            if (user.getId() != null) {
System.out.println("修改数据:id = " + user.getId() + ", username ="+ user.getUsername
());
 }}}
          return "success";}
```

运行 localhost:8080/chapter06_03/toUserEdit,可以选择记录进行修改,如果如图 6-7 所示。

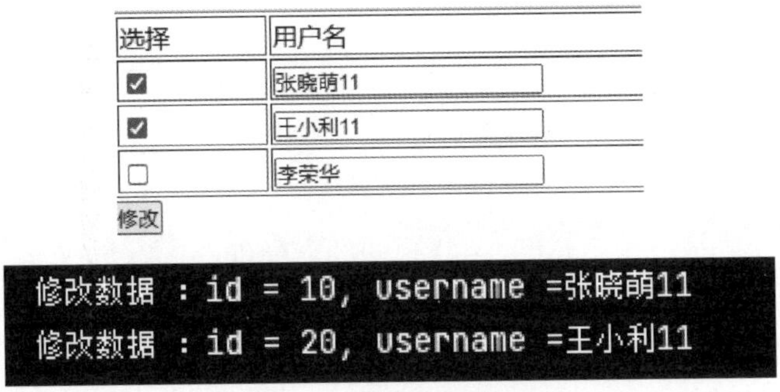

选择	用户名
☑	张晓萌11
☑	王小利11
☐	李荣华

修改

```
修改数据 : id = 10, username =张晓萌11
修改数据 : id = 20, username =王小利11
```

图 6-7 集合传参效果图

在返回类型中,常见的返回类型是 ModelAndView、String 和 void。控制器方法返回的字符串代表的是逻辑视图名,再通过 InternalResourceViewResolver 内部资源视图解析器解析将其转换为物理视图地址。除了逻辑视图名,也可以是 View 对象名,但需要另外定义一个 BeanNameViewResolver 视图解释器将其解释为真正的 URL。处理器方法返回的字符串就是要跳转页面的文件名去掉前缀路径和后缀路径文件扩展名后的部分。若要跳转的资源为外部资源,则可以使用 Bean 而 String 类型的返回值不能携带数据,要想将数据带入视图页面,可以使用 Model 参数类型,通过 Model 参数类型,可添加需要在视图中显示的属性。

6.2.5 重定向与转发

重定向是将用户从当前处理请求定向到另一个视图(JSP)或处理请求,以前的请求(request)中存放的信息全部失效,并进入一个新的 request 作用域;转发是将用户对当前处理的请求转发给另一个视图或处理请求,以前的 request 中存放的信息不会失效。

转发是服务器行为,重定向是客户端行为。

请求转发的页面可以是 WEB-INF 中的页面,但重定向的页面不能是 WEB-INF 中的页面,因为重定向相当于用户重新发出一次请求,而用户是不可以直接访问 WEB-INF 中的资源的。

当处理器方法返回 ModelAndView 时,跳转到指定的 ViewName,默认情况下使用的是请求转发,当然也可显式地进行请求转发。当前控制器的处理方法在处理完毕后也可以不返回视图,而是转发给下一个控制器方法继续进行处理。重定向和转发的示例代码如下 :

```
package com.ie.controller;
import javax.servlet.http.HttpSession;
import org.springframework.stereotype.Controller;
import org.springframework.ui.Model;
import org.springframework.web.bind.annotation.RequestMapping;
import com.ie.pojo.User;
@Controller
@RequestMapping("/user")
public class UserController {
    @RequestMapping("/login")
    public String login(User user, HttpSession session, Model model) {
        ……
        return "forward:/user/main";// 转发到其他请求方法
```

```
        } else {
            model.addAttribute("messageError", "用户名或密码错误");
            return "login";//转发到视图
        }
    }
    /**
     * 处理注册使用 User 对象(实体 bean)user 接收注册页面提交的请求参数
     */
    @RequestMapping("/register")
    public String register(UserForm user, Model model) {
        if (……){
            return "redirect:/index/login";// 重定向到一个方法
        } else
        {
            model.addAttribute("uname", user.getUname());
            return "register";// 返回 register.jsp
        }
    }
}
```

6.3 JSON 数据交互

6.3.1 JSON 概述

JSON(JavaScript Object Notation，JS 对象标记)是一种轻量级的数据交换格式。与XML一样，JSON 也是基于纯文本的数据格式。它有对象结构和数组结构两种数据结构。

1. 对象结构

对象结构以“{”开始、以“}”结束，中间部分由 0 个或多个以英文“,”分隔的 key/value 对构成，key 和 value 之间以英文“:”分隔。对象结构的语法结构如下：

```
{
    key1:value1,
    key2:value2,
    ...
}
```

其中，key 必须为 String 类型，value 可以是 String、Number、Object、Array 等数据类型。例如，一个 person 对象包含姓名、密码、年龄等信息，使用 JSON 的表示形式如下：

```
{
    "pname":"小正",
    "password":"123456",
```

```
    "page":45
}
```

2. 数组结构

数组结构以“[”开始、以“]”结束，中间部分由 0 个或多个以英文“,”分隔的值的列表组成。数组结构的语法结构如下：

```
{
    value1,
    value2,
    ...
}
```

上述两种(对象、数组)数据结构也可以分别组合构成更加复杂的数据结构。例如，一个 student 对象包含 sno、sname、hobby 和 college 对象，其 JSON 的表示形式如下：

```
{
    "sno":"201802228888",
    "sname":"小明",
    "hobby":["羽毛球","篮球","游泳"],
    "college":{
        "cname":"清华大学",
        "city":"北京"
    }
}
```

6.3.2 JSON 数据转换

目前 Java 有很多 JSON 解析框架，如 Gson、Jackson、Fastjson 等。对于 Gson 和 Jackson 这两个 JSON 处理依赖，直接添加即可。除此之外，其他的 JSON 解析器如 Fastjson 都需要手动配置 HttpMessageConverter。实际上，在 SpringMVC 中，是由一个名叫 HttpMessageConverter 的类来提供对象到 JSON 字符串的转换的。而 SpringMVC 默认就提供了 Gson 和 Jackson 的 HttpMessageConverter，分别是 GsonHttpMessageConverter 和 MappingJackson2HttpMessageConverter。对于其他的 JSON 解析器，只需要开发者手动配置一下 HttpMessageConverter 即可。Spring 为 HttpMessageConverter <T> 提供了很多实现类。这些类可以对不同类型的数据进行数据转换。其中 SpringMVC 提供的 MappingJackson2HttpMessageConverter 实现类默认处理 JSON 格式请求响应。该实现类利用 Jackson 开源包读写 JSON 数据，将 Java 对象转换为 JSON 对象和 XML 文档，同时也可以将 JSON 对象和 XML 文档转换为 Java 对象。

在使用注解开发时需要用到两个重要的 JSON 格式转换注解，分别是@RequestBody 和@ResponseBody。

@RequestBody：用于将请求体中的数据绑定到方法的形参中，该注解应用在方法的形参上。

@ResponseBody：用于直接返回 return 对象，该注解应用在方法上。

关于 JSON 的数据交互具体实例如下:

(1) 依照 chapter06_03 创建项目 chapter06_04,并沿用主要的配置文件,在 pom 文件中添加关于 JSON 的依赖:

```
<properties>
    ……
     <jackson-core.version>2.9.4</jackson-core.version>
     <jackson-databind.version>2.9.4</jackson-databind.version>
     <jackson-annotations.version>2.9.4</jackson-annotations.version>
  </properties>
<dependency>
         <groupId>com.fasterxml.jackson.core</groupId>
         <artifactId>jackson-databind</artifactId>
         <version>${jackson-databind.version}</version>
      </dependency>
      <!--
https://mvnrepository.com/artifact/com.fasterxml.jackson.core/jackson-annotations -->
     <dependency>
         <groupId>com.fasterxml.jackson.core</groupId>
         <artifactId>jackson-annotations</artifactId>
         <version>${jackson-annotations.version}</version>
     </dependency>
<dependency>
         <groupId>com.fasterxml.jackson.core</groupId>
         <artifactId>jackson-annotations</artifactId>
         <version>${jackson-annotations.version}</version>
     </dependency>
```

(2) 在 com.ie.pojo 包下添加实体类 Person:

```
public class Person {
    private String pname;
    private String password;
private Integer page;
……//省略 set,get 方法
}
```

(3) 在 webapp 目录下创建 jsondemo.jsp 页面,为了实现 Jquery 还需要在 WEB-INF/js/下引入 jquery-3.2.1.min.js:

```
……
<head>
    <style>
        table, th, td {
            border: 1px solid black;
```

```
        border -collapse: collapse;
            }
    </style>
    <meta http -equiv ="Content -Type"content ="text/html; charset = UTF-8">
    <title>首页</title>
    <script type ="text/javascript"
src ="${pageContext.request.contextPath }/js/jquery -3.2.1.min.js"></script>
    <script type ="text/javascript">
        $(function () {
            $("# btn").click(function () {
                $.ajax({
                  url: "${pageContext.request.contextPath }/json/testJson1", //请求
路径
                  type: "POST", //请求方式,不区分大小写
//data表示发送的数据
 data:JSON.stringify({pname:pname,password:password,page:page}),
               contentType: "application/json;charset = utf -8",
                dataType: "json", //预期服务器返回值类型,可以取text、json等值
                success: function (msg) {
                   if (msg != null) {
                      var tb = "<table align =' center' width = 50%  >";
                       tb += "<tr><th>姓名</th><th>密码</th><th>年龄</th></tr>";
                       for (var i in msg) {
                        var user = msg[i];
                        tb += "<tr><td align =' center'>"+ user.pname + "</td><td
align =' center'>"+ user.password + "</td><td align =' center'>"+ user.page + "</td></
tr>";}
                        tb += "</table>";
                        $("body").append(tb); }
                        } });
 }); });
 </script>
 </head>
 <body>
 <form action ="">
    <label for ="pname">用户名:</label><input type ="text"name ="pname"id ="pname"/>
 <br>
    <label for ="password">密码:</label><input type ="password"name ="password"id =
"password"/><br>
    <label for ="page">年龄:</label><input type ="text"name ="page"id ="page"/><br>
    <input type ="button"value ="测试"onclick ="testJson()"/>
    <table class ="tabletest"></table>
```

```
</form>
</body>
</html>
```

在 jsondemo1.jsp 页面中编写一个使用 AJAX 实现的 JSON 交互表单，点击 JSON 测试按钮，执行 AJAX 的调用函数，实现了以 JSON 格式进行数据传输的请求，并把获取的数据回写 JSP 文件的 table 中。

（4）控制器代码：

```
@RequestMapping("/testJson")
@ResponseBody
public List < Person > testJson(@RequestBody Person user) {
    List < Person > users = getPerson();
                  users.add(user);
    System.out.println(users.toString());
            //返回 JSON 格式的响应
    return users;
}
private List getPerson() { //获取用户列表
    List < Person > users = new ArrayList();
    users.add(new Person("张杨", "1234", 40));
    users.add(new Person("王武", "1234", 20));
    users.add(new Person("张超", "1234", 22));
    return users;
}
```

运行 http://localhost:8080/chapter06_04/jsondemo.jsp 可以把前端输入的人员信息以 JSON 形式传递到控制器，同时在后台获取相关其他人员的信息，最后以 JSON 方式返回到前端页面的 table 表中。结果如图 6 - 8 所示。

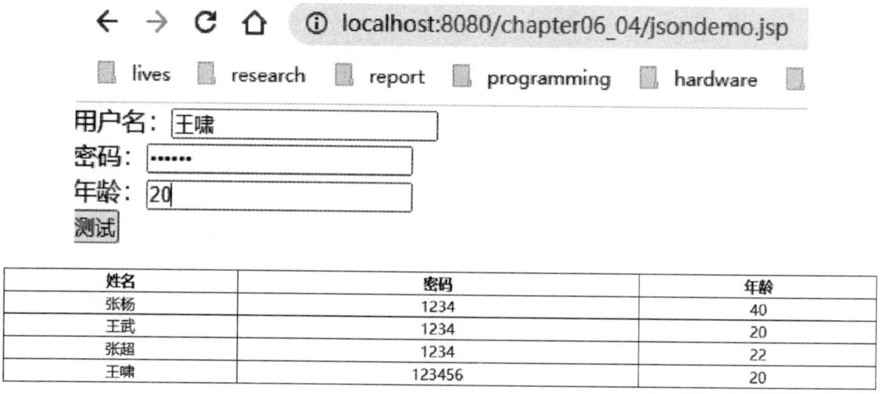

姓名	密码	年龄
张杨	1234	40
王武	1234	20
张超	1234	22
王啸	123456	20

图 6 - 8　JSON 数据交互结果图

6.4 类型转换和格式化

在 Spring MVC 框架中需要收集用户请求参数，并将请求参数传递给相应的控制器。此时存在一个问题，即所有的请求参数类型只能是字符串数据类型，但 Java 是强类型语言，所以 Spring MVC 框架必须将这些字符串请求参数转换成相应的数据类型。Spring MVC 框架不仅提供了强大的类型转换和格式化机制，而且开发者还可以方便地设计自己的类型转换器和格式化转换器，完成字符串和各种数据类型之间的转换。

在 Java Servlet 开发中，从 JSP 页面获取参数值一般都有如下形式：

(1) request.getParameter()得到的参数值一律是 String 类型。

(2) session.getAttribute()得到的参数是 Object 类型。

比如，前台页面代码如下：

```
...
<body>
    <h2 style="color: red;">请输入您的注册信息</h2>
    <form action="123">
    用户名:<input type="text"name="username"><br>
    密 码:<input type="password"name="password"><br>
    年 龄:<input type="text"name="age"><br>
    生 日:<input type="text"name="birthday"><br>
    <input type="submit"value="注册">
    </form>
</body>
...
```

后台 Servlet 类中的转换形式代码如下：

```
...
String name = request.getParameter("username");
String password = request.getParameter("password");
String strAge = request.getParameter("age");
String strBirthday = request.getParameter("birthday");
int age = Integer.parseInt(strAge);//转换成整型
SimpleDateFormat sdf = new SimpleDateFormat("yyyy - MM - dd");//转换成日期型
...
```

这些都需要在 Servlet 中进行类型转换，并将其封装成值对象。这些类型转换操作全部手工完成，较为烦琐。对于 Spring MVC 框架而言，它必须将请求参数转换成值对象类中各属性对应的数据类型——这就是类型转换的意义。

6.4.1 Convert

Spring MVC 框架在实际应用中使用框架内置的类型转换器基本上就够了，但有时需要编写具有特定功能的类型转换器。

1. 内置类型转换器

在 Spring MVC 框架中，对于常用的数据类型，开发者无须创建自己的类型转换器，因为 Spring MVC 框架有许多内置的类型转换器用于完成常用的类型转换。Spring MVC 框架提供的内置类型转换包括的类型如表 6－3 和 6－4 所示。

表 6－3　标量转换器

名称	作　用
StringToBooleanConverter	String 到 boolean 类型转换
ObjectToStringConverter	Object 到 String 转换，调用 toString 方法转换
StringToNumberConverterFactory	String 到数字转(例如 Integer、Long 等)
NumberToNumberConverterFactory	数字子类型(基本类型)到数字类型(包装类型)转换
StringToCharacterConverter	String 到 Character 转换，取字符串中的第一个字符
NumberToCharacterConverter	数字子类型到 Character 转换
CharacterToNumberFactory	Character 到数字子类型转换
StringToEnumConverterFactory	String 到枚举类型转换，通过 Enum.valueOf 将字符串转换为需要的枚举类型
EnumToStringConverter	枚举类型到 String 转换，返回枚举对象的 name 值
StringToLocaleConverter	String 到 java.util.Locale 转换
PropertiesToStringConverter	java.util.Properties 到 String 转换，默认通过 ISO-8859-1 解码
StringToPropertiesConverter	String 到 java.util.Properties 转换，默认使用 ISO-8859-1 编码

表 6－4　集合、数组相关转换器

名称	作　用
ArrayToCollectionConverter	任意数组到任意集合(List、Set)转换
CollectionToArrayConverter	任意集合到任意数组转换
ArrayToArrayConverter	任意数组到任意数组转换
CollectionToCollectionConverter	集合之间的类型转换
MapToMapConverter	Map 之间的类型转换
ArrayToStringConverter	任意数组到 String 转换
StringToArrayConverter	字符串到数组的转换，默认通过“,”分割，且去除字符串两边的空格(trim)
ArrayToObjectConverter	任意数组到 Object 的转换，如果目标类型和源类型兼容，直接返回源对象；否则返回数组的第一个元素并进行类型转换
ObjectToArrayConverter	Object 到单元素数组转换
CollectionToStringConverter	任意集合(List、Set)到 String 转换
StringToCollectionConverter	String 到集合(List、Set)转换，默认通过“,”分割，且去除字符串两边的空格(trim)

续 表

名称	作　用
CollectionToObjectConverter	任意集合到任意 Object 的转换，如果目标类型和源类型兼容，直接返回源对象；否则返回集合的第一个元素并进行类型转换
ObjectToCollectionConverter	Object 到单元素集合的类型转换

类型转换是在视图与控制器相互传递数据时发生的。Spring MVC 框架对于基本类型(例如 int、long、float、double、boolean 以及 char 等)已经做好了基本类型转换。

注意：在使用内置类型转换器时，请求参数输入值与接收参数数据类型要兼容，否则会报 400 错误。

2. 自定义类型转换器

一般情况下，使用基本数据类型和 POJO 类型的参数数据已经能够满足需求，然而有些特殊类型的参数是无法在后台进行直接转换的，必须先经过数据转换。例如常见的用户注册涉及日期数据就需要自定义转换器(Convert)或格式化(Formatter)来进行。下面以实例的形式加以分析。

(1) 新建一个基于 maven 的 Java EE 项目 chapter06_05，pom.xml 文件需要引入如下依赖：

```
……
<properties>
    <maven.compiler.source> 11 </maven.compiler.source>
    <maven.compiler.target> 11 </maven.compiler.target>
    <spring.version> 5.0.2.RELEASE </spring.version>
    <commons-logging.version> 1.2 </commons-logging.version>
    <javaee-api.version> 7.0 </javaee-api.version>
    <javax.el.version> 3.0.1-b08 </javax.el.version>
    <javax.servlet-api.version> 3.1.0 </javax.servlet-api.version>
    <commons-io.version> 2.6 </commons-io.version>
    <jstl.version> 1.2 </jstl.version>
</properties>
<dependencies>
    <!-- spring 依赖包 -->
    <dependency>
        <groupId> org.springframework </groupId>
        <artifactId> spring-core </artifactId>
        <version>${spring.version}</version>
    </dependency>
    <dependency>
        <groupId> org.springframework </groupId>
        <artifactId> spring-beans </artifactId>
        <version>${spring.version}</version>
```

```
</dependency>
<dependency>
    <groupId> org.springframework </groupId>
    <artifactId> spring - context </artifactId>
    <version>${spring.version} </version>
</dependency>
<dependency>
    <groupId> org.springframework </groupId>
    <artifactId> spring - aop </artifactId>
    <version>${spring.version} </version>
</dependency>
<dependency>
    <groupId> org.springframework </groupId>
    <artifactId> spring - webmvc </artifactId>
    <version>${spring.version} </version>
</dependency>
<dependency>
    <groupId> commons - logging </groupId>
    <artifactId> commons - logging </artifactId>
    <version>${commons - logging.version} </version>
</dependency>
<dependency>
    <groupId> javax </groupId>
    <artifactId> javaee - api </artifactId>
    <version>${javaee - api.version} </version>
</dependency>
<dependency>
    <groupId> javax.servlet </groupId>
    <artifactId> javax.servlet-api </artifactId>
    <version>${javax.servlet-api.version} </version>
    <scope> provided </scope>
</dependency>
<dependency>
    <groupId> javax.servlet </groupId>
    <artifactId> jstl </artifactId>
    <version>${jstl.version} </version>
</dependency>
<dependency>
    <groupId> commons - logging </groupId>
    <artifactId> commons - logging </artifactId>
    <version>${commons - logging.version} </version>
</dependency>
```

```
    <dependency>
        <groupId> org.glassfish </groupId>
        <artifactId> javax.el </artifactId>
        <version>${javax.el.version}</version>
    </dependency>
    ……
```

(2) web.xml 文件内容与 chapter06_04 相同。

(3) 项目框架搭建好以后需要创建必要的 java 文件，首先在 src/main/java/ie/pojo 下创建实体类：

```
package com.ie.pojo;
import java.util.Date;
public class User {
    private Integer id;         //用户 id
    private String username; //用户
    private Integer password;//用户密码
    private Date birthday;
//set,get 方法省略
}
```

(4) 接着在 src/main/java/ie/controller 下创建控制器类 UserController.java，代码如下：

```
@Controller
public class UserController {
    @RequestMapping("/register")
    public String register(@ModelAttribute User user, Model model) {
        // 调用 service 注册用户信息
        System.out.println(user.getLoginname());
        System.out.println(user.getPassword());
        System.out.println(user.getBirthday());
        model.addAttribute("user", user);
        return "success";
    }
}
```

(5) 然后在 src/main/java/ie/convert 下创建自定义转换器类，自定义 Converter 类需要实现 org.springframework.core.convert.converter 接口，该接口的源码如下：

```
public interface Converter <S, T> {
    T convert(S source);
}
```

上述代码中，S 表示原类型，T 表示目标类型，而 convert(S source)表示接口中的方法。代码如下：

```
package com.ie.convert;
import java.text.ParseException;
import java.text.SimpleDateFormat;
import java.util.Date;
import org.springframework.core.convert.converter.Converter;
public class DateConverter implements Converter <String, Date> {
    // 定义日期格式
    private String datePattern = "yyyy - MM - dd HH:mm:ss"; //此处可以修改 pattern
    @Override
    public Date convert(String source) {
        // 格式化日期
        SimpleDateFormat sdf = new SimpleDateFormat(datePattern);
        try {
            return sdf.parse(source);
        } catch (ParseException e) {
            throw new IllegalArgumentException("无效的日期格式,请使用这种格式:" +
datePattern);
        }    }}
```

上述代码实现以后还需把自定转换器注册到 src/main/resource/springmvc - servlet 的配置文件中，代码如下：

```
<? xml version ="1.0"encoding ="UTF-8"? >
<beans xmlns ="http://www.springframework.org/schema/beans"
   xmlns:mvc ="http://www.springframework.org/schema/mvc"
   xmlns:xsi ="http://www.w3.org/2001/XMLSchema - instance"
   xmlns:context ="http://www.springframework.org/schema/context"
   xsi:schemaLocation ="http://www.springframework.org/schema/beans
   http://www.springframework.org/schema/beans/spring - beans - 4.3.xsd
   http://www.springframework.org/schema/mvc
   http://www.springframework.org/schema/mvc/spring - mvc - 4.3.xsd
   http://www.springframework.org/schema/context
   http://www.springframework.org/schema/context/spring - context - 4.3.xsd">
    <! -- 定义组件扫描器,指定需要扫描的包 -->
    <context:component - scan base - package ="com.ie.controller"/>
    <! -- 定义视图解析器 -->
    <bean id ="viewResolver"class = "
org.springframework.web.servlet.view.InternalResourceViewResolver">
        <property name ="prefix"value ="/WEB - INF/jsp/"/> <! -- 设置前缀 -->
            <property name ="suffix"value =".jsp"/>   <! -- 设置后缀 -->
    </bean>
    <! -- 显示的装配自定义类型转换器 -->
    <mvc:annotation - driven conversion - service ="conversionService"/>
```

```
    <!--自定义类型转换器配置 -->
    <bean id="conversionService" class=
    "org.springframework.context.support.ConversionServiceFactoryBean">
        <property name="converters">
            <set>
                <bean class="com.ie.convert.DateConverter"/>
            </set>
        </property>
    </bean>
</beans>
```

配置文件中添加三个 MVC 的 schema 信息，然后定义组件扫描器和视图解析器，接下来显示装配自定义的类型转换器，最后添加自定义类型转换器的配置，其中 Bean 的类名必须是 org.springframework.context.support.ConversionServiceFactoryBean。且必须包含一个 converters 属性，它将列出应用中的所有自定义 Converter。最后添加相关视图文件，首先在 src/webapp 下添加 index.jsp 文件，代码如下：

```
<%@page language="java" contentType="text/html; charset=UTF-8" pageEncoding="UTF-8"%>
<!DOCTYPE html PUBLIC "-//W3C//DTD HTML 4.01 Transitional//EN"
http://www.w3.org/TR/html4/loose.dtd">
<html>
<head>
<meta http-equiv="Content-Type" content="text/html; charset=UTF-8">
<title>测试 Converter </title>
</head>
<body>
    <h3>注册页面</h3>
    <form action="${pageContext.request.contextPath}/register" method="post">
        <table>
            <tr>
                <td><label>登录名: </label></td>
                <td><input type="text" id="loginname" name="loginname"></td>
            </tr>
            <tr>
                <td><label>密码: </label></td>
                <td><input type="password" id="password" name="password"></td>
            </tr>
            <tr>
                <td><label>生日: </label></td>
                <td><input type="text" id="birthday" name="birthday"></td>
            </tr>
            <tr>
```

```
                <td><input id="submit"type="submit"value="登录"></td>
            </tr>
        </table>
    </form>
</body>
</html>
```

在 src/webapp/web-inf/jsp 下创建 sucess.jsp 文件，代码如下：

```
<%@page language="java"contentType="text/html; charset=UTF-8"pageEncoding="UTF-
8"%>
<%@taglib uri="http://java.sun.com/jsp/jstl/fmt"prefix="fmt"%>
<! DOCTYPE html PUBLIC "-//W3C//DTD HTML 4.01 Transitional//EN"
"http://www.w3.org/TR/html4/loose.dtd">
<html>
<head>
<meta http-equiv="Content-Type"content="text/html; charset=UTF-8">
<title>测试 Converter</title>
</head>
<body>
    登录名:${requestScope.user.loginname }
    <br>
    生日:
    <fmt:formatDate value="${requestScope.user.birthday}"pattern="yyyy 年 MM 月 dd
日"/>
    <br>
</body>
</html>
```

最后启动程序输入地址 http://localhost:8080/chapter06_05/，结果如图 6-9 所示。

图 6-9 转换器结果图

从上图可以看出，使用自定义类型转换器已经从请求中正确获取了日期信息。

6.4.2 Formatter

Spring MVC 框架的 Formatter <T> 与 Converter <S,T> 一样，也是一个可以将一种数据类型转换成另一种数据类型的接口。不同的是，Formatter <T> 的源数据类型必须是 String 类型，而 Converter <S,T> 的源数据类型是任意数据类型。这两者均可以用于将一种对象类型转换成另外一种对象类型。Converter 是一般工具，可以将一种类型转换成另一种类型。例如，将 String 转换成 Date，或者将 Long 转换成 Date。Converter 既可以用在 Web 层，也可以用在其他层中。Formatter 只能将 String 转成成另一种 Java 类型。例如，将 String 转换成 Date，但它不能将 Long 转换成 Date。所以，Formatter 适用于 Web 层，在 Spring MVC 应用程序中，选择 Formatter 比选择 Converter 更合适。

1. 内置的格式化转换器

Spring MVC 提供了几个内置的格式化转换器，具体如表 6－5 所示。

表 6－5　内置的格式化转换器

名称	功能
NumberFormatter	实现 Number 与 String 之间的解析与格式化
CurrencyFormatter	实现 Number 与 String 之间的解析与格式化(带货币符号)
PercentFormatter	实现 Number 与 String 之间的解析与格式化(带百分数符号)
DateFormatter	实现 Date 与 String 之间的解析与格式化
NumberFormatAnnotationFormatterFactory	@NumberFormat 注解，实现 Number 与 String 之间的解析与格式化，可以通过指定 style 来指示要转换的格式(Style.Number/Style.Currency/Style.Percent)，当然也可以指定 pattern(如 pattern＝"＃.＃＃"(保留 2 位小数))，这样 pattern 指定的格式会覆盖掉 Style 指定的格式
odaDateTimeFormatAnnotationFormatterFactory	@DateTimeFormat 注解，实现日期类型与 String 之间的解析与格式化这里的日期类型包括 Date、Calendar、Long 以及 Joda 的日期类型。必须在项目中添加 Joda-Time 包

2. 自定义格式化转换器

自定义格式化转换器就是编写一个实现 org.springframework.format.Formatter 接口的 Java 类。该接口声明如下：

```
public interface Formatter <T> extends Printter <T>,Parser <T>{}
```

这里的 T 表示由字符串转换的目标数据类型。该接口有 parse 和 print 两个接口方法，自定义格式化转换器类必须覆盖它们。

```
public T parse(String s,java.util.Locale locale)
public String print(T object,java.util.Locale locale)
```

parse 方法的功能是利用指定的 Locale 将一个 String 类型转换成目标类型，print 方法与之相反，用于返回目标对象的字符串表示。下面通过应用讲解自定义格式化转换器的用法。在 chapter06_05 实例的基础上只要对编写相应的转换类注册配置文件即可，具体步骤如下。

在 src/main/java/ie/convert 中添加 DateFormatter.java 类，代码如下：

```
package com.ie.convert;
import java.text.ParseException;
import java.text.SimpleDateFormat;
import java.util.Date;
import java.util.Locale;
import org.springframework.format.Formatter;
```

```
/* *
 * 使用 Formatter 自定义日期转换器
 * /
public class DateFormatter implements Formatter < Date > {
    // 定义日期格式
          String datePattern = "yyyy - MM - dd HH:mm:ss";
    // 声明 SimpleDateFormat 对象
        private SimpleDateFormat simpleDateFormat;
    @ Override
        public String print(Date date, Locale locale) {
            return new SimpleDateFormat().format(date);
    }
    @ Override
        public Date parse(String source, Locale locale) throws ParseException {
            simpleDateFormat = new SimpleDateFormat(datePattern);
            return simpleDateFormat.parse(source);
    }}
```

代码中实现了 Formatter 接口，并实现了接口的两种方法，其中 print()方法返回目标对象的字符串，而 parse()方法会利用指定的 Locale 将一个字符串解析成目标类型。要使用 Formatter 自定义的日期转换器，同样需要配置 springmvc-servlet. xml 文件（原来的 Converter 的配置需要注释掉），具体配置如下：

```
<! -- 自定义类型格式化转换器配置 -->
<! -- < bean id ="conversionService"
class ="org.springframework.format.support.FormattingConversionServiceFactoryBean">
< property name ="formatters">
< set >
< bean class ="com.ie.convert.DateFormatter"/>
</set >
</property>
</bean > -->
```

区别于 converter，注册自定义的 Formatter 转换器类时，Bean 的类名必须是

org. springframework. format. support. FormattingConversionServiceFactoryBean，并且其属性为 Formatters。通过运行 http://localhost:8080/chapter06_05 可以得到图 6 - 9 运行的结果。

6.5 Spring MVC 的国际化

6.5.1 程序国际化概述

全球化的 Internet 需要全球化的软件。全球化软件意味着一个软件能够很容易地适应

不同地区的市场。当一个软件需要在全球范围内使用的时候，就必须考虑在不同的地域和语言环境下的使用情况，最简单的要求就是在用户界面上的信息可以使用本地化语言来表示。程序国际化已成为 Web 应用的基本要求。

国际化(internationalization:i18n)是指程序在不做任何修改的情况下，就可以在不同的国家或地区和不同的语言环境下，按照当地的语言和格式习惯显示字符。例如：对于中国大陆用户，会自动显示中文简体提示信息、错误信息等；而对于美国用户，会自动显示英文提示信息、错误信息等。

本地化(Localization)是指当国际化的程序运行在本地机器上时，能够根据本地机器的语言和地区设置相应的字符，这个过程叫做本地化。

程序国际化是商业系统的一个基本要求，因为今天的软件系统不再是简单的单机程序，往往都是一个开放的系统，需要面对来自全世界各个地方的访问者，因此，国际化成为商业系统必不可少的一部分。

6.5.2 Spring MVC 国际化

Spring MVC 的国际化是建立在 Java 国际化的基础之上的，其一样也是通过提供不同国家语言环境的消息资源，然后通过 ResourceBundle 加载指定 Locale 对应的资源文件，再取得该资源文件中指定 key 对应的消息。这整个过程与 Java 程序的国际化完全相同，只是 Spring MVC 框架对 Java 程序国际化做了进一步的封装，从而简化了应用程序的国际化。

Spring MVC 国际化的步骤与 Java 国际化的步骤基本相似，只是实现起来更加简单。Spring MVC 的国际化可按如下步骤进行：

(1) 给系统加载国际化资源文件。

(2) 输出国际化。

Spring MVC 输出国际化消息有两种方式：

(1) 在视图页面上输出国际化消息，需要使用 Spring MVC 的标签库。

(2) 在 Controller 的处理方法中输出国际化消息，需要使用 orgspringfamework.web.servlet. support.RequestContext 的 getMessage()方法来完成。

6.5.3 Spring MVC 国际化相关知识

1. Spring MVC 资源属性文件

在 Spring MVC 中，不能直接使用 java. util. ResourceBundle，而是利用 Bean (messageSource) 告诉 Spring MVC 国际化的属性文件保存在哪里。如果项目中只有一组属性文件，则可以使用 basename 来指定国际化的属性文件名称，配置信息代码如下：

```
<bean id ="messageSource"
classg ="org.springframework.context.support.ResourceBundleMessageSource">
  <property name = "basename"  value ="classpath:messages"> </property>
</bean>
```

上面的配置使用了 ResourceBundleMessageSource 类作为 messageSource bean 的实

现。上述 Bean 配置的是国际化资源文件的路径，classpath：messages 指的是 classpath 路径下的 messages_zh CN.properties 文件和 messages_en US.properties 文件。当然也可以将国际化资源文件放在其他的路径下，例如/WEB-INF/resource/messages。

另外，"messageSource"bean 是由 ReloadableResourceBundleMessageSource 类实现的，它是不能重新加载的，如果修改了国际化资源文件，需要重启 JVM。如果项目中只有多组属性文件则可以设置 name 为 basenames，实例代码如下：

```
<bean id ="messageSource"
class ="org.springframework.context.support.ReloadableResourceBundleMessageSource"
<property name ="basenames">
<list>
  <value>/WEB - INF/resource/messages </value>
  <value>/WEB - INF/resource/labels </value>
</list>
</property>
</bean>
```

2. localeResolver

为用户选择语言区域时，最常用的方法是通过读取用户浏览器的 accept-language 标题值。accept-language 标题提供了关于用户浏览器语言的信息。选择语言区域的其他方法还包括读取 HttpSession 或者 Cookie。

在 Spring MVC 中选择语言区域，可以使用语言区域解析器。Spring MVC 提供了一个语言区域解析器接口 LocaleResolver，该接口的常用实现类都在 org.springframework.web.servlet.i18n 包下面，包括：

（1）AcceptLanguageLocaleResolver，控制器无需写额外的内容，可以不用显示配置。

（2）SessionLocaleResolver，使用 Session 传输语言环境，根据用户 session 的变量读取区域设置，它是可变的，如果 session 没有设置，那么它也会使用开发者设置的默认值。

（3）CookieLocaleResolver，使用 Cookie 传送语言环境，根据 Cookie 数据获取国际化信息，如果用户禁止 Cookie 或者没有设置，它会根据 accept-language HTTP 头部确定默认区域。

AcceptHeaderLocaleResolver 是默认的，也是最容易使用的语言区域解析器。使用它，Spring MVC 会读取浏览器的 accept-language 标题，来确定使用哪个语言区域。AcceptHeaderLocaleResolver 可以不用显式配置，SessionLocaleResolver 和 CookieLocaleResolver 需要手动显式配置。

3. Message 标签

在 Spring MVC 中显示本地化消息通常使用 Spring 的 message 标签。使用 message 标签，需要在 JSP 页面最前面使用 taglib 指令导入 Spring 的标签库，代码如下：

```
<%@taglib prefix = "spring"uri = "http://www.springframework.org/tags"%>
```

message 标签的属性如表 6 - 6 所示，所有属性都是可选的。

表 6-6 message 标签的属性

属性	描　述
arguments	标签的参数，可以是一个字符串、数组或对象
argumentSeparator	用来分隔该标签参数的字符
code	获取消息的 key
htmlEscape	boolean 值，表示被渲染的值是否应该进行 HTML 转义
javaScriptEscapc	boolean 值，表示被渲染的值是否应该进行 javaScript 转义
message	MessageSourceResolvable 参数
scope	保存 var 属性中定义的变量的作用范围域
text	如果 code 属性不存在，所显示的默认文本
var	用于保存消息的变量

6.5.4 Accept-language 国际化

基于浏览器请求的国际化使用的是 AcceptLanguageLocaleResolver 类，该类是默认的实现类，也是最容易使用的语言区域解析器，可以不用显式配置，也可以显式配置。下面通过一个注册示例来讲解基于浏览器请求的国际化实现，步骤如下：

(1) 新建基于 maven 的 Java EE 项目 chapter06_06，项目结构及 pom.xml 文件和 chapter06_05 例题一致。

(2) 在 com.ie.pojo 包中，新建 User 的实体类 User.java，代码如下：

```
public class User {
    private String loginName;
    private String password;
    private int age;
    private String email;
    private String phone;
  Set/get 方法省略
}
```

(3) 在 resources 中创建 properties 文件，代码如下：

```
message_en_US.properties:
loginName = LoginName
password = Password
age = Age
email = Email
phone = Phone
submit = Submit
welcome = Welcome {0},Congratulations on your registration
title = Register Page
```

```
userName = Administrator
info = Your registration information is as follows
```

message_zh_CN.properties，代码如下：

```
loginName =名称
password =密码
age =年龄
email =邮箱
phone =电话
submit =注册
welcome =欢迎 {0}，恭喜您注册成功
title =注册页面
userName =管理员
info =您的注册信息如下
```

在 springmvc.xml 配置文件中加载国际化资源文件：

```
<? xml version ="1.0"encoding ="UTF-8"? >
<beans xmlns ="http://www.springframework.org/schema/beans"
……
    <! -- spring 可以自动去扫描 base -pack 下面的包或者子包下面的 Java 文件，如果扫描到有
Spring 的相关注解的类，则把这些类注册为 Spring 的 bean -->
    <context:component -scan  base -package ="com.ie.controller"/>
    <mvc:annotation -driven />
    <! -- 定义视图解析器 -->
    <bean id ="viewResolver"
class ="org.springframework.web.servlet.view.InternalResourceViewResolver">
    <property name ="prefix"value ="/WEB -INF/jsp/"/> <! -- 设置前缀 -->
    <property name ="suffix"value =".jsp"/> <! -- 设置后缀 -->
    </bean >
    <! -- 国际化 -->
    <bean id ="messageSource"
        class ="org.springframework.context.support.ResourceBundleMessageSource">
        <! -- 国际化资源文件名 -->
        <property name ="basename"value ="message"/>
    </bean >
    <mvc:interceptors >
        <! -- 国际化操作拦截器 如果采用基于(Session/Cookie)则必需配置 -->
        <bean class ="org.springframework.web.servlet.i18n.LocaleChangeInterceptor"/>
    </mvc:interceptors >
    <! --此国际化 demo 在运行不同方式时需要手工注释掉不用的 -->
<! -- AcceptHeaderLocaleResolver 配置，AcceptHeaderLocaleResolver 是默认解析器，不配也
可以 -->
```

```
① <bean id="localeResolver"
class="org.springframework.web.servlet.i18n.AcceptHeaderLocaleResolver"/>
    <!-- SessionLocaleResolver 配置 -->
② <bean id="localeResolver"
lass="org.springframework.web.servlet.i18n.SessionLocaleResolver"></bean>
    <!-- CookieLocaleResolver 配置 -->
③ <bean
id =" localeResolver" class =" org. springframework. web. servlet. i18n.
CookieLocaleResolver"></bean>
</beans>
```

以上语言解析器①②③不能同时配置，运行时根据需要选择，其余注释掉即可。

index.jsp 文件代码如下：

```
<%@page language="java"contentType="text/html; charset=UTF-8"pageEncoding="UTF-
8"%>
<%@taglib prefix="c"uri="http://java.sun.com/jsp/jstl/core"%>
<! DOCTYPE html PUBLIC "-//W3C//DTD HTML 4.01 Transitional//EN"
                              "http://www.w3.org/TR/html4/loose.dtd">
<html>
<head>
<meta http-equiv="Content-Type"content="text/html; charset=UTF-8">
<title>测试国际化</title>
</head>
<body>
<!-- https://blog.csdn.net/mg2flyingff/article/details/55194400 -->
        <!-- 使用 message 标签来输出国际化信息 -->
        <h3>
                <a  href="registerForm"> 1.浏览器请求的国际化</a></br>
                <a  href="registerSessionForm"> 2.Httpsession 国际化</a></br>
                <a  href="registerCookieForm"> 3.Cookie 的国际化</a></br>
        </h3>
</body>
</html>
```

registerForm.jsp 文件：

```
<%@page language="java"contentType="text/html; charset=UTF-8"pageEncoding="UTF-
8"%>
<%@ taglib prefix="fm"uri="http://www.springframework.org/tags/form"%>
<%@ taglib prefix="spring"uri="http://www.springframework.org/tags"%>
<! DOCTYPE html>
<html>
<head>
```

```
<meta charset ="UTF-8">
<title><spring:message code ="title"/></title>
</head>
<body>
    <h3>
        <spring:message code ="title"/>
    </h3>
    <fm:form modelAttribute ="user"action ="register"method ="post">
        <spring:message code ="loginName"/>:<fm:input path ="loginName"/>
        <br /><br />
        <spring:message code ="password"/>:<fm:input path ="password"/>
        <br /><br />
        <spring:message code ="age"/>:<fm:input path ="age"/>
        <br /><br />
        <spring:message code ="email"/>:<fm:input path ="email"/>
        <br /><br />
        <spring:message code ="phone"/>:<fm:input path ="phone"/>
        <br /><br />
        <input type ="submit"value ="<spring:message code ="submit"/>">
    </fm:form>
</body>
</html>
```

在注册页面中，通过 spring:message 标签输出国际化信息，通过 SpringMVC 的表单标签显示文本框，表单标签不进行数据绑定是无法操作的，在运行程序的时候会报错，因为表单标签是依赖于数据绑定操作的。在控制器中首先要有一个 User 对象才能使 User 对象的相应属性绑定到表单的 input 标签。

registerSessionForm.jsp 文件代码如下：

```
<%@page language ="java"contentType ="text/html; charset = UTF-8"pageEncoding ="UTF-
8"%>
<%@ taglib prefix ="fm"uri ="http://www.springframework.org/tags/form"%>
<%@ taglib prefix ="spring"uri ="http://www.springframework.org/tags"%>
<! DOCTYPE html>
<base href ="<% = basePath%>">
<html>
<head>
<meta charset ="UTF-8">
<title><spring:message code ="title"/></title>
</head>
<body>
    <h3><spring:message code ="title"/></h3>
    <a href ="${pageContext.request.contextPath}/registersession/zh_CN">中文</a>
```

```
     
    <a href="${pageContext.request.contextPath}/registersession/en_US"> English </a>
     
    <fm:form modelAttribute="user" action="register" method="post">
        <spring:message code="loginName"/>:<fm:input path="loginName"/>
        <br /><br />
        <spring:message code="password"/>:<fm:input path="password"/>
        <br /><br />
        <spring:message code="age"/>:<fm:input path="age"/>
        <br /><br />
        <spring:message code="email"/>:<fm:input path="email"/>
        <br /><br />
        <spring:message code="phone"/>:<fm:input path="phone"/>
        <br /><br />
        <input type="submit" value="<spring:message code="submit"/>">
    </fm:form>
</body>
</html>
```

registerCookieForm.jsp 文件同上。success.jsp 文件代码如下：

```
<%@page language="java" contentType="text/html; charset=UTF-8"
    pageEncoding="UTF-8"%>
<%@ taglib prefix="fm" uri="http://www.springframework.org/tags/form"%>
<%@ taglib prefix="spring" uri="http://www.springframework.org/tags"%>
<!DOCTYPE html>
<html>
<head>
<meta charset="UTF-8">
<title></title>
</head>
<body>
<font color="green">
<h4><spring:message code="welcome" arguments="${requestScope.user.loginName }"/>
</h4>
<spring:message code="info"/><br/>
<spring:message code="password"/>:${requestScope.user.password }<br/>
<spring:message code="age"/>:${requestScope.user.age }<br/>
<spring:message code="email"/>:${requestScope.user.email }<br/>
<spring:message code="phone"/>:${requestScope.user.phone }<br/>
</font>
</body>
</html>
```

（4）在 com.ie.controller 包下创建 UserController 类，添加动态跳转的 registerForm()方法，注册的 register()方法。

```
package com.ie.controller;
....
@ Controller
public class UserController {
    @RequestMapping(value = "/{formName}")
    public String registerForm(@ PathVariable String formName, Model model) {
        User user = new User();
        model.addAttribute("user", user);
        return formName;// 动态跳转页面
    }
    // @ Validated 验证注解
    @RequestMapping(value = "/register", method = RequestMethod.POST)
    public String register(@ ModelAttribute @ Validated User user, Model model,
HttpServletRequest request) {
        // 从后台代码获取国际化资源文件中的 userName
        RequestContext requestContext = new RequestContext(request);
        String userName = requestContext.getMessage("userName");
        System.out.println(userName);
        model.addAttribute("user", user);
        return "success";
    }
......
}
```

（5）部署 chapter06_06，访问 http://localhost:8080/chapter06_06，结果如图 6-10 所示。

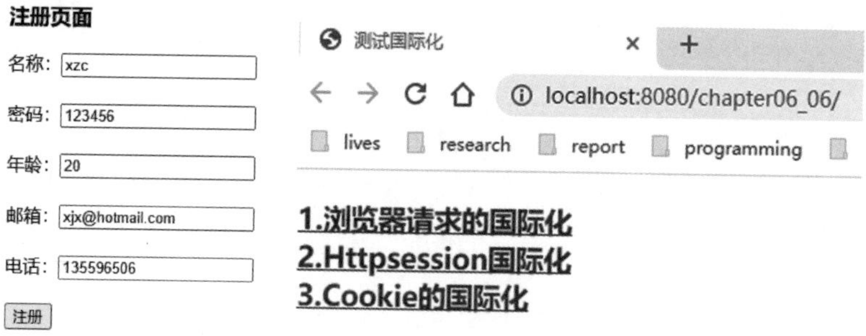

图 6-10 国际化结果图

选择 1，发出请求 <a href =" registerForm"> 1.浏览器请求的国际化 </a>，然后在 SpringMVC 的控制器里调用并注册得到注册成功信息。为了测试项目的国际化，需要修改 IE 浏览器的语言顺序(以 Windows 10 系统为例，不同的系统会有所区别)。在浏览器依此点击工具 -> Internet 选项 -> 常规选项卡 -> 语言，出现语言首选项对话框，单击设置语言首选项按钮进入到最上方，如果没有 English(United States)选项，则需要单击添加语言按钮，找到英语 -> 英语(美国)，双击即可添加，如图 6 - 11 所示。

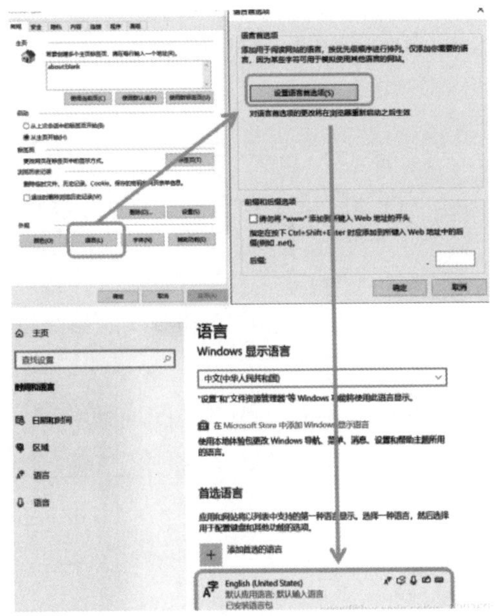

图 6 - 11　IE 浏览器国际化结果图

6.5.5　SessionLocaleResovler 国际化

基于 HttpSession 的国际化实现使用的是 LocaleResolver 接口的 SessionLocaleResolver 实现类，SessionLocaleResolver 不是默认的语言区域解析器，需要对其进行显式配置。其工作原理如图 6 - 12 所示。

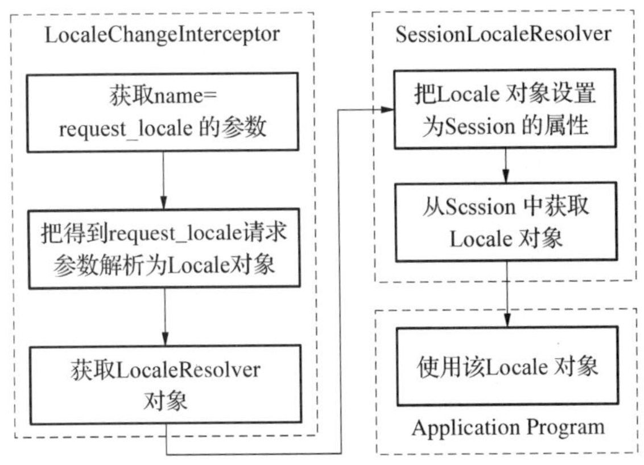

图 6 - 12　SessionLocaleResolver 原理图

在上面例题的基础上实现 Session 国际化的步骤如下：

(1) 修改 springmvc.xml 配置文件，注释默认的 AcceptLanguageLocaleResolver 类型的 Bean localeResolver，添加 SessionLocaleResolver 类型的 Bean，添加国际化操作拦截器。

```
<!-- SessionLocaleResolver 配置 -->
 <bean id="localeResolver"
class="org.springframework.web.servlet.i18n.SessionLocaleResolver">
  </bean>
  <mvc:interceptors>
  <!-- 如果采用基于 session/cookie 的国际化,必须配置国际化操作的拦截器 -->
  <bean class="org.springframework.web.servlet.i18n.LocaleChangeInterceptor"></
bean>
 </mvc:interceptors>
```

（2）为了切换，在注册页面 registerSessionForm.jsp 上，添加中文和英文的超级链接，其余内容和 register.jsp 文件一致。

```
<a href="${pageContext.request.contextPath}/registersession/zh_CN">中文</a>
<a href="${pageContext.request.contextPath}/registersession/en_US"> English </a>
```

（3）在 UserController 中添加 registersession 方法，代码如下：

```
@RequestMapping(value = "/registersession/{request_locale}", method
= RequestMethod.GET)
   public String registersession (@ PathVariable String request _ locale, Model
model,
HttpServletRequest request) {
        System.out.println("request_locale ="+ request_locale);
        if (request_locale != null) {
            if (request_locale.equals("zh_CN")) {
                // 设置中文环境
                Locale locale = new Locale("zh", "CN");
   request. getSession ( ). setAttribute ( SessionLocaleResolver. LOCALE _ SESSION
_ATTRIBU
                          TE_NAME, locale);
            } else if (request_locale.equals("en_US")) {
                // 设置英文环境
                Locale locale = new Locale("en", "US");
request.getSession().setAttribute(SessionLocaleResolver.LOCALE_SESSION_ATTRIBU
                   TE_NAME, locale);
           } else {
                // 使用之前的语言环境
   request. getSession ( ). setAttribute ( SessionLocaleResolver. LOCALE _ SESSION
_ATTRIBU
                         TE_NAME,LocaleContextHolder.getLocale());
           }
       }
       User user = new User();
       model.addAttribute("user", user);
```

```
return "registerSessionForm"; // 动态跳转页面
}
```

(4) 运行项目选择 2,结果如图 6-13 所示。

图 6-13 SessionLocaleResovler 中文效果图

切换到英文模式,效果如图 6-14 所示。

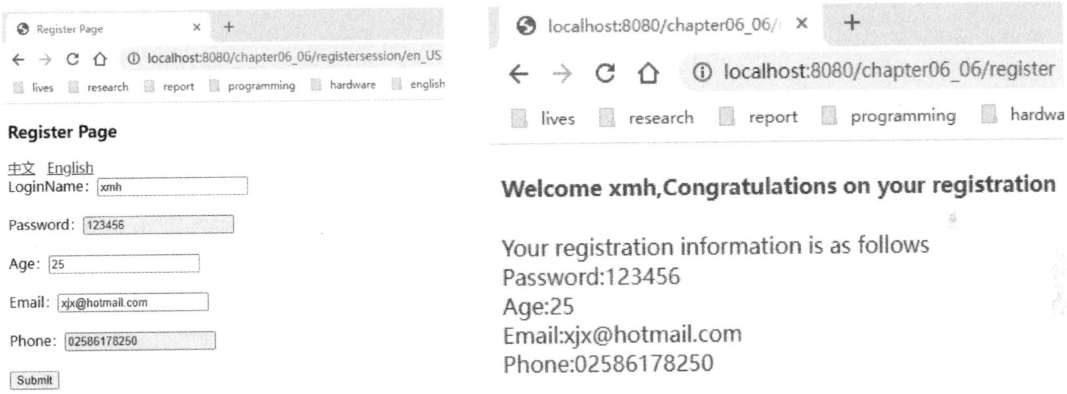

图 6-14 SessionLocaleResovler 英文效果图

6.5.6 CookieLocaleResovler 国际化

基于 Cookie 的国际化实现使用的是 LocaleResolver 接口的 CookieLocaleResolver 实现类,CookieLocaleResolver 不是默认的语言区域解析器,需要对其进行显式配置。如果使用它,Spring MVC 会从 Cookie 域中获取用户所设置的语言区域,来确定使用哪个语言区域。修改注册示例讲解 CookieLocaleResolver 的实现,步骤如下:

(1) 修改 springmvc.xml 配置文件,注释前面配置的 id 为 localeResolver 的 SessionLocaleResolver 类型的 Bean,添加 CookieLocaleResolver 类型的 Bean。

```
<!-- CookieLocaleResolver 配置 -->
<bean id="localeResolver"
class="org.springframework.web.servlet.i18n.CookieLocaleResolver"></bean>
```

（2）为了切换，copy 注册页面 registerSessionForm.jsp 为 registerCookieForm.jsp。

（3）在 UserController 中添加 registercookie 方法，代码如下：

```
@RequestMapping ( value = "/registercookie/{ request _ locale }", method = RequestMethod.GET)
    public String registercookie (@ PathVariable String request _ locale, Model model,
HttpServletRequest request,
            HttpServletResponse response) {
        System.out.println("request_locale ="+ request_locale);
            if (request_locale != null) {
                if (request_locale.equals("zh_CN")) {
                  // 设置中文环境
                  Locale locale = new Locale("zh", "CN");
                      (new CookieLocaleResolver ()). setLocale (request, response, locale);
            } else if (request_locale.equals("en_US")) {
                  // 设置英文环境
                   Locale locale = new Locale("en", "US");
                      (new CookieLocaleResolver ()). setLocale (request, response, locale);
            } else {
                  // 使用之前的语言环境
                  (new CookieLocaleResolver()).setLocale(request, response, LocaleContextHolder.getLocale());
            }
        }
         User user = new User();
        model.addAttribute("user", user);
        return "registerCookieForm";// 动态跳转页面
    }
```

运行效果和 session 方式类似如图 6－15 所示。按 F12 键进入 Chrome/Firefox 浏览器的开发者模式的调试窗口，选择“网络”，单击相应的状态请求，右侧就会出现相应请求信息，点击“消息头”选项卡。

在调试窗口中，切换到 Cookie 选项卡，可以明显看到相应 Cookie 为 en_US，和请求 Cookie 为 zh_CN 是不一样的，如图 6－16 所示。

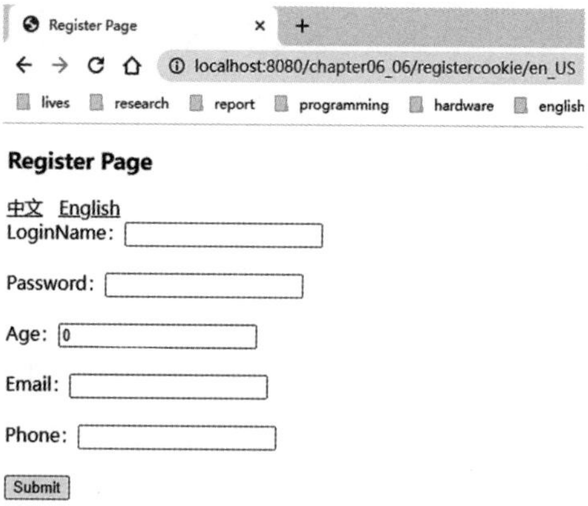

图 6－15 CookieLocaleResovler 运行效果图

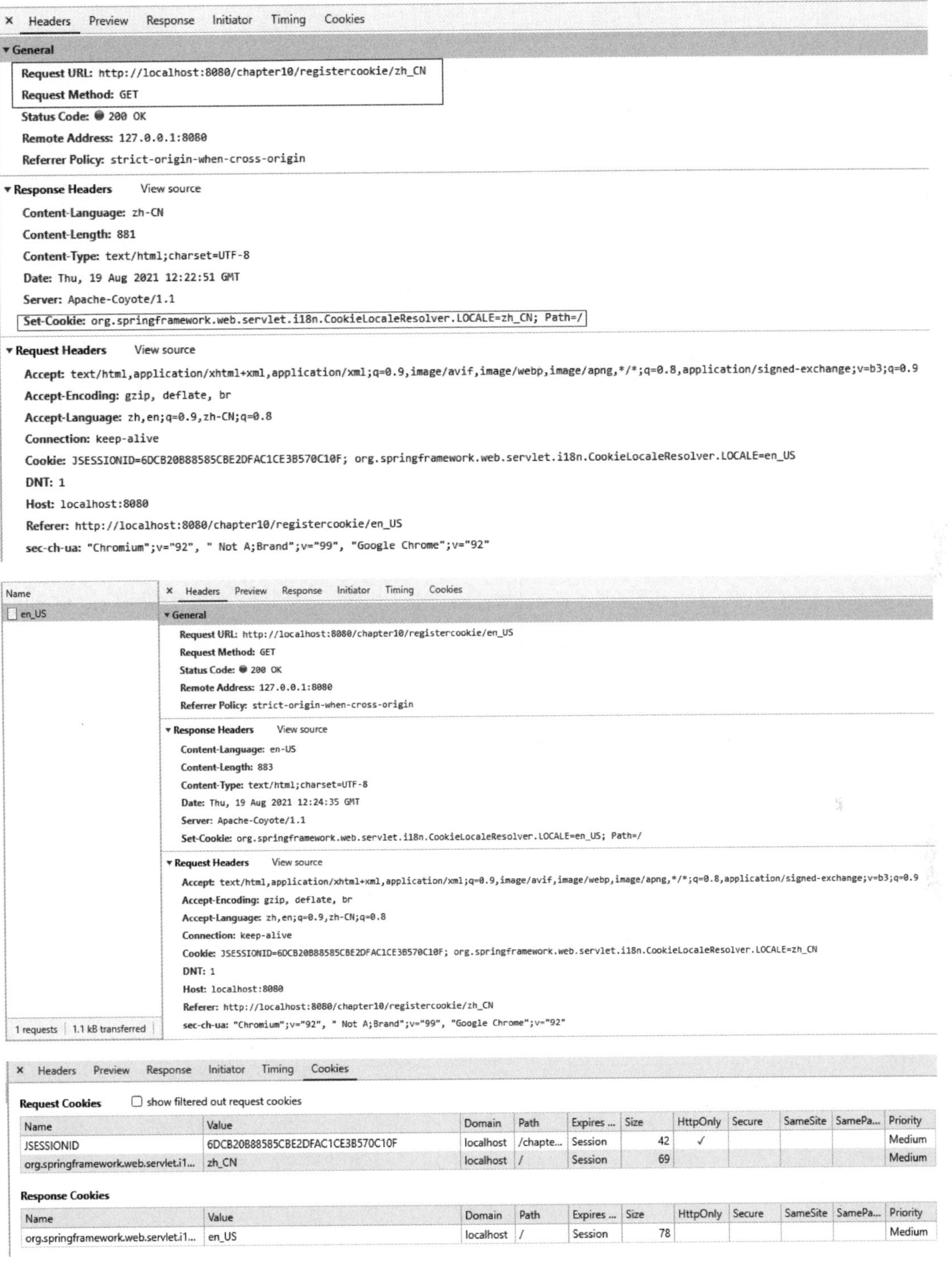

图 6-16 浏览器调试图

国际化无非是读取 messages 目录下以 messages 开头的几种配置文件，借助 MessageSource 根据 local 读取相应的配置文件中的信息，所以控制 local 即选择相应的处理方式，而以上几种均是通过拦截器注入不同的 local 来实现，这里可以自由选择实现方式。

6.6 统一异常处理

在 Spring MVC 应用的开发中，不管是对底层数据库操作，还是业务层或控制层操作，都会不可避免地遇到各种异常需要处理。如果每个过程都单独处理异常，那么系统的代码耦合度高，工作量大且不好统一，后期维护的工作量也很大。如果能将所有类型的异常处理从各层中解耦出来，这样既保证了相关处理过程的功能单一，又实现了异常信息的统一处理和维护。Spring MVC 框架支持这样的实现，将从 3 种处理方式讲解 Spring MVC 应用的异常统一处理的原理及实现过程：

（1）使用 Spring MVC 提供的简单异常处理器 SimpleMappingExceptionResolver。

（2）实现 Spring 的异常处理接口 HandlerExceptionResolver 自定义自己的异常处理器。

（3）使用@ExceptionHandler 注解实现异常处理。

6.6.1 异常处理简介

系统中异常包括编译时异常和运行时异常 RuntimeException，前者通过捕获异常从而获取异常信息，后者主要通过规范代码开发、测试通过手段减少运行时异常的发生。在开发中，不管是 Dao 层、Service 层还是 Controller 层，都有可能抛出异常，原先代码中 try -catch 块非常冗余，使注意力很难集中到核心业务上来，因此使用统一异常处理，将这些重复的 try -catch 块抽取出来，这样可以更专注于业务逻辑的处理，同时能够使得异常的处理有一个统一的控制。在 Spring MVC 中，能将所有类型的异常处理从各处理过程解耦出来，既保证了相关处理过程的功能较单一，也实现了异常信息的统一处理和维护。如图 6－17 所示，系统的 Dao、Service、Controller 出现异常都通过 throws Exception 向上抛出，最后由 Spring MVC 前端控制器交由异常处理器进行异常处理。Spring MVC 提供全局异常处理器（一个系统只有一个异常处理器）进行统一异常处理。

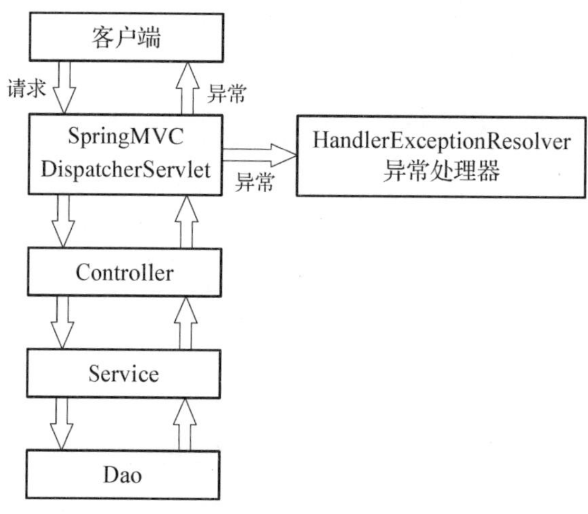

图 6－17 统一异常处理处理流程图

6.6.2 SimpleMappeingExceptionResolver

SpringMVC 中自带了一个异常处理器叫 SimpleMappingExceptionResolver，该处理器实现了 HandlerExceptionResolver 接口，全局异常处理器都需要实现该接口。使用这个自带的异常处理器，首先得在 springmvc -config.xml 文件中配置该处理器，代码如下：

```
<!--异常处理-->
<bean class ="org.springframework.web.servlet.handler.SimpleMappingExceptionResolver">
    <property name ="exceptionMappings">
        <props>
            <prop key ="com.ie.exception.MyException"> error/MyError </prop>
        </props>
    </property>

    <property name ="defaultErrorView"value ="error/error"/>
    <property name ="exceptionAttribute"value ="ex"/>
</bean>
```

exceptionMappings：Properties 类型属性，用于指定具体的不同类型的异常所对应的异常响应页面。Key 为异常类的全限定名，value 则为响应页面路径，如果配置了视图解析器则会使用视图解析器中的配置。

defaultErrorView：指定默认的异常响应页面。若发生的异常不是 exceptionMappings 中指定的异常，则使用默认异常响应页面。

exceptionAttribute：捕获到的异常对象，一般异常响应页面中使用，在 el 表达式中可以获取到 value 中的值。

自定义异常响应的页面，在 jsp 目录中创建 error 目录，将相关的异常响应页面都放到这个目录中。自定义异常页面 Myerror.jsp 代码如下：

```
<%@page contentType ="text/html;charset = UTF - 8"language ="java"%>
<html>
<head>
    <title> Title </title>
</head>
<body>
自定义
<br>
${ex.message}
</body>
</html>
```

默认异常处理 error.jsp 页面代码如下：

```
<%@page contentType ="text/html;charset = UTF - 8"language ="java"%>
<html>
```

```
<head>
    <title>Title</title>
</head>
<body>
默认异常
<br>
${ex.message}
</body>
</html>
```

在首页 index.jsp 中创建如下请求：

```
<a href="${pageContext.request.contextPath }/myException? name = custom"
style="text-decoration:underline">自定义异常</a>
<br>
<a href="${pageContext.request.contextPath }/myException? name = nocustom"
style="text-decoration:underline">默认异常</a>
```

配置中最重要的是要配置特殊处理的异常，这些异常一般都是根据实际情况来自定义的异常，然后也会跳转到不同的错误显示页面显示不同的错误信息。定义一个 controller，在里面分别抛出自定义 MyException 和 jdk 自带的 Exception，代码如下：

```
@Controller
public class ExceptionController {
    @RequestMapping("myException")
    public ModelAndView myException(String name) throws Exception {
        ModelAndView mv = new ModelAndView();
        if ("custom".equals(name)) {
            throw new MyException("我的自定义异常");
        }
        if (!"custom".equals(name)) {
            throw new Exception("默认异常");
        }
        return mv;
    }
```

然后通过 http://localhost:8080/chapter06_07/访问，分别点击相应的请求链接，然后被上面配置的全局异常处理器捕获并执行，跳转到指定的自定义的异常或默认异常页面。

因此，使用 SimpleMappingExceptionResolver 进行异常处理，具有集成简单、有良好的扩展性(可以任意增加自定义的异常和异常显示页面)、对已有代码没有入侵性等优点，但该方法仅能获取到异常信息，若在出现异常时，对需要获取除异常以外数据的情况不适用。

6.6.3 HandlerExceptionResolver

自定义全局异常处理器处理思路是：首先解析出异常类型，如果该异常类型是系统自定义的异常，直接取出异常信息，在错误页面展示，如果该异常类型不是系统自定义的异常，构造一个自定义的异常类型(信息为“未知错误”)。SpringMVC 提供一个 HandlerExceptionResolver 接口,自定义全局异常处理器必须要实现这个接口,代码如下:

```
public class MyExceptionResolver implements HandlerExceptionResolver {
    @Override
        public ModelAndView resolveException ( HttpServletRequest request, HttpServletResponse response, Object handler, Exception ex) {
        ModelAndView mv = new ModelAndView();
        mv.addObject("ex", ex);
        //设置默认异常处理页面
        mv.setViewName("error/error");
        //判断 ex 是否是 MyException
        if (ex instanceof MyException) {
            //此处编写捕获到该异常之后的操作,并设置跳转页面
            mv.setViewName("error/MyError");
        }
        return mv;
    }
}
```

然后就是在 springmvc.xml 中配置这个自定义的异常处理器,使用如下配置需要注释掉上面方法 1 的配置:

```
<!-- 自定义的全局异常处理器,实现 HandlerExceptionResolver 接口就是全局异常处理器 ->
<bean class ="com.ie.exception.MyExceptionResolver"/>
```

使用上面的代码再次测试,可以看出在自定义的异常处理器中能获取导致出现异常的对象,有利于提供更详细的异常处理信息。一般用这种自定义的全局异常处理器比较多。

6.6.4 @ExceptionHandler

HandlerExceptionResolver 接口以及 SimpleMappingExceptionResolver 解析器类的实现能声明式地将异常映射到特定的视图上,还可以在异常被转发(forward)到对应的视图前使用 Java 代码做些判断和逻辑。不过在一些场景,特别是依靠@ResponseBody 返回响应而非依赖视图解析机制的场景下,直接设置响应的状态码并将客户端需要的错误信息直接写回响应体中,而使用@ExceptionHandler 方法可以实现这点。如果@ExceptionHandler 方法是在控制器内部定义的,那么它会接收并处理由控制器(或其任何子类)中的@RequestMapping方法抛出的异常。

使用注解@ExceptionHandler 可以将一个方法指定为异常处理方法,该注解只有一个可选属性 value,是一个 Class <? >数组,用于指定该注解的方法所要处理的异常类,当 Controller 中抛出的异常在这个 Class 数组中的时候才会调用该异常处理方法。而被注解的异常处理方法,其返回值可以是 ModelAndView、String 或 void,方法名随意,方法参数可以是 Exception 及其子类对象、HttpServletRequest、HttpServletResponse 等。系统会自动为这些方法参数赋值。

```
@Controller
public class AnnotationExceptionController {
    @RequestMapping("regist")
    public ModelAndView regist(String name) throws Exception {
        ModelAndView mv = new ModelAndView();
        if ("custom".equals(name)) {
            throw new MyException("自定义异常");
        }
        return mv;
    }
    @ExceptionHandler(MyException.class)
    public ModelAndView handleMyException(Exception ex) {
        ModelAndView mv = new ModelAndView();
        mv.addObject("ex", ex);
        mv.setViewName("/error/MyError");
        return mv;
    }
}
```

上面使用 ExceptionHandler 注解标注了一个处理 MyException 的异常，不过只有在当前的 Controller 中抛出 MyException 之后才会被该方法处理，其他 Controller 的方法中抛出 MyException 异常时候是不会被处理的。解决这个问题的办法就是单独定义一个处理异常方法的 Controller，然后让其他 Controller 来继承它，但是这样做的弊端就是继承这个类之后就不能继承其他类了。

```
@Controller
public class BaseExceptionController {
    //处理 MyException 异常的方法
    @ExceptionHandler(MyException.class)
    public ModelAndView handleMyException(Exception ex) {
        ModelAndView mv = new ModelAndView();
        mv.addObject("ex", ex);
        mv.setViewName("/error/MyError");
        return mv;
    }
    //其他异常处理，注解中不用写 value 属性
    @ExceptionHandler
    public ModelAndView handleException(Exception ex) {
        ModelAndView mv = new ModelAndView();
        mv.addObject("ex", ex);
        mv.setViewName("/error/error");
        return mv;
    }
```

```
}
```

使用@ExceptionHandler注解声明统一处理异常时不需要配置任何信息，只要让会抛出异常的Controller继承上面的BaseExceptionController即可实现异常处理。

```
@Controller
@RequestMapping("/user")
public class UserController extends BaseExceptionController {
    @RequestMapping("addUser")
    public ModelAndView addUser(Exception ex, String name) throws Exception {
        ModelAndView mv = new ModelAndView();
        if ("custom".equals(name)) {
            throw new MyException("用户名不能是 custom");
        }
        return mv;
    }
}
```

使用SimpleMappingExceptionResolver这种方式会产生大量的冗余代码，不建议使用，自定义异常处理器这种方式将异常处理统一编写到一个类中，便于管理和维护，建议使用。异常处理注解如果将异常处理的方法都放到一个基类中，其他类在继承这个类之后就不能继承其他类了，扩展性较差。

6.7 文件的上传和下载

文件上传是Web应用经常需要实现的功能。对于Java应用而言上传文件有多种方式，包括使用文件I/O流、基于commons -fileupload组件的文件上传、基于Servlet3及以上版本的文件上传等。本节将重点介绍如何使用Spring MVC框架进行文件的上传和下载。

6.7.1 文件上传

Commons是Apache开放源代码组织中的一个Java子项目，该项目包括文件上传、命令行处理、数据库连接池、XML配置文件处理等模块。fileupload就是其中用来处理基于表单的文件上传的子项目，commons -fileupload组件性能优良，并支持任意大小文件的上传。

Spring MVC框架的文件上传是基于commons -fileupload组件的文件上传，只不过Spring MVC框架在原有文件上传组件上做了进一步封装，简化了文件上传的代码实现，取消了不同上传组件上的编程差异。由于Spring MVC框架的文件上传是基于以上组件的文件上传，因此需要该组件相关的JAR，基于Maven的项目只要添加相应的依赖即可。

```
<dependency>
    <groupId> commons -fileupload </groupId>
    <artifactId> commons -fileupload </artifactId>
    <version> 1.3.1 </version>
</dependency>
```

```
<dependency>
    <groupId> commons -io </groupId>
    <artifactId> commons -io </artifactId>
    <version> 2.4 </version>
</dependency>
```

除了必备的JAR包以外，还必须在项目中做如下设置：

1. 表单设置

在前端表单中，标签<input type ="file">会在浏览器中显示一个输入框和一个按钮，输入框可供用户填写本地文件的文件名和路径名，按钮可以让浏览器打开一个文件选择框供用户选择文件。文件上传的表单例子如下：

```
<form action ="upload"method ="post"enctype ="multipart/form -data">
  <input type ="file"name ="myfile"/>
</form>
```

对于基于表单的文件上传，必须设置使用 enctype 属性，并将它的值设置为 multipart/form -data，同时将表单的提交方式设置为 post。其中表单的 enctype 属性指定的是表单数据的编码方式，该属性有以下 3 个值：

（1）application/x -www -form -urlencoded：这是默认的编码方式，它只处理表单域里的 value 属性值。

（2）multipart/form -data：该编码方式以二进制流的方式来处理表单数据，并将文件域指定文件的内容封装到请求参数里。

（3）text/plain：该编码方式只有当表单的 action 属性为 mailto：URL 的形式时才使用，主要适用于直接通过表单发送邮件的方式。

由上面 3 个属性的解释可知，在基于表单上传文件时 enctype 的属性值应为 multipart/form -data。

2. MutipartFile 接口

在 Spring MVC 框架中上传文件时将文件相关信息及操作封装到 MultipartFile 对象中，开发者只需要使用 MultipartFile 类型声明模型类的一个属性即可对被上传文件进行操作。该接口方法如表 6 - 7 所示。

表 6 - 7 MultipartFile 接口方法

方法名	返回值	说明
getContentType()	String	获取文件 MIME 类型。
getinputStream()	InputStream	获取文件流。
getName()	String	获取 form 表单中的文件组件的名字。
getOriginalFilename()	String	获取上传文件的原名。
getSize()	long	获取文件的大小，单位为 byte。
isEmpty()	boolean	判断文件是否为空。
transferTo(File dest)	void	将数据保存到一个目标文件中。

在上传文件时需要在配置文件中使用 Spring 的 CommonsMultipartResolver 类配置 MultipartResolver 用于文件上传。在实际运用中单文件上传和多文件上传实现方法相同，区别在于单文件方式从前端页面获取的文件放到了普通 MutipartFile 变量中，而多文件是放到了 List <MultipartFile>变量中，下面以实例来介绍实现过程。

(1) 创建项目

创建基于 Maven 的 Java EE web 项目 chapter06_08，项目包结构与前例项目一样，在 pom.xml 里添加相关的 jar 包依赖，代码如下：

```
<commons-logging.version>1.2</commons-logging.version>
      <javaee-api.version>7.0</javaee-api.version>
      <jstl.version>1.2</jstl.version>
   </properties>
   <dependencies>
      <!-- spring 依赖包 -->
      <dependency>
         <groupId>org.springframework</groupId>
         <artifactId>spring-core</artifactId>
         <version>${spring.version}</version>
      </dependency>
      <dependency>
         <groupId>org.springframework</groupId>
         <artifactId>spring-beans</artifactId>
         <version>${spring.version}</version>
      </dependency>
      <dependency>
         <groupId>org.springframework</groupId>
         <artifactId>spring-context</artifactId>
         <version>${spring.version}</version>
      </dependency>
      <dependency>
         <groupId>org.springframework</groupId>
         <artifactId>spring-aop</artifactId>
         <version>${spring.version}</version>
      </dependency>
      <dependency>
         <groupId>org.springframework</groupId>
         <artifactId>spring-webmvc</artifactId>
         <version>${spring.version}</version>
      </dependency>
      <dependency>
         <groupId>commons-logging</groupId>
         <artifactId>commons-logging</artifactId>
```

```
            <version>${commons-logging.version}</version>
        </dependency>
        <dependency>
            <groupId>javax</groupId>
            <artifactId>javaee-api</artifactId>
            <version>${javaee-api.version}</version>
        </dependency>
        <dependency>
            <groupId>commons-fileupload</groupId>
            <artifactId>commons-fileupload</artifactId>
            <version>1.3.1</version>
        </dependency>
        <dependency>
            <groupId>commons-io</groupId>
            <artifactId>commons-io</artifactId>
            <version>2.4</version>
        </dependency>
        <dependency>
            <groupId>javax.servlet</groupId>
            <artifactId>jstl</artifactId>
            <version>${jstl.version}</version>
        </dependency>
        </dependencies>
```

（2）创建 web.xml 文件

在 WEB-INF 目录下修改 web.xml 文件，添加 DispatcherServlet 配置，同时为防止中文乱码需要加入编码过滤器，代码如下：

```
<servlet>
        <servlet-name>springmvc</servlet-name>
<servlet-class>org.springframework.web.servlet.DispatcherServlet</servlet-
class>
        <load-on-startup>1</load-on-startup>
    </servlet>
    <servlet-mapping>
        <servlet-name>springmvc</servlet-name>
        <url-pattern>/</url-pattern>
</servlet-mapping>
<filter>
        <filter-name>characterEncodingFilter</filter-name>
        <filter-class>org.springframework.web.filter.CharacterEncodingFilter
</filter-class>
        <init-param>
```

```
            <param-name>encoding</param-name>
            <param-value>UTF-8</param-value>
        </init-param>
        <init-param>
            <param-name>forceEncoding</param-name>
            <param-value>true</param-value>
        </init-param>
    </filter>
  <filter-mapping>
          <filter-name>characterEncodingFilter</filter-name>
          <url-pattern>/*</url-pattern>
    </filter-mapping>
```

(3) 创建文件选择页面

在 webapp 目录下创建 JSP 页面 index.jsp，oneFile.jsp，mutiFile.jsp，index.jsp 核心代码如下：

```
<div align="center">
  <ol id="ul1">
   <li><a href="${pageContext.request.contextPath}/oneFile.jsp">单文件上传</a>
</li>
   <li><a href="${pageContext.request.contextPath}/multiFiles.jsp">多文件上传</a
></li>
   <li><a href="${pageContext.request.contextPath}/showDownFiles">文件下载</a>
</li>
   </ol>
</div>
```

oneFile.jsp 关键代码如下：

```
<form action="${pageContext.request.contextPath }/onefile"method="post"
enctype="multipart/form-data">
<h2 align="center">单文件上传 demo</h2>
        <table border="1"align="center">
            <tr>
                <td>选择文件:</td>
                <td><input type="file"name="myfile"></td>
            </tr>
            <tr>
                <td>文件描述:</td>
                <td><input type="text"name="description"></td>
            </tr>
            <tr>
                <td></td>
                <td><input type="submit"value="提交"></td>
```

```
            </tr>
        </table>
    </form>
```

单文件上传demo

选择文件:	选择文件 未选择任何文件
文件描述:	
	提交

图 6-18　单文件上传界面

multiFile.jsp 关键代码如下：

```
<form action="${pageContext.request.contextPath}/multifile"method="post"
enctype="multipart/form-data">
        <h2 align="center">多文件上传 demo </h2>
        <table border="1"align="center">
            <tr>
                <td>选择文件 1:</td>
                <td><input type="file"name="myfile"></td>
            </tr>
            <tr>
                <td>文件描述 1:</td>
                <td><input type="text"name="description"></td>
            </tr>
            <tr>
                <td>选择文件 2:</td>
                <td><input type="file"name="myfile"></td>
            </tr>
            <tr><td></td>
                <td><input type="submit"value="提交"></td>
            </tr>
        </table>
    </form>
```

多文件上传demo

选择文件1:	选择文件 未选择任何文件
文件描述1:	
选择文件2:	选择文件 未选择任何文件
文件描述2:	
选择文件3:	选择文件 未选择任何文件
文件描述3:	
选择文件4:	选择文件 未选择任何文件
文件描述4:	
	提交

图 6-19　多文件上传界面

(4) 编写 POJO 类

在 com.ie.pojo 包中创建 POJO 类 FileDomain 和 MultiFileDomain,分别用于单文件和多文件上传。FileDomain.java 代码如下:

```
package com.ie.pojo;
import org.springframework.web.multipart.MultipartFile;
public class FileDomain {
    private String description;
    private MultipartFile myfile;
    public String getDescription() {
        return description;
    }
    public void setDescription(String description) {
        this.description = description;
    }
    public MultipartFile getMyfile() {
        return myfile;
    }
    public void setMyfile(MultipartFile myfile) {
        this.myfile = myfile;
    }
}
```

MultiFileDomain.java 代码如下:

```
import org.springframework.web.multipart.MultipartFile;
import java.util.List;
public class MultiFileDomain {
    private List <String> description;
    private List <MultipartFile> myfile;
    public List <String> getDescription() {
        return description;
    }
    public void setDescription(List <String> description) {
        this.description = description;
    }
    public List <MultipartFile> getMyfile() {
        return myfile;
    }
    public void setMyfile(List <MultipartFile> myfile) {
        this.myfile = myfile;
    }
}
```

两个类的区别在于存放文件名的属性类型不同,单文件为 MultipartFile,而多文件则是

private List <MultipartFile>。

（5）创建控制器类

在 src 的 com.ie.controller 包下创建 FileUploadController 控制器类。其中单文件控制器代码如下：

```
@RequestMapping("/onefile")
    public String oneFileUpload (@ ModelAttribute FileDomain fileDomain,
HttpServletRequest request) {
        String realpath = request.getServletContext().getRealPath("uploadfiles");
        String fileName = fileDomain.getMyfile().getOriginalFilename();
        File targetFile = new File(realpath, fileName);
        if (! targetFile.exists()) {
                targetFile.mkdirs();
        }
        try {
            fileDomain.getMyfile().transferTo(targetFile);
            logger.info("成功");
        } catch (Exception e) {
            e.printStackTrace();
        }
        return "showOne";
    }
```

多文件控制器代码如下：

```
@RequestMapping("/multifile")
public String multiFileUpload (@ ModelAttribute MultiFileDomain multiFileDomain,
HttpServletRequest request) {
        String realpath = request.getServletContext().getRealPath("uploadfiles");
        File targetDir = new File(realpath);
        if (! targetDir.exists()) {
                targetDir.mkdirs();
        }
        List <MultipartFile> files = multiFileDomain.getMyfile();
        for (int i = 0; i < files.size(); i ++) {
                    MultipartFile file = files.get(i);
            String fileName = file.getOriginalFilename();
            File targetFile = new File(realpath, fileName);
          try {
                file.transferTo(targetFile);
          } catch (Exception e) {
                e.printStackTrace();
          }
        }
```

```
        logger.info("成功");
        return "showMulti";
    }
```

(6) 创建 Spring MVC 配置文件

在上传文件时需要在配置文件中使用 Spring 的 CommonsMultipartResolver 类配置 MultipartResolver 用于文件上传，应用的配置文件 springmvc -servlet.xml 的代码如下：

```
<? xml version ="1.0"encoding ="UTF - 8"? >
<beans xmlns ="http://www.springframework.org/schema/beans"
       xmlns:xsi ="http://www.w3.org/2001/XMLSchema - instance"
       xmlns:p ="http://www.springframework.org/schema/p"
       xmlns:context ="http://www.springframework.org/schema/context"
       xsi:schemaLocation ="http://www.springframework.org/schema/beans
        http://www.springframework.org/schema/beans/spring - beans.xsd
        http://www.springframework.org/schema/context
        http://www.springframework.org/schema/context/spring - context.xsd">
    <!-- 使用扫描机制,扫描包 -->
    <context:component - scan base - package ="com.ie.controller"/>
    <!-- 配置视图解析器 -->
    <bean
            class ="org.springframework.web.servlet.view.
InternalResourceViewResolver"
            id ="internalResourceViewResolver">
            <property name ="prefix"value ="/WEB - INF/jsp/"/>
            <property name ="suffix"value =".jsp"/>
    </bean>
    <!-- 配置 MultipartResolver 用于文件上传 使用 spring 的 CommosMultipartResolver-->
    <bean id ="multipartResolver"
    class ="org.springframework.web.multipart.commons.CommonsMultipartResolver"
          p:defaultEncoding ="UTF - 8"
          p:maxUploadSize ="5400000"
          p:uploadTempDir ="fileUpload/temp"
    >
 </beans>
```

* p：此 xml 文件里面以 p 为前缀的元素和属性的命名空间是'http://www.springframework.org/schema/p'使用 bean 元素属性替代内嵌 <property> 元素，用来描述属性值。

(7) 创建成功显示页面

在 WEB -INF 目录下创建 JSP 文件夹，并在该文件夹中创建单文件上传成功显示页面 showOne.jsp 和 showMulti.jsp，其中 showOne.jsp 代码如下：

```
<body>
    ${fileDomain.description }
     <br>
    ${fileDomain.myfile.originalFilename }
</body>
```

showMulti.jsp 代码如下：

```
<body>
<table>
    <tr>
        <td>详情</td>
        <td>文件名</td>
    </tr>
    <!-- 同时取两个数组的元素 -->
    <c:forEach items="${multiFileDomain.description}"var="description"varStatus
="loop">
        <tr>
            <td>${description}</td>
            <td>${multiFileDomain.myfile[loop.count -1].originalFilename}</td>
        </tr>
    </c:forEach>
</table>
</body>
```

（8）测试文件上传

运行 chapter06_08 应用到 Tomcat 服务器并启动 Tomcat 服务器，然后通过地址"http://localhost:8080/chapter06_08"，运行文件选择页面。

6.7.2 文件下载

实现文件下载有两种方法：一种是通过超链接实现下载，该链接 href 属性等于要下载文件的文件名；另一种是利用程序编码实现下载。通过超链接实现下载固然简单，但暴露了下载文件的真实位置，并且只能下载存放在 Web 应用程序所在的目录下的文件。利用程序编码实现下载可以增加安全访问控制，还可以从任意位置提供下载的数据，可以将文件存放到 Web 应用程序以外的目录中，也可以将文件保存到数据库中。

Spring MVC 提供了一个 ResponseEntity 类型，使用它可以很方便地定义返回的 HttpHeaders 和 HttpStatus。在 com.ie.controller 包中新建下载类 FileDownController.java，关键代码如下：

```
@RequestMapping("showDownFiles")
    public String show(HttpServletRequest request, Model model) {
            String realpath = request.getServletContext().getRealPath("uploadfiles");
        File dir = new File(realpath);
        File[] files = dir.listFiles();
```

```
        ArrayList <String> fileName = new ArrayList <> ();
        for (File file : files) {
                fileName.add(file.getName());
        }
        model.addAttribute("files", fileName);
        return "showDownFiles";
    }
    @RequestMapping("/download")
            public ResponseEntity <byte[]> download(HttpServletRequest request,
                @ RequestParam (" filename") String filename, Model model) throws
Exception {
                String path = request.getServletContext ().getRealPath ("uploadfiles");
                File file = new File (path + File.separator + filename);
                HttpHeaders headers = new HttpHeaders ();
  String downloadFielName = new String(filename.getBytes("UTF - 8"),"iso - 8859 - 1");
  headers.setContentDispositionFormData("attachment",downloadFielName);
            headers.setContentType (MediaType.APPLICATION OCTET STREAM);
    return new ResponseEntity <byte[]> (FileUtils.readFileToByteArray(file),
                headers, HttpStatus.CREATED);
            }
```

在 index.jsp 中添加 <a href ="${pageContext.request.contextPath}/showDownFiles">文件下载</a>，在控制器中调用 showDownFiles 方法获取项目下 uploadfiles 文件夹中的所有文件并返回到/WEB - INF/jsp/下的 showDownFiles.jsp 页面，代码如下：

```
<body>
<table border ="1"align ="center">
    <tr> <td>被下载的文件名</td> </tr>
    <!-- 遍历 model 中的 files -->
    <c:forEach items ="${files}"var ="filename">
        <tr>
<td>
<a
href =" ${pageContext. request. contextPath }/download? filename =${filename}" >$
{filename}</a>
</td>
        </tr>
    </c:forEach>
</table>
</body>
```

在图 6 - 20 中点击任意文件名就会跳转到控制器的 download 处理方法，该方法接收到页面传递的文件名 filename 后，使用 Apache Commons FileUpload 组件的 FileUtils 读取项目的 uploadfiles 文件夹下的该文件，并将其构建成 ResponseEntity 对象返回客户端下载。

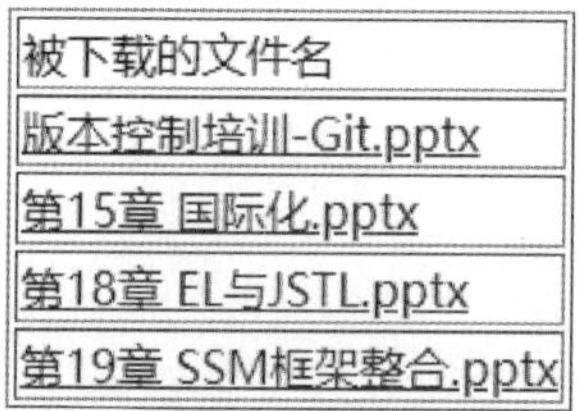

被下载的文件名
版本控制培训-Git.pptx
第15章 国际化.pptx
第18章 EL与JSTL.pptx
第19章 SSM框架整合.pptx

图 6-20　下载页面截图

使用 ResponseEntity 对象，可以很方便地定义返回的 HttpHeaders 和 HttpStatus。上面代码中的 MediaType，代表的是 Internet Media Type，即互联网媒体类型，也叫做 MIME 类型。在 HTTP 协议消息头中，使用 Content -Type 来表示具体请求中的媒体类型信息。HttpStatus 类型代表的是 HTTP 协议中的状态。有关 MediaType 和 HttpStatus 类的详细信息参考 Spring MVC 的 API 文档。

点击下载页面的超链接，显示文件正在下载。结果如图 6-21 所示。

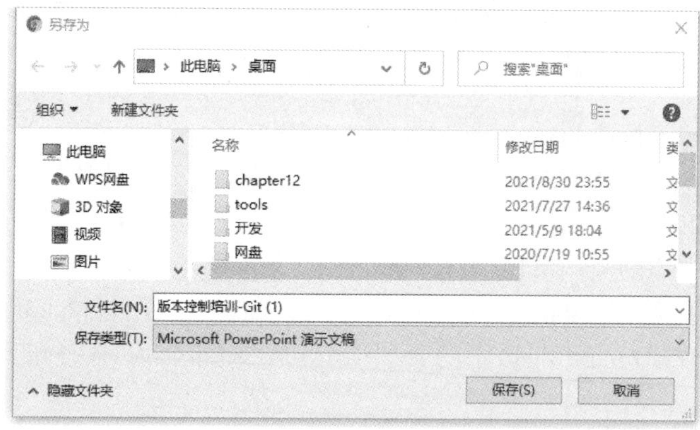

图 6-21　下载截图

巩固练习

1. Spring MVC 常用的注解有哪些？
2. Spring MVC 传参主要有那几种形式？
3. 在 Spring MVC 框架中为什么要进行类型转换？
4. Converter 与 Formatter 的区别是什么？
5. 在 Spring MVC 框架中如何自定义类型转换器类？如何注册类型转换器？
6. 在 Spring MVC 框架中如何自定义格式化转换器类？如何注册格式化转换器？

【微信扫码】
习题解答 & 相关资源

第 7 章

SSM 框架整合及应用

学习目标

1. 了解并掌握 Spring MVC、Spring 和 MyBatis 三个框架整合应用的流程及配置
2. 进一步巩固所学框架知识
3. 掌握软件项目开发流程

SSM 框架是 Spring MVC、Spring 和 Mybatis 框架的整合，是标准的 MVC 模式，将整个系统划分为 View 层、Controller 层、Service 层和 DAO 层四层，Spring MVC 负责请求的转发和视图管理，Spring 实现业务对象管理，Mybatis 作为数据对象的持久化引擎。

7.1 ch7_1——SSMDemo 项目

本章先以 ch7_1——SSMDemo 项目为例，该项目实现了用户注册、登录等简单功能，具体阐述了 Spring MVC、Spring 和 MyBatis 三个框架整合的相关配置及基本操作流程。

1. 项目的开发环境

① 框架的版本号是 Spring5.2.5 和 MyBatis 3.5.8。

② Web 容器是 Tomcat 9。

③ 数据库是 Mysql Server 5.7.22。

④ Java 开发包是 JDK11。

⑤ 项目开发软件是 IntelliJ IDEA 2022.2.3 (Ultimate Edition)。

2. 项目框架配置中新增内容

```
<properties>
  <project.build.sourceEncoding> UTF - 8 </project.build.sourceEncoding>
  <spring.version> 5.2.5.RELEASE </spring.version>
```

```
  <mybatis.version> 3.5.8 </mybatis.version>
  <slf4j.version> 1.7.7 </slf4j.version>
  <log4j.version> 1.2.17 </log4j.version>
  <commons-logging.version> 1.2 </commons-logging.version>
</properties>
```

特别是在<build>标签中需增加如下内容，用于将 MyBatis 的配置文件编译到输出目录中。

```
<resources>
  <!--编译之后包含 xml-->
  <resource>
    <directory> src/main/java </directory>
    <includes>
      <include>**/*.xml </include>
    </includes>
    <filtering> true </filtering>
  </resource>
</resources>
```

3. 业务分层并建立相关目录

项目目录及业务分层结构如图 7-1 所示。

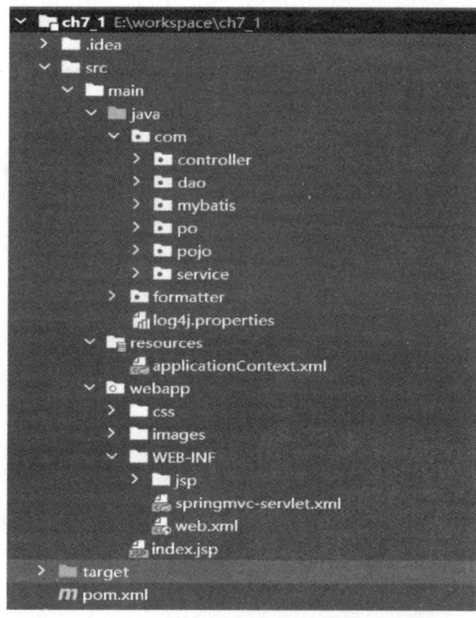

图 7-1 项目目录及业务分层结构

其中，com.controller 层负责服务器端对 Web 或移动前端提供调用接口，包括控制返回给客服端的展示页面。com.service 层负责为 com.controller 层提供业务调用接口，该层主要负责整个项目业务的逻辑控制，如用户及角色权限控制等。com.dao 层负责为 com.service 层提供调用接口，该层是一个接口层，只是定义了相应接口没有具体实现方法，主要是为了将 MyBatis 操作数据库的具体方法进行映射，从而使得 Spring 框架可以管理数据持久层的生命周期。com.mybaits 层通过 MyBatis 具体实现了数据持久层与操作数据库的 SQL 语句的映射。com.po 和 com.pojo 定义了相关实体对象，实体类通过数据持久层与数据库的数据表实现了一一映射，实现了对数据库操作的对象封装。formatter 包中存放了实现日期格式的转换工具类。本项目的 View 层使用了基本的 JSP 文件作为展示层，该层的文件都存放在 WEB-INf 的 JSP 文件夹中。

为了将以上各层统一纳入 Spring 框架的总体管理下，首先需要创建相关的配置文件，其中 src 目录下的 applicationContext.xml 文件主要负责数据持久层的具体设置，详细代码如下：

```
<!-- 配置数据源(未变化内容此处省略) -->
<!-- 开启事务注解-->
```

```
    <tx:annotation -driven transaction -manager ="txManager"/>
    <!-- 配置 MyBatis 工厂,同时指定数据源,并与 MyBatis 完美整合 -->
    <bean id ="sqlSessionFactory"class ="org.mybatis.spring.SqlSessionFactoryBean">
        <property name ="dataSource"ref ="dataSource"/>
        <!-- configLocation 的属性值为 MyBatis 的核心配置文件 -->
        <property name ="configLocation"
value ="classpath:com/mybatis/mybatis -config.xml"/>
    </bean>
    <!-- Mapper 代理开发,使用 Spring 自动扫描 MyBatis 的接口并装配
    (Spring 将指定包中所有被@ Mapper 注解标注的接口自动装配为 MyBatis 的映射接口)  -->
    <bean class ="org.mybatis.spring.mapper.MapperScannerConfigurer">
        <!-- mybatis -spring 组件的扫描器 -->
        <property name ="basePackage"value ="com.dao"/>
        <property name ="sqlSessionFactoryBeanName"value ="sqlSessionFactory"/>
    </bean>
    <!-- 指定需要扫描的包(包括子包),使注解生效。dao 包在 mybatis -spring 组件中已经扫描,
这里不再需要扫描-->
    <context:component -scan base -package ="com.service"/>
</beans>
```

该配置文件内容包括数据库的连接属性设置、数据处理事务设置、持久层的包名及配置文件的位置等设置。

WebContent 目录下的 springmvc -servlet.xml 配置文件主要负责 Controller、Service 和 View 三个层的相关设置,具体代码如下:

```
<!-- 使用扫描机制,扫描包 -->
  <context:component -scan base -package ="com.controller"/>
   <mvc:annotation -driven />
    <!-- 注册 MyFormatter   -->
  <bean id ="conversionService"
class ="org.springframework.format.support.FormattingConversionServiceFactoryBean">
          <property name ="formatters">
              <set>
                  <bean class ="formatter.MyFormatter"/>
              </set>
          </property>
    </bean>
    <mvc:annotation -driven conversion -service ="conversionService"/>
    <!-- annotation -driven 用于简化开发的配置,
    注解 DefaultAnnotationHandlerMapping 和 AnnotationMethodHandlerAdapter -->
    <!-- 使用 resources 过滤掉不需要 dispatcher servlet 的资源。
    使用 resources 时,必须使用 annotation -driven,不然 resources 元素会阻止任意控制器被
调用。
```

```
    如果不使用 resources,则 annotation -driven 可以没有。-->
    <!-- 允许 css 目录下所有文件可见 -->
    <mvc:resources location="/css/"mapping="/css/* * "></mvc:resources>
    <!-- 允许 html 目录下所有文件可见 -->
    <mvc:resources location="/html/"mapping="/html/* * "></mvc:resources>
     <!--允许 images 目录下所有文件可见 -->
    <mvc:resources location="/images/"mapping="/images/* * "></mvc:resources>
    <!-- 配置视图解析器 -->
    <bean
class="org.springframework.web.servlet.view.InternalResourceViewResolver"
          id="internalResourceViewResolver">
          <!-- 前缀 -->
          <property name="prefix"value="/WEB -INF/jsp/"/>
          <!-- 后缀 -->
          <property name="suffix"value=".jsp"/>
    </bean>
</beans>
```

springmvc -servlet.xml 配置文件主要设置了 Controller、Service 所在包名和 View 层所在目录，还包括展示层文件的前后缀以及工具类扫描位置。

Web.xml 文件实现了 Spring MVC 在 Tomcat 容器的注册，包括侦听器和过滤器的设置，从而使 Tomcat 容器能够调用 Spring MVC 框架管理项目生命周期。

4. 项目具体功能实现

接下来，通过实现用户注册及登录两个功能来详细介绍如何在以上分层包中创建具体文件。首先在 MySQL 数据库中创建 user 表，该表结构如图 7-2 所示。

名	类型	长度	小数点	允许空值 (	
uid	tinyint	2	0	☐	🔑1
uname	varchar	20	0	☑	
usex	varchar	10	0	☑	
upass	varchar	10	0	☑	

图 7-2 user 表结构

在 po 包中创建 MyUser 类，该类的属性与 user 表的字段一一对应，主要包括用户的相关代码如下：

```
private Integer uid;//主键,自增长
private String uname;//登录用户名
private String usex;//性别
private String upass;//登录密码
```

在 com.mybaits 包中创建 mybatis 映射文件 UserMapper.xml，该文件包含持久层映射到 user 数据表的具体 SQL 操作，主要包括指定映射 Dao 层的具体接口 com.dao.UserDao，查询所有用户操作、根据用户名和密码查询记录操作、分别根据用户名、主键查询用户操作

等，文件主要代码如下：

```
<!-- com.dao.UserDao 对应 Dao 接口 -->
<mapper namespace="com.dao.UserDao">
    <!-- 查询用户信息 -->
    <select id="selectUserByUname"  resultType="com.po.MyUser"
parameterType="com.po.MyUser">
            select *  from user where 1=1
              <if test="uname != null and uname !=''">
             and uname like concat('%',#{uname},'%')
                 </if>
    </select>
    <!-- 登录 -->
    <select id="login"  resultType="com.po.MyUser"parameterType="com.po.MyUser">
        select *  from user where 1=1
           <if test="uname != null and uname !=''">
               and uname like concat('%',#{uname},'%')
               and upass = #{upass}
           </if>
    </select>
    <!-- 查询所有用户信息 -->
    <select id="selectAllUsers"  resultType="com.po.MyUser">
            select *  from user where 1=1
    </select>
    <!-- 添加一个用户,成功后将主键值回填给 uid(po 类的属性),#{uname}为 com.po.MyUser 的
属性值-->
    <insert id="addUser"parameterType="com.po.MyUser"
    keyProperty="uid"useGeneratedKeys="true">
            insert into user (uname,usex,upass)
            values(#{uname},#{usex},#{upass})
    </insert>
    <!-- 删除一个用户 -->
    <delete id="deleteUser"parameterType="Integer">
           delete from user where uid = #{uid}
    </delete>
    <update id="updateUser"parameterType="com.po.MyUser">
            update user set uname = #{uname},usex = #{usex},upass =#{upass}
                      where uid = #{uid}
    </update>
    <!-- 根据 uid 查询一个用户信息 -->
    <select id="selectUserById"parameterType="Integer"
```

```
        resultType ="com.po.MyUser">
              select *  from user where uid = #{uid}
    </select>
</mapper>
```

在 com.dao 包中创建与 UserMapper.xml 中对应操作的接口文件 UserDao，此文件主要代码如下：

```
@Repository("userDao")
@Mapper
/* 使用 Spring 自动扫描 MyBatis 的接口并装配
(Spring 将指定包中所有被@ Mapper 注解标注的接口自动装配为 MyBatis 的映射接口* /
   public interface UserDao {
       /* * 接口方法对应 SQL 映射文件 UserMapper.xml 中的 id * /
       public List <MyUser> selectUserByUname(MyUser user);
       public List <MyUser> selectAllUsers();
       public int addUser(MyUser user);
       public List <MyUser> login(MyUser user);
       public MyUser selectUserById(Integer uid);
       public int updateUser(MyUser user);
       public int deleteUser(Integer uid);
   }
```

在 com.service 包中创建调用接口文件 UserDao 的业务层文件，包括接口定义和实现类两个文件，类实现文件主要代码如下：

```
@Service("userService")
@Transactional
/* * 加上注解@Transactional,可以指定这个类需要受 Spring 的事务管理
注意@Transactional 只能针对 public 属性范围内的方法添加,
本案例并不需要处理事务,在这里只是告诉读者如何使用事务* /
public class UserServiceImpl implements UserService{
  @Autowired
  private UserDao userDao;
    @Override
    public List <MyUser> selectUserByUname(MyUser user) {
            return userDao.selectUserByUname(user);
    }
    @Override
    public boolean login(MyUser user) {
           // 实现用户登录
           if(userDao.login(user).isEmpty())
                  return false;
           return true;
```

```
    }
    @Override
     public boolean register(MyUser user) {
       //实现用户注册
       if(userDao.addUser(user)> 0)
                       return true;
       return false;
    }
    @Override
    public List <MyUser> selectAllUsers() {
             // 查询所有用户
             return userDao.selectAllUsers();
    }
     @Override
     public MyUser selectUserById(Integer uid) {
       // 根据主键查询用户
            return userDao.selectUserById(uid);
      }
    @Override
     public int updateUser(MyUser user) {
            //用户信息更新
            return userDao.updateUser(user);
    }
    @Override
    public int deleteUser(Integer uid) {
            // 根据主键删除用户对象
            return userDao.deleteUser(uid);
    }
}
```

接下来，在 com.controller 包中创建 IndexController 和 UserController 两个类文件，其中 IndexController 文件中的两个方法 login 和 register 两个方法控制页面跳转到相应 JSP 页面，UserController 文件的方法具体实现用户登录、注册的实际控制。

IndexController 文件主要代码如下：

```
@Controller
@RequestMapping("/index")//路径
public class IndexController {
    @RequestMapping("/login")//具体方法名
    public String login() {
            return "login";//跳转到"/WEB - INF/jsp/login.jsp"
    }
    @RequestMapping("/register")
```

```
    public String register() {
            return "register";
    }
}
```

UserController 文件主要代码如下：

```
@Controller
@RequestMapping("/user") //路径
public class UserController {
  //得到一个用来记录日志的对象,这样打印信息的时候能够标记打印的是那个类的信息
      private static final Log logger = LogFactory.getLog(UserController.class);
    //将服务依赖注入到属性 userService
    @Autowired
        public UserService userService;
      /* * 处理登录 * /
    @RequestMapping("/login") //具体方法名
    public String login(MyUser user, HttpSession session, Model model) {
            logger.info("性别:"+ user.getUsex());
            if(userService.login(user)) {
                    //保存内容用了两个对象:session、model
                    session.setAttribute("u", user);
                List <MyUser> list = userService.selectAllUsers();
                    model.addAttribute("userList", list);
                    logger.info("成功");
                return "main"; //登录成功,跳转到 main.jsp
            }else{
                logger.info("失败");
                    model.addAttribute("messageError", "用户名或密码错误");
                    return "login";
        }
    }
    /* * 用户注册* /
    @RequestMapping("/register")
    public String register(@ModelAttribute("user") MyUser user) {
            if(userService.register(user)) {
                        logger.info(user);
                        return "login"; //注册成功,跳转到 login.jsp
            }else{
                    logger.info("失败");
                //使用@ModelAttribute("user")与 model.addAttribute("user", user)功
能相同
```

```
            //在 register.jsp 页面上可以使用 EL 表达式${user.uname}取出
ModelAttribute 的 uname 值
                return "register";//返回 register.jsp
            }
    }
    /* * 用户删除 * /
    @RequestMapping("/delUser")
    public String deleteUserById(Integer id, Model model) {
        if(userService.deleteUser(id)> 0){
            logger.info("删除成功");
            List <MyUser> list = userService.selectAllUsers();
            model.addAttribute("userList", list);
            return "main";//删除成功,跳转到 main.jsp
        }else{
            logger.info("删除失败");
            return "main";//登录成功,跳转到 main.jsp
        }
    }
    /* * 获取修改信息* /
    @RequestMapping("/updatingUser")
    public String updateUserById(Integer id, Model model) {
        if(userService.selectUserById(id) != null){
            logger.info("查询成功");
            model.addAttribute("user", userService.selectUserById(id));
            return "update";//删除成功,跳转到 update.jsp
        }else{
            logger.info("查询失败");
            return "main";//登录成功,跳转到 main.jsp
        }
    }
    /* * 提交修改信息* /
    @RequestMapping("/updated")
    public String updatedUserById (@ ModelAttribute (" user") MyUser user, Model
model) {
        if(userService.updateUser(user)> 0){
            logger.info("修改成功");
            List <MyUser> list = userService.selectAllUsers();
            model.addAttribute("userList", list);
            return "main";//修改成功,跳转到 main.jsp
        }else{
            logger.info("修改失败");
```

```
            return "main"; //登录成功,跳转到 main.jsp
        }
    }
}
```

从 IndexController 文件和 UserController 文件内容可以看到，该文件通过注解向客户端暴露调用接口，被调用后再调用 service 层的相应方法，最后根据运行结果控制返回展示层的不同页面。

在 WEB -INf 的 JSP 文件夹中创建 View 层的 UI 文件，包括 login.jsp 和 register.jsp 两个文件。其中，login.jsp 文件主要代码如下：

```
<body>
    <form action="${pageContext.request.contextPath }/user/login" method =
"post">
        <table>
         <tr><td colspan="2"><img
src="${pageContext.request.contextPath }/images/login.gif"></td>
         </tr>
         <tr><td>姓名:</td><td><input type="text"name="uname"
class="textSize"></td></tr>
          <tr><td>密码:</td><td><input type="password"name="upass"
class="textSize"></td></tr>
          <tr><td colspan="2"><input type="image"
src="${pageContext.request.contextPath }/images/ok.gif"onclick="gogo()">
                   <input type="image"
src="${pageContext.request.contextPath }/images/cancel.gif"  onclick="cancel()">
</td></tr>
       </table>
       ${messageError }
   </form>
   </body>
```

register.jsp 文件主要代码如下：

```
<body>
    <form action="${pageContext.request.contextPath }/user/register"method =
"post"name="registForm">
      <table border=1 bgcolor="lightblue"align="center">
         <tr><td>姓名:</td><td><input class="textSize"type="text"name =
"uname"/></td></tr>
         <tr><td>性别:</td><td>
            <input class="radiotextSize"type="radio"name="usex"value="男"/>男
            <input class="radiotextSize"type="radio"name="usex"value="女"/>女
         </td></tr>
```

```
            <tr><td>密码:</td><td><input class="textSize"type="password"
maxlength="20"name="upass"/></td></tr>
            <tr><td>确认密码:</td><td><input class="textSize"type="password"
maxlength="20"name="reupass"/></td></tr>
            <tr><td colspan="2"align="center"><input type="button"value="注册"
onclick="allIsNull()"/></td></tr>
        </table>
        </form>
    </body>
```

最后在容器 Tomcat 中启动 ch7_1 项目，通过在浏览器中输入地址“http://localhost:8080/ch7_1/index/register”后跳转到 register.jsp 页面，注册成功后可以通过用户名、密码登录，成功后可以看到所有用户信息，接着可以对用户记录进行删除和修改等操作，相关运行页面如图 7－3 所示。

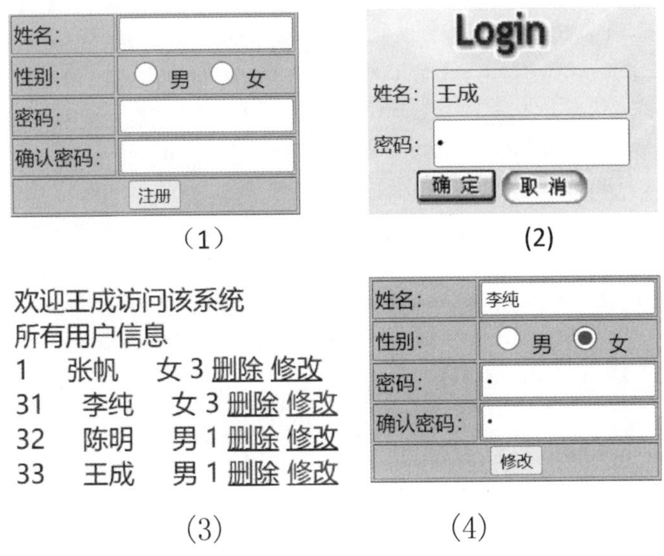

图 7－3　用户操作运行界面

以上过程就实现了整个框架的用户登录注册等功能，通过以上介绍可以了解 SSM 框架的工作机制和开发流程。该项目另外还创建了一个书籍实体类 MyBook，MyBook 类的属性如下所示：

```
private Integer sn;//书籍序号,自增长主键
private String bookName;//书名
private Double bookPrice;//价格
```

该类的各层代码与 User 类基本相似，在此就不一一列出。通过该类与用户进行关联可以实现订单的相关功能，需要在 com.pojo 包中创建一个联合类 BookOrder 文件，该文件包含了 User 实体类和 Book 类的各自主键，主要内容如下：

```
private Integer id; //主键
private Integer bookid; //书籍 ID
private String bookName; //书名
private Integer uid; //用户 ID
private String uname; //用户名
private Date  date; //订单日期
```

这个组合类的持久层的映射文件 OrderMapper.xml 文件主要内容如下：

```
<mapper namespace ="com.dao.OrderDao">
    <!-- 根据 id 查询一个订单信息 -->
    <select id ="selectOrderById"parameterType ="Integer"
        resultType ="com.pojo.BookOrder">
            select *  from books_users where id = #{id}
    </select>
    <!-- 查询所有订单信息 -->
    <select id ="selectallOrders"  resultType ="com.pojo.BookOrder">
            select bu.id,b.sn,b.bookName,u.uid,u.uname,bu.orderdate
            from book b,books_users bu,user u
            where bu.book_id = b.sn
            and bu.user_id = u.uid
    </select>
    <!-- 添加一条订单 -->
    <insert id ="addBookOrder"parameterType ="com.pojo.BookOrder">
            insert into books_users (book_id,user_id,orderdate)
values(#{bookid},#{uid},#{date})
    </insert>
</mapper>
```

此文件主要实现了对两个数据表进行关联查询的功能，相应的运行界面如图 7-4 所示。

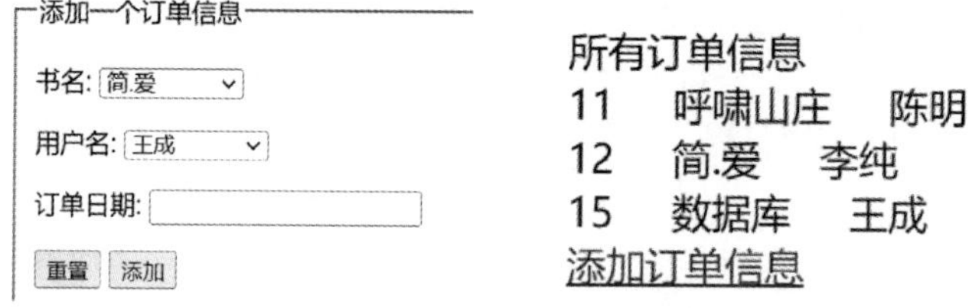

图 7-4 订单操作运行界面

至此，本项目实现流程都已介绍，通过该项目的实现，可以了解并掌握 SSM 框架整合的配置和开发流程。

7.2 ch7_2——高校工程教育认证管理系统项目

7.2.1 项目简介

该项目是我校师生与企业联合开发出的一个高校工程教育认证管理系统，通过该项目的锻炼，使师生对项目开发过程、项目管理和最新开发框架有了充分了解。在本书中，抽取了其中一个小模块进行相关开发流程介绍，着重了解实际项目开发中的环境配置，以及复杂业务下的模块封装调用等，包括一些常见功能实现，包括前端技术 Bootstrap 使用、分页实现等。

1. 项目功能架构见 7－5

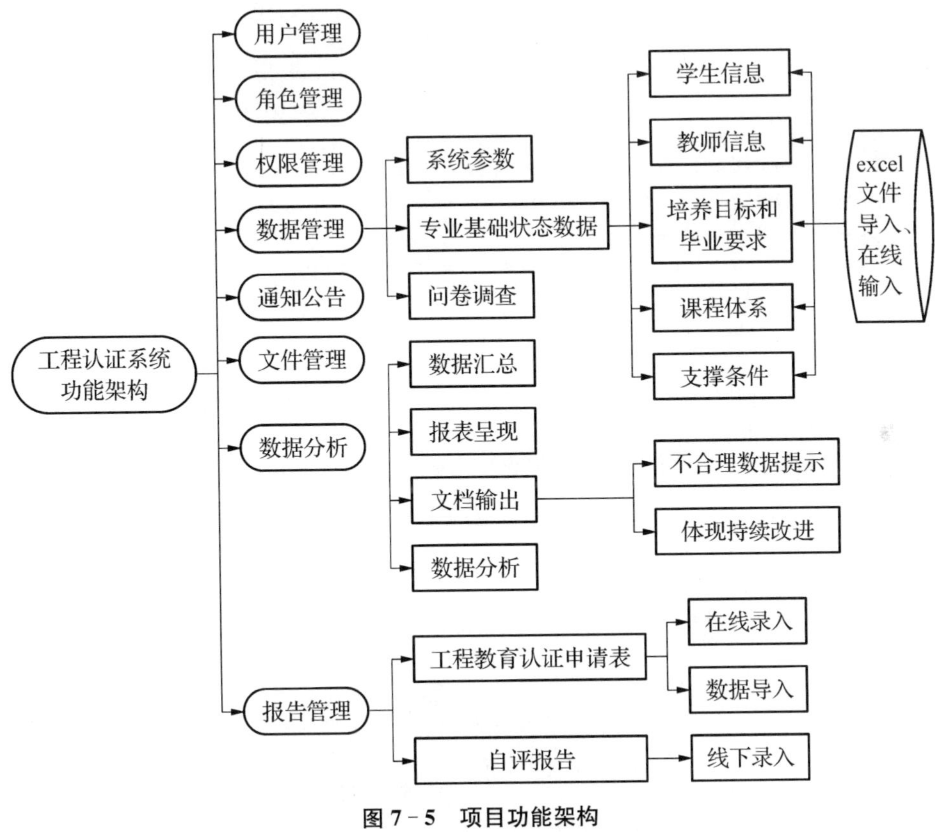

图 7－5　项目功能架构

2. 平台开发环境

① Spring 5.2.5 和 MyBatis 3.5.8 作为底层技术构架，使用 maven 进行管理。

② Tomcat 9。

③ MySQL Server 5.7.22。

④ JDK 11。

⑤ IntelliJ IDEA 2022.2.3（Ultimate Edition）。

⑥ git(使用 git 进行团队项目管理)。

3. 数据库设计

图 7-6　数据库设计

4. 页面展示

(1) 平台运行后前台登录首页如图 7-7 所示。

图 7-7　系统登录

(2) 登录成功后的认证流程首页如图 7-8 所示。

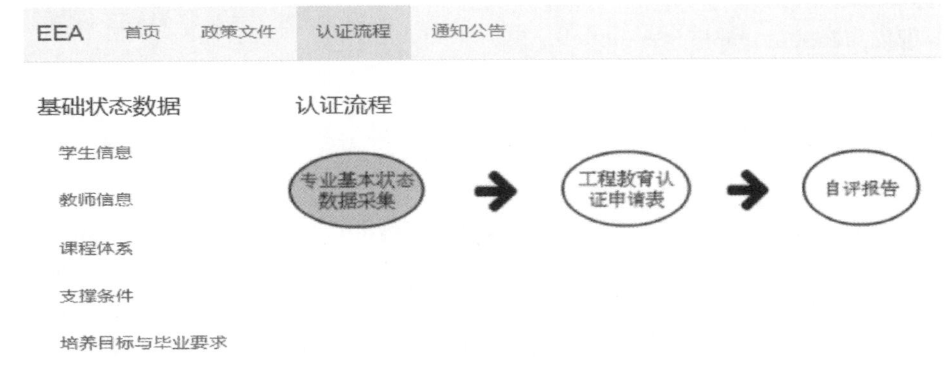

图 7-8　认证流程首页

7.2.2　项目创建流程（以课程体系模块为例）

1. 项目目录结构见图 7-9

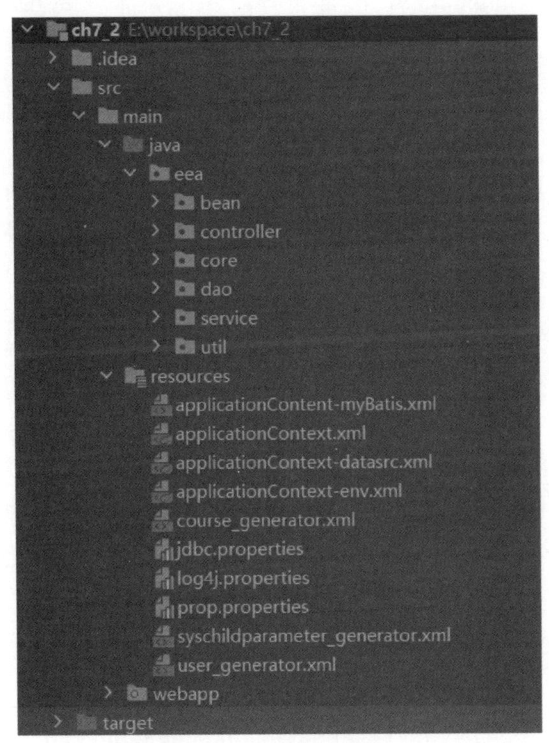

图 7-9　项目目录结构

2. 项目创建步骤

(1) 项目依赖配置 maven 的 pom.xml 文件。

配置文件中与之前雷同内容此处省略。

JSON 映射的 jar 包配置代码如下：

```
<!-- JSON 映射 -->
<dependency>
  <groupId>com.alibaba</groupId>
  <artifactId>fastjson</artifactId>
  <version>1.1.41</version>
</dependency>
<dependency>
  <groupId>com.fasterxml.jackson.core</groupId>
  <artifactId>jackson-core</artifactId>
  <version>2.10.1</version>
</dependency>
<dependency>
  <groupId>com.fasterxml.jackson.module</groupId>
  <artifactId>jackson-module-jaxb-annotations</artifactId>
  <version>2.10.1</version>
</dependency>
<dependency>
  <groupId>com.fasterxml.jackson.core</groupId>
  <artifactId>jackson-databind</artifactId>
  <version>2.10.1</version>
</dependency>
```

MyBatis 分页插件的 JAR 包配置代码如下：

```
<!-- mybatis 分页插件 -->
<dependency>
  <groupId>com.github.miemiedev</groupId>
  <artifactId>mybatis-paginator</artifactId>
  <version>1.2.15</version>
</dependency>
<dependency>
  <groupId>com.github.pagehelper</groupId>
  <artifactId>pagehelper</artifactId>
  <version>4.1.6</version>
</dependency>
```

（2）SSM 配置文件。

修改 web.xml 文件，主要代码如下：

```
<!-- Spring MVC -->
<servlet>
  <servlet-name>spring</servlet-name>
  <servlet-class>org.springframework.web.servlet.DispatcherServlet</servlet-
class>
```

```
  <init-param>
    <param-name>contextConfigLocation</param-name>
    <param-value>classpath:applicationContext.xml</param-value>
  </init-param>
  <load-on-startup>0</load-on-startup>
</servlet>

<servlet-mapping>
  <servlet-name>spring</servlet-name>
  <url-pattern>*.do</url-pattern>
</servlet-mapping>
```

创建 applicationContext.xml 文件并配置，主要代码如下：

```
<!--加载其他相关配置文件-->
<import resource="applicationContext-*.xml"/>
<!-- 注解扫描 -->
<context:component-scan base-package="eea"></context:component-scan>
<!-- controller 事务配置 -->
<tx:annotation-driven/>
<!-- 日期格式转换 -->
<mvc:annotation-driven conversion-service="conversionService"/>
<bean id="conversionService"
  class="org.springframework.format.support.FormattingConversionServiceFactoryBean">
  <property name="converters">
     <list>
        <bean class="eea.util.DateConverters"/>
     </list>
  </property>
</bean>
```

```
<!--启动 Spring MVC 的视图解析器-->
  <bean class="org.springframework.web.servlet.view.BeanNameViewResolver">
     <property name="order"value="1"/>
  </bean>
  <!-- json 视图解析 -->
  <bean id="jsonView" class="org.springframework.web.servlet.view.json.MappingJackson2JsonView">
     <property name="contentType"value="application/json"/>
</bean>
<!-- 解析 jsp 等页面 -->
  <bean class="org.springframework.web.servlet.view.InternalResourceViewResolver">
  <property name="prefix"value=""></property>
```

```
  <property name ="order"value ="10"/>
</bean>
<!--增加统一的异常处理类 -->
<bean id ="handlerExceptionResolver"class ="eea.util.ExceptionHandler"/>

<!--配合@ResponseBody 注解返回 json 数据  -->
   < bean  id =" stringConverter" class =" org. springframework. http. converter.
StringHttpMessageConverter">
      <property name ="supportedMediaTypes">
          <list>
              <value> application/json;charset = UTF - 8 </value>
          </list>
      </property>
  </bean>
```

applicationContext - datasrc.xml 文件主要内容包括配置数据库连接池、事务等，与之前内容相同之处不再列出代码如下。

```
<!--把事务控制在 Service 层 -->
<aop:config>
  <aop:pointcut id ="pc"
     expression ="execution(public *  eea.service.impl.* .* (..))"/>
  <aop:advisor pointcut - ref ="pc"advice - ref ="userTxAdvice"/>
</aop:config>
```

创建 applicationContent - myBatis.xml 文件并配置，主要内容包括分页等代码如下：

```
<!-- com.github.pagehelper 为 PageHelper 类所在包名，PageHelper 用于 mybatis 分页 -->
  <plugin interceptor ="com.github.pagehelper.PageHelper">
      <property name ="dialect"value ="mysql"/>
      <!-- 该参数默认为 false -->
      <!-- 设置为 true 时，会将 RowBounds 第一个参数 offset 当成 pageNum 页码使用 -->
      <!-- 和 startPage 中的 pageNum 效果一样-->
      <property name ="offsetAsPageNum"value ="true"/>
      <!-- 该参数默认为 false -->
      <!-- 设置为 true 时，使用 RowBounds 分页会进行 count 查询 -->
      <property name ="rowBoundsWithCount"value ="true"/>
      <!-- 设置为 true 时，如果 pageSize = 0 或者 RowBounds.limit = 0 就会查询出全部的结果 -->
      <!-- (相当于没有执行分页查询，但是返回结果仍然是 Page 类型)-->
      <property name ="pageSizeZero"value ="true"/>
      <!-- 3.3.0 版本可用 - 分页参数合理化，默认 false 禁用 -->
      <!-- 启用合理化时，如果 pageNum < 1 会查询第一页，如果 pageNum > pages 会查询最后一页 -->
      <!-- 禁用合理化时，如果 pageNum < 1 或 pageNum > pages 会返回空数据 -->
      <property name ="reasonable"value ="false"/>
```

```
        <!-- 3.5.0 版本可用 - 为了支持 startPage(Object params)方法 -->
        <!-- 增加了一个'params'参数来配置参数映射,用于从 Map 或 ServletRequest 中取值 -->
        <!-- 可以配置 pageNum,pageSize,count,pageSizeZero,reasonable,不配置映射的用默认值 -->
        <!-- 不理解该含义的前提下,不要随便复制该配置 -->
        <property name ="params"value ="pageNum = start;pageSize = limit;"/>
    </plugin>
```

(3) 业务逻辑。

① Model 层

表课程基本情况数据字典如表 7-1 所示。

表 7-1　课程基本情况数据字典

名称	代码	数据类型	注释
序号	course_id	integer	
课程名称	course_name	varchar(30)	
课程类别编号	course_category_id	integer	
专业编号	major_id	integer	
是否专业主干课程	is_main_course	integer	
课程类型编号	course_type_id	integer	
理论学时	course_theory_hours	integer	
实践学时	course_practice_hours	integer	
学分	course_credits	double	
授课教师编号	teacher_info_id	integer	
专业技术职称编号	teacher_title_id	integer	
考核方式编号	course_check_method_id	integer	
教师编号	teacher_id	integer	
面向年级	course_to_grade	integer	
本专业修读学生数	course_student	integer	
创建时间	gmt_create	date	
更新时间	gmt_modified	date	
创建记录的用户编号	create_user_id	integer	
更新记录的用户编号	modified_user_id	integer	
统计时点	statistical_date	date	

新建实体类 CourseInfo,主要属性如下:

```
public classCourseInfo {
    private Integer courseId;
    private String courseName;//课程名称
    private Integer courseCategoryId;//课程类别编号 -外键
    private Integer isMainCourse;//是否专业主干课程 -1 是 2 不是
    private Integer courseTypeId;//课程类型编号:1 -必修 2 选修
    private Integer courseTheoryHours;//理论学时
    private Integer coursePracticeHours;//实践学时
    private Integer specialityId;//专业 Id -外键
    private Double courseCredit;//学分
    private Integer courseCheckMethodId;//考核方式编号
    private Integer courseToGrade;//面向年级
    private Integer courseStudent;//本课程修读学生数
    private Date gmtModified;//记录更新时间
```

② Dao 层

新建接口 CourseInfoMapper.java，代码如下：

```
public interface CourseInfoMapper {
    int countByExample(CourseInfoExample example);
    int deleteByExample(CourseInfoExample example);
    int deleteByPrimaryKey(Integer courseId);
    int insert(CourseInfo record);
    int insertSelective(CourseInfo record);
    List <CourseInfo> selectByExample(CourseInfoExample example);
    CourseInfo selectByPrimaryKey(Integer courseId);
    int updateByExampleSelective (@ Param (" record") CourseInfo record, @ Param ("
example") CourseInfoExample example);
    int updateByExample (@ Param (" record") CourseInfo record, @ Param (" example")
CourseInfoExample example);
    int updateByPrimaryKeySelective(CourseInfo record);
    int updateByPrimaryKey(CourseInfo record);
    // 根据条件查询课程信息
    List <CourseInfoVO> selectCourseInfoVOByExample(CourseInfoExample example);
}
```

新建 mybatis 映射文件 CourseInfoMapper.xml，主要代码如下：

```
<mapper namespace ="com.eea.sysMng.dao.CourseInfoMapper">
  <resultMap id ="BaseResultMap"type ="com.eea.sysMng.bean.CourseInfo">
    ...略...
  </resultMap>
    ...略...
    < select  id  ="  countByExample"  parameterType  ="  com.  eea.  sysMng.  bean.
CourseInfoExample"resultType ="java.lang.Integer">
```

```
    select count(* ) from t_course_info
    <if test ="_parameter != null">
      <include refid ="Example_Where_Clause"/>
    </if>
  </select>
    ...略...
```

③ Service 层

新建接口 CourseInfoService.java，代码如下：

```
    public interface CourseInfoService {
    // 通过课程编号判断课程是否存在
    boolean isCourseExist(Integer courseId);
    // 添加课程
    int insertCourse(CourseInfo courseInfo);
    // 分页查询并显示符合条件的课程信息
     PagedResult < CourseInfoVO > queryCourseByPage (CourseInfoExample example,
Integer... args);
    // 根据 courseId 查询课程信息
    CourseInfo selectCourseInfoBycourseId(Integer courseId);
    // 根据 courseId 修改课程信息
    int updateCourseInfoBycourseId(CourseInfo courseInfo);
    // 根据 courseId 修改课程信息
    int deleteCourseInfoByCourseId(Integer courseId);
    // 查询专业技术职称
    List <SysChildParameter> selectTeacherTittle();
    // 查询课程类别
    List <SysChildParameter> selectCourseCategory();
}
```

新建实现类 CourseInfoServiceImpl.java，代码如下：

```
@Service
public class CourseInfoServiceImpl implements CourseInfoService {
            @Resource
        private CourseInfoMapper courseMapper;
        @Resource
        private SysChildParameterMapper parameterMapper;
        @ Autowired
        ConstantUtils toolsUtils;//获取 applicationContext -env.xml 中的 bean
        // 判断课程是否存在
              ...略...
        // 添加课程信息
        ...略...
        // 查询并显示符合条件的课程信息
```

```
    @Override
        public PagedResult < CourseInfoVO > queryCourseByPage(CourseInfoExample
example,Integer... args) {
                Integer pageNo = 1;//默认从第一页开始
        //      logger.debug("查找结果"+
toolsUtils.getSysEnvironment().get("pageSize"));
                //获取 applicationContext-env.xml 中默认分页参数
                Integer
pageSize = Integer.parseInt(toolsUtils.getSysEnvironment().get("pageSize").
toString());
                for(int i = 0; i < args.length; i++) {
                    pageNo = args[0];
                    pageSize = args[args.length - 1];
        }
            PageHelper.startPage(pageNo,pageSize);  //startPage 是告诉拦截器开始分
页,分页参数是这两个。
            return
BeanUtil.toPagedResult(courseMapper.selectCourseInfoVOByExample(example));
        }
        // 根据 courseId 查询课程信息
        ...略...
        // 根据 courseId 修改课程信息
        ...略...
        // 根据 courseId 删除课程信息
        ...略...
        // 查询专业技术职称
        @ Override
        public List < SysChildParameter > selectTeacherTittle() {
                    SysChildParameterExample example = new
SysChildParameterExample();
                example.or().andParParmIdEqualTo((short)101);
                return parameterMapper.selectByExample(example);
        }
        // 查询课程类别
        ...略...
}
```

④ Controller 层(Action 层)

新建类 CourseInfoController.java,代码如下:

```
@Controller
    @RequestMapping("course/")
    public class CourseInfoController {
```

```
    ...略...
    @Resource
    ConstantUtils toolsUtils;// 获取 applicationContext-env.xml 中的 bean
    // 跳转到课程信息列表
        @RequestMapping("toListCourse")
    public ModelAndView toListCourse() {
            ModelAndView mav = new ModelAndView("list_course.jsp");
            return mav;
    }
  // 跳转到添加页面
  @RequestMapping("addCourse")
     public ModelAndView addCourse() {
             List <Speciality> specialities =
     ...略...
         ModelAndView mav = new ModelAndView("jsonView");
         mav.addObject("specialities", specialities);
     ...略...
             return mav;
  }
      // 根据 courseId 判断课程是否存在
  @RequestMapping("isCourseExist")
  @ResponseBody
     public  Map  < String,  Object >  isCourseExist (@ RequestParam  Integer
courseId) {
      ...略...
      }
  // 执行添加课程的操作
      @RequestMapping("addCourseOp")
  public ModelAndView addCourseOp(CourseInfo courseInfo) {
      ...略...
      }
  // 查询课程信息并显示
  @RequestMapping("listCourse")
      public ModelAndView listCourse(Integer pagenumber, Integer pagesize,
String userName) {
              // logger.info("分页查询用户信息列表请求入参:pageNumber{},
pageSize{}", pagenumber,pagesize);
          pagenumber = pagenumber == null ? 1 : pagenumber;
          pagesize = pagesize == null ?
Integer.parseInt(toolsUtils.getSysEnvironment().get("pageSize").toString())
          : pagesize;
          // logger.debug("页码:"+ pagenumber);
```

```
            CourseInfoExample example = new CourseInfoExample();
            PagedResult < CourseInfoVO > courses =
            courseService.queryCourseByPage(example, pagenumber, pagesize);
                ModelAndView mav = new ModelAndView("jsonView");
            mav.addObject("isError", false);
            mav.addObject("pageno", courses.getPageNo());
            mav.addObject("pages", courses.getPages());
            mav.addObject("tts", courses);
            return mav;
    }
    // 跳转到根据 courseId 修改课程信息页面
    @RequestMapping("updateCourse")
    public ModelAndView updateCourse(@RequestParam Integer courseId) {
        ...略...
        }
    // 执行根据 courseId 修改课程信息的操作
    @RequestMapping("updateCourseOp")
    public ModelAndView updateCourseOp(CourseInfo courseInfo) {
        ...略...
            }
    // 执行根据 courseId 删除课程信息的操作
    @RequestMapping("deleteCourse")
    public ModelAndView deleteCourse(@RequestParam Integer courseId) {
        ...略...
            }
}
```

⑤ View 层

新建 list_course.jsp 文件，主要代码如下：

```
<%@page language ="java"pageEncoding ="utf - 8"%>
<%@include file ="../header.jsp"%>
< head >
    < style type ="text/css">
            ...略...
    </style >
    < script type ="text/javascript">
        $(function() {
                $("# sidebar").load("../sidebar.jsp",function(){
                            //设置当前选中菜单样式
        //          $("# licourse").attr("class",'active');
                    $("# licourse").css("background - color","# C0C0C0");
                });
```

```
        });
    </script>
    <script src="js/listCourse.js"></script>
    <script src="js/courseFunction.js"></script>
    <script src="js/common.js"></script>
</head>
<body>
        <div class="container-fluid">
            ...略...
            <!-- 导航栏 -->
                                <ul class="nav nav-tabs">
            ...略...
         </ul>
                    <!-- 搜索、添加栏 -->
        <!--  课程信息表格 -->
        <!-- 底部分页按钮 -->
                    <!-- right 结束 -->
            <!-- main 结束 -->
            <!--  content 结束 -->
            <!-- container-fluid 结束 -->
                <!--添加课程信息模态框 -->
    <div class="modal fade"id="addModal"tabindex="-1"role="dialog"
     aria-labelledby="myModalLabel"aria-hidden="true">
                ...略...
          <!-- /.modal-dialog -->
    </div>
    <!-- /.modal -->
          ...略...
   <script type="text/javascript">
            /* 日历插件  只选择年份* /
                 $(".form_datetime").datetimepicker({
                 format : "yyyy",
                 autoclose : true,
                 todayBtn : false,
                 todayHighlight : true,
                 showMeridian : true,
                 pickerPosition : "bottom-left",
                 language : 'zh-CN',//中文,需要引用 zh-CN.js 包
                 startView : 4,//月视图
                 minView : 4
              //日期时间选择器所能够提供的最精确的时间选择视图
            });
```

```
        </script>
</body>
</html>
```

新建 header.jsp 文件，代码如下：

```
<%@page language="java"contentType="text/html; charset=UTF-8"
    pageEncoding="UTF-8"%>
<%@taglib uri="http://java.sun.com/jsp/jstl/core"prefix="c"%>
<%@taglib uri="http://java.sun.com/jsp/jstl/fmt"prefix='fmt'%>
<%@page isELIgnored="false"%>
<link rel="stylesheet"type="text/css"
href="${pageContext.request.contextPath}/css/bootstrapValidator.min.css" rel="
stylesheet"/>
                ...略...
<script src="${pageContext.request.contextPath}/js/jquery-3.2.1.min.js"></
script>
                ...略...
    <nav class="navbar navbar-default navbar-static-top">
        <div class="container">
            <div class="navbar-header">
                                        ...略...
    </nav>
```

新建 listCourse.js 文件，代码如下：

```
/**
 * @ 页面描述:生成课程信息表格; */
var isMainCourseArr = ["","是","否"];
var courseTypeArr = ["","必修","选修"];
var courseCheckMethodArr =["","考试","考查"];
var PAGESIZE = 10;
var options = {
   currentPage: 1,  //当前页数
   totalPages: 5,  //总页数,这里只是暂时的,后头会根据查出来的条件进行更改
   size:"normal",
   bootstrapMajorVersion: 3,
   alignment:"center",
   itemTexts: function (type, page, current) {
      switch (type) {
         case "first":
            return "第一页";
                                    ...略...
         case "page":
            return page;
```

```
        }
    },
    onPageClicked: function (e, originalEvent, type, page) {
        var userName = $("# textInput").val(); //取内容
        buildTable(userName,page,PAGESIZE);//默认每页最多 10 条
    }
}
    //获取当前项目的路径
    var urlRootContext = (function () {
        var strPath = window.document.location.pathname;
        var postPath = strPath.substring(0, strPath.substr(1).indexOf('/') + 1);
        return postPath;
    })();
    //生成表格
    function buildTable(userName,pageNumber,pageSize) {
        var url =  urlRootContext + "/course/listCourse.do"; //请求的网址
        var reqParams = {"username":userName,
"pagenumber":pageNumber,"pagesize":pageSize};//请求数据
        $(function () {
            $.ajax({
                type:"POST",
                url:url,
                data:reqParams,
                async:false,
                dataType:"json",
                success: function(data){
                    if(data.isError == false) {
                        // options.totalPages = data.pages;
                        var newoptions = {
                        currentPage: data.pageno,  //当前页数
                        totalPages: data.pages == 0? 1:data.pages,  //总页数
                        size:"normal",
                        alignment:"center",
                        itemTexts: function (type, page, current) {
                            switch (type) {
                                case "first":
                                    return "第一页";
                                                    ...略...
                                case "page":
                                    return  page;
                            }
                        },
```

```
                        onPageClicked: function (e, originalEvent, type, page) {
                var userName = $("# textInput").val(); //取内容
                            buildTable(userName,page,PAGESIZE);//默认每页最多 10 条
                        }
                    }
                    $('# bottomTab').bootstrapPaginator(" setOptions",newoptions); //
重新设置总页面数目
                    var dataList = data.tts.dataList;
                    // alert(dataList.length);
                    $("# tableBody").empty();//清空表格内容
                    if (dataList.length > 0 ) {
                        console.info(dataList.length);
                        var index = 1;
                        var offset = (pageNumber - 1 ) * pageSize;
                        $(dataList).each(function(){//重新生成
                            var html ="<tr>";
                            html += '<td>'+ this.courseId + '</td>';
                                                    ...略...
                                html += '<td>';
                            html += '<button id ="updateCourseButton"class ="btn btn
-primary btn - sm"data - toggle ="modal"data - target ="# updateModal"
onclick ="updateCourse('+ this.courseId +');">修改</button>';
                            html += '<button type ="button"id ="del"class ="btn btn -
default btn - sm"onclick ="deleteCourse('+ this.courseId +')">删除</button>';
                            html += '</td>';
                            html += '</tr>';
                            $("# tableBody").append(html);
                            index ++;
                        });
                    } else {
                        $("# tableBody").append('<tr><th colspan ="4"><center>查询
无数据</center></th></tr>');
                    }
                }else{
                    alert(data.errorMsg);
                }
            },
            error: function(data){
                alert("查询失败:"+ data.pages);
            }
        });
```

```
    });
}
    //渲染完就执行
    $(function() {
            //生成底部分页栏
        $('# bottomTab').bootstrapPaginator(options);
        buildTable("",1,10);//默认空白查全部
    });
```

新建 courseFunction.js 文件，主要代码如下：

```
//获取当前项目的路径
var urlRootContext = (function () {
    var strPath = window.document.location.pathname;
    var postPath = strPath.substring(0, strPath.substr(1).indexOf('/') + 1);
    return postPath;
})();
function addCourse() {
      $.ajax({
            async : false,
            type : 'post',
            url : urlRootContext +'/course/addCourse.do',
            success : function(data)
                if(data.courseCategory != null) {
                    $("# addModal select[name =' courseCategoryId']").empty();
                      $(" # addModal select[name =' courseCategoryId']").append('<
option value ="">——请选择——</option>');
                    for(var i = 0;i < data.courseCategory.length;i ++) {
                          // <option value ="">——请选择——</option>
                          // alert(data.teachers[i].id)
                          var html ='<option
value =""+ data.courseCategory[i].childParmId +"">';
                          html += data.courseCategory[i].childParmDisplay + '</option>';
                        $("# addModal select[name =' courseCategoryId']").append(html);
                    }
                }
                if(data.specialities != null) {
                          ...略...
            }
            if(data.teachers != null) {
                          ...略...
            }
            if(data.teacherTittle != null) {
```

```
                    ...略...
            },
            error : function(data) {
                //alert("未知错误【"+ data.result + "】");
            }
        });
    }
    function addCourseOp() {
        $.ajax({
            async : false,
            type : 'post',
            url : urlRootContext +'/course/addCourseOp.do',
            data : $('# addCourseForm').serialize(),
            success : function(data) {
                if (data.result == 'SUCCESS') {
                    alert("添加成功【"+ data.result + "】");
            var pageNum = $("# bottomTab li[class =' active']").text(); // 获取添加前的
页码
                    buildTable("", pageNum, PAGESIZE);
                    $('# addModal').modal(' hide');
                    formReset();
                } else {
                    //alert("添加失败【"+ data.result + "】");
                }
            },
            error : function(data) {
                alert(data.result);
            }
        });
    }
...略...
```

（4）运行测试

在浏览器中输入 http://localhost:8080/ch7_2/course/toListCourse.do，运行界面如图 7-10 所示。

编号	名称	课程类别	是否专业主干课程	课程类型	理论课时	实践课时	学分	考核方式	面向年级	修读学生数	操作
100	测试	专业基础类与专业类	是	选修	32	24	3	考查	2018	40	修改 删除
110	Java EE	专业基础类与专业类	是	必修	32	24	3	考试	2017	46	修改 删除
111	C语言程序设计	工程基础类	是	必修	22	11	4	考试	2019	100	修改 删除
121	java程序设计	工程基础类	是	必修	21	12	3	考试	2020	40	修改 删除
123	c#程序设计	专业基础类与专业类	是	选修	24	10	2	考查	2016	47	修改 删除
124	高等数学	数学与自然科学类	是	必修	42	6	6	考试	2016	130	修改 删除
125	数据结构	工程基础类	是	必修	34	12	6	考试	2016	234	修改 删除
126	线性代数	数学与自然科学类	否	选修	24	4	3	考查	2015	64	修改 删除
127	概率统计	数学与自然科学类	否	选修	24	4	2	考查	2016	65	修改 删除
128	软件工程	工程基础类	是	必修	48	12	6	考查	2017	124	修改 删除

图 7－10　toListCourse.do 运行界面

修改课程界面运行，如图 7－11 所示。

课程编号：111　　年级：2014

课程名称：C语言程序设计

课程类别：工程基础类

专业名称：计算机科学与技术

是否专业主干课程：◉ 是　○ 否

课程类型：必修　　学分：4

理论学时：22　　实践学时：11

授课教师：admin

专业技术职称：教授

考核方式：考试

本专业修读课程学生数：100

图 7－11　课程修改运行界面

巩固练习

根据项目需求分组进一步扩充项目的其他功能。

【微信扫码】
习题解答 & 相关资源

第8章

Spring Boot 框架及应用

学习目标

1. 了解并掌握 Spring Boot 框架的基本知识

2. 了解并比较 Spring Boot 框架与经典 SSM 相似和不同之处，从而进一步理解 Spring 框架的机制及内涵

3. 掌握 Spring Boot 框架整合第三方开源库进行软件项目开发的流程

8.1 框架介绍

8.1.1 简介

Spring 框架是 Java 平台上的一种开源应用框架，提供具有控制反转特性的容器。Spring 框架为开发提供了一系列的解决方案，比如利用控制反转的核心特性，并通过依赖注入实现控制反转来实现管理对象生命周期容器化，利用面向切面编程进行声明式的事务管理，整合多种持久化技术管理数据访问，提供大量优秀的 Web 框架方便开发等等。Spring 框架利用容器管理对象的生命周期，容器可以通过扫描 XML 文件或类上特定 Java 注解来配置对象，开发者可以通过依赖查找或依赖注入来获得对象。

Spring Boot 是由 Pivotal 团队提供的全新框架，其设计目的是用来简化 Spring 应用的初始搭建以及开发过程。该框架使用了特定的方式来进行配置，从而使开发人员不再需要定义样板化的配置。Spring Boot 致力于在蓬勃发展的快速应用开发领域(rapid application development)成为领导者。

Spring Boot 基于 Spring4.0 设计，不仅继承了 Spring 框架原有的优秀特性，而且还通过简化配置来进一步简化了 Spring 应用的整个搭建和开发过程。另外，Spring Boot 通过集成大量的框架使得依赖包的版本冲突，以及引用的不稳定性等问题得到了很好的解决。

8.1.2 特点

Spring Boot 所具备的特征有：

(1) 可以创建独立的 Spring 应用程序，并且基于其 Maven 或 Gradle 插件，可以创建可执行的 JARs 和 WARs；

(2) 内嵌 Tomcat 或 Jetty 等 Servlet 容器；

(3) 提供自动配置的“starter”项目对象模型(POMS)以简化 Maven 配置；

(4) 尽可能自动配置 Spring 容器；

(5) 提供健康检查和服务监控；

(6) 极少的代码生成，不需要 XML 配置。

Spring Boot 的优点相较于传统的 Spring 框架，Spring Boot 框架具有以下优点：

(1) 可快速构建独立的 Spring 应用。Spring Boot 是一个依靠大量注解实现自动化配置的全新框架。在构建 Spring 应用时，我们只需要添加相应的场景依赖，Spring Boot 就会根据添加的场景依赖自动进行配置，在无须额外手动添加配置的情况下快速构建出一个独立的 Spring 应用。

(2) 直接嵌入 Tomcat、Jetty 和 Undertow 服务器(无须部署 WAR 文件)。传统的 Spring 应用部署时，通常会将应用打成 WAR 包形式并部署到 Tomcat、Jetty 或 Undertow 服务器中。Spring Boot 框架内嵌了 Tomcat、Jetty 和 Undertow 服务器，而且可以自动将项目打包，并在项目运行时部署到服务器中。

(3) 通过依赖启动器简化构建配置。在 Spring Boot 项目构建过程中，无须准备各种独立的 JAR 文件，只需在构建项目时根据开发场景需求选择对应的依赖启动器“starter”，在引入的依赖启动器“starter”内部已经包含了对应开发场景所需的依赖，并会自动下载和拉取相关 JAR 包。例如，在 Web 开发时，只需在构建项目时选择对应的 Web 场景依赖启动器 spring - boot - starter - web，Spring Boot 项目便会自动导入 spring - webmvc、spring - web、spring - boot - starter、tomcat 等子依赖，并自动下载和获取 Web 开发需要的相关 JAR 包。

(4) 自动化配置 Spring 和第三方库。Spring Boot 充分考虑到与传统 Spring 框架以及其他第三方库融合的场景，在提供了各种场景依赖启动器的基础上，内部还默认提供了各种自动化配置类(例如 RedisAuto Configuration)。使用 Spring Boot 开发项目时，一旦引入了某个场景的依赖启动器，Spring Boot 内部提供的默认自动化配置类就会生效，开发者无须手动在配置文件中进行相关配置(除非开发者需要更改默认配置)，从而极大减少了开发人员的工作量，提高了程序的开发效率。

(5) 提供生产就绪功能。Spring Boot 提供了一些用于生产环境运行时的特性，例如指标、监控检查和外部化配置。其中，指标和监控检查可以帮助运维人员在运维期间监控项目运行情况，外部化配置可以使运维人员快速、方便地进行外部化配置和部署工作。

(6) 极少的代码生成和 XML 配置。Spring Boot 框架内部已经实现了与 Spring 以及其他常用第三方库的整合连接，并提供了默认最优化的整合配置，使用时基本上不需要额外生成配置代码和 XML 配置文件。在需要自定义配置的情况下，Spring Boot 更加提倡使用 Java config(Java 配置类)替换传统的 XML 配置方式，这样更加方便查看和管理。

虽然说 Spring Boot 有诸多的优点，但 Spring Boot 也有一些缺点。例如，Spring Boot 入门较为简单，但是深入理解和学习却有一定的难度，这是因为 Spring Boot 是在 Spring 框架的基础上推出的，所以读者想要弄明白 Spring Boot 的底层运行机制，有必要对 Spring 框架有一定的了解。

8.1.3 安装

从最根本上来讲，Spring Boot 就是一些库的集合，它能够被任意项目的构建系统所使用。简便起见，该框架也提供了命令行界面，它可以用来运行和测试 Spring Boot 应用。框架的发布版本，包括集成的 CLI(命令行界面)，可以在 Spring 仓库中手动下载和安装。一种更为简便的方式是使用 Groovy 环境管理器(Groovy enVironment Manager，GVM)，它会处理 Spring Boot 版本的安装和管理。Spring Boot 及其 CLI 可以通过 GVM 的命令行 gvm install springboot 进行安装。在 OS X 上安装 Boot 可以使用 Homebrew 包管理器。为了完成安装，首先要使用 brew tap pivotal/tap 切换到 Pivotal 仓库中，然后执行 brew install springboot 命令。

要进行打包和分发的工程会依赖于像 Maven 或 Gradle 这样的构建系统。为了简化依赖图，Spring Boot 的功能是模块化的，通过导入 Spring Boot 所谓的“starter”模块，可以将许多的依赖添加到工程之中。为了更容易地管理依赖版本和使用默认配置，框架提供了一个 parent POM，工程可以继承它。

8.2 应用案例

8.2.1 基于 Spring Boot 的 MVC 框架实现用户注册、登录

该项目基于上一章中的第一项目案例 SSMDemo 进行框架重组，从而进一步理解 Spring Boot 框架的运行机制和架构思想。

1. 项目 ch8_1 的文件架构见图 8-1

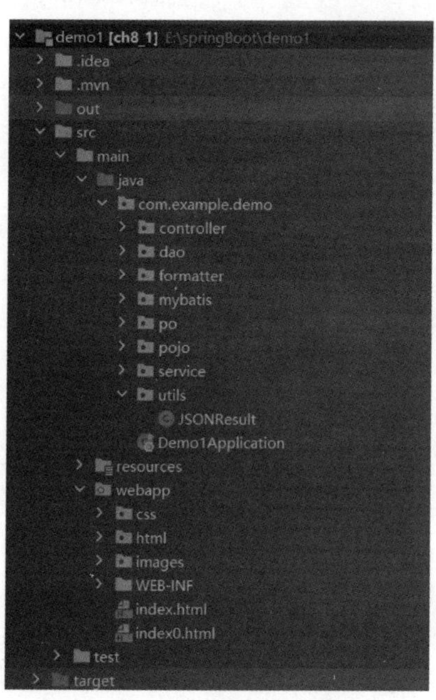

图 8-1 项目文件架构图

从上图可以看出，项目的整体业务结构是没有什么变化，变化的主要是相关配置文件和Spring 管理机制。

2. 项目配置文件

pom.xml 文件内容较多，其中作为 Web 项目的包依赖关键配置代码如下：

```
<parent>
    <groupId>org.springframework.boot</groupId>
    <artifactId>spring-boot-starter-parent</artifactId>
    <version>2.7.5</version>
    <relativePath/> <!-- lookup parent from repository -->
</parent>
```

```
<dependencies>
    <dependency>
        <groupId>org.springframework.boot</groupId>
        <artifactId>spring-boot-starter-web</artifactId>
    </dependency>
```

以上的配置是 Spring Boot 最重要的配置内容，spring -boot -starter -parent 依赖实现了整个框架的依赖文件的统一版本号管理，包括 Spring、Tomcat 等。如果 pom.xml 引入的依赖不是 spring -boot -starter -parent 管理的，需要使用<versions>标签指定依赖文件的版本号。spring - boot - starter - web 依赖指定了所需 jar 包文件的引入，包括SpringWeb、Spring MVC、Tomcat 等依赖包都会自动下载，从而很好地简化了依赖配置管理。

```
<dependency>
    <groupId>mysql</groupId>
    <artifactId>mysql-connector-java</artifactId>
    <version>8.0.29</version>
</dependency>
```

以上这个依赖项的配置主要是指定了 MySQL 数据连接包文件。下面这两个配置项专门指定了 Spring Boot 使用 JSP 文件作为展示页面的依赖，但 Spring Boot 框架本身并不推荐使用 JSP 文件，所以以下配置项仅供需要使用 JSP 文件的用户参考，本项目中使用了Thymeleaf 模板引擎技术作为展示页面技术。

```
<dependency>
    <groupId>javax.servlet</groupId>
    <artifactId>jstl</artifactId>
</dependency>
<dependency>
    <groupId>org.apache.tomcat.embed</groupId>
    <artifactId>tomcat-embed-jasper</artifactId>
        <version>10.0.16</version>-->
</dependency>
```

Thymeleaf 的依赖配置如下：

```
<dependency>
    <groupId>org.springframework.boot</groupId>
    <artifactId>spring-boot-starter-thymeleaf</artifactId>
</dependency>
```

以下配置项指定了 Spring Boot 框架打包时所包含的相关文件所在位置。

```
<resources>
    <resource>
        <directory>
            src/main/java
        </directory>
        <includes>
            <include>**/*.xml</include>
        </includes>
        <filtering>false</filtering>
    </resource>
    <resource>
        <directory>src/main/resources</directory>
        <includes>
            <include>**/*.yml</include>
            <include>**/*.properties</include>
        </includes>
    </resource>
    <resource>
        <directory>src/main/webapp</directory>
            <targetPath>META-INF/resources</targetPath>-->
        <includes>
            <include>**/*.*</include>
        </includes>
    </resource>
</resources>
```

pom.xml 配置文件的其他依赖信息详见本书配套的源代码。

application.yml 文件的配置包括服务器端口、数据库连接、持久层和展示页面设置等相关信息，具体配置代码如下：

```
server:
  port: 8080
spring:
  datasource:
    driver-class-name: com.mysql.cj.jdbc.Driver
    url: jdbc:mysql://localhost:3306/testdb
    username: root
    password: root
  thymeleaf:
    cache: false
    prefix: /html/
    suffix: .html
mybatis:
  config-location: classpath:com/example/demo3/mybatis/mybatis-config.xml
  mapper-locations: classpath:com/example/demo3/mybatis/*Mapper.xml
  type-aliases-package: com.example.demo3.po
```

3. 项目启动入口

Spring Boot 运行程序的入口是 Demo1Application 类文件，该文件是 Spring Boot 框架启动入口，通过该入口文件的注解实现了框架对各组件的自动扫描，文件代码如下：

```
package com.example.demo;
import org.springframework.boot.SpringApplication;
import org.springframework.boot.autoconfigure.SpringBootApplication;
import org.springframework.boot.builder.SpringApplicationBuilder;
import org.springframework.boot.web.servlet.support.SpringBootServletInitializer;
@SpringBootApplication
public class Demo1Application extends SpringBootServletInitializer
{
    public static void main(String[] args) {
        SpringApplication.run(Demo1Application.class, args);
    }
}
```

其中最核心的是注解"@SpringBootApplication"，它只是一个组合注解，通过该注解实现了开启自动配置。该注解包含 3 个部分：

(1) @SpringBootConfiguration。该注解继承自@Configuration，二者功能基本一致，标注当前类是配置类，除此之外，还在当前类内声明一个或多个以@Bean 注解标记的方法实例纳入到 Spring 容器中。并且实例方法就是方法名。

(2) @ComponentScan。该注解的作用包括：告诉 Spring 哪些 package 中用注解标识的类会被 Spring 自动扫描并切装入 IoC 容器中；自动扫描并加载符合条件的组件（如 @Component和@Repository 等）或者 Bean，最终将这些 Bean 加载到 IoC 容器中。例如：如果有个类使用了@Controller 注解标识，那么如果不加上@ComponentScan，则自动扫描时该 Controller 就不会被 Spring 扫描到，更不会装入 Spring 容器中，因此@Controller 注解也没有任何意义。

(3) @EnableAutoConfiguration。该注解的作用是借助@Import 的支持，收集和注册特定场景相关的 Bean 配置，并将所有符合自动配置条件的 Bean 定义加载到 IoC 容器。其实@SpringBootApplication 注解的核心作用就是实现了自动配置，而集成了三个注解的组合注解中的"@EnableAutoConfiguration"则是自动配置的核心。

项目启动后在浏览器中输入地址："http://localhost:8080/index/login"，可以调用 IndexController 类中/index 对应的方法，从而跳转到展示页面 index.html，该展示页面文件代码如下：

```
<! DOCTYPE html>
<html lang="en"xmlns:th="http://www.thymeleaf.org">
<head>  </head>
  <body>
欢迎访问<br>
    没注册的用户,请<a th:href="@ {/index/register}">注册</a>!<br>
    已注册的用户,去<a th:href="@ {/index/login}">登录</a>  </body>
</html>
```

控制层中的 IndexController 文件代码如下：

```
package com.example.demo.controller;
import org.springframework.stereotype.Controller;
import org.springframework.web.bind.annotation.RequestMapping;

@Controller
@RequestMapping(value = "/index") //路径
public class IndexController {
        @RequestMapping(value = "login") //具体方法名
             public String login() {
                 System.out.println("login");
                 return "login"; //跳转到"/html/login.html"
        }
        @RequestMapping("/register")
        public String register() {
                return "register";
        }
}
```

由于基于 Spring Boot 的 MVC 框架的整体架构和代码除了相关配置与 Spring MVC 略有不同，实现代码部分都是一样的，所以在本书中就不再一一展示相关代码内容，所有案例源代码都作为电子附件提供给读者。

程序运行界面如图 8－2 所示。

图 8-2　运行结果

从上图可以看出运行结果与上章 SSMDemo 运行结果是一致的。

若 Spring Boot 不使用自带的 Tomcat 容器，可以将项目打包成 war 文件部署到自定义安装的 Tomcat 容器，但需在 Demo1Application. java 和 pom. xml 文件中进行相应设置。Spring Boot 程序运行最关键的步骤就是一定要以 Demo1Application class 文件为入口从而实现自动配置，具体设置内容可以自行搜索，网上有很多相关内容介绍。

8.2.2　实现用户注册邮箱验证功能

本案例通过异步消息传递及邮件发送在上一个项目基础上实现用户注册邮箱验证功能，通过该案例进一步学习 Spring Boot 框架整合第三方开源库的基本流程。同时，掌握大型系统如何通过异步消息机制实现模块间的解耦，让系统更健壮。

消息中间件在互联网公司使用得越来越多，主要用于在分布式系统中存储转发消息，在易用性、扩展性、高可用性等方面表现不俗。消息队列实现系统之间的双向解耦，生产者往消息队列中发送消息，消费者从队列中拿取消息并处理，生产者不用关心是谁来消费，消费者不用关心谁在生产消息，从而达到系统解耦的目的，也大大提高了系统的高可用性和高并发能力。Spring Boot 提供了 spring -bootstarter -amqp 组件对消息队列进行支持，使用非常简单，仅需要非常少的配置即可实现完整的消息队列服务。

消息队列应用场景如图 8-3 所示。

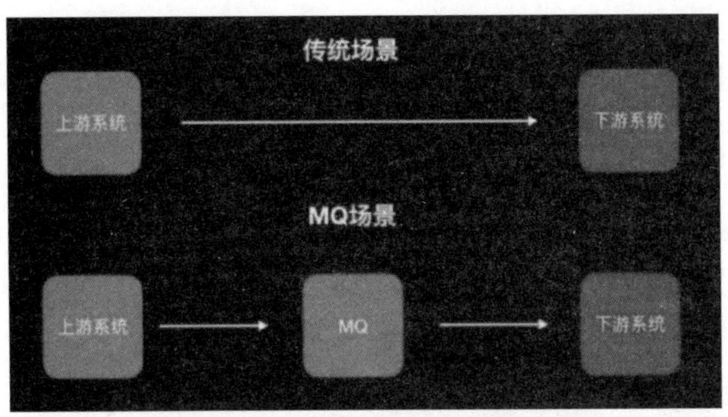

图 8-3　消息队列应用场景

1. 消息中间件选型

(1) ActiveMQ

优点:ActiveMQ 是老牌的消息中间件,国内很多公司过去应用的还是非常广泛的,功能很强大。

缺点:没法确认 ActiveMQ 可以支撑互联网公司的高并发、高负载以及高吞吐的复杂场景,在国内互联网公司应用较少。使用较多的是一些传统企业,用 ActiveMQ 做异步调用和系统解耦。

(2) RabbitMQ

优点:可以支撑高并发、高吞吐、性能很高,同时有非常完善便捷的后台管理界面可以使用。另外,还支持集群化、高可用部署架构、消息高可靠支持,功能较为完善。而且经过调研,国内各大互联网公司落地大规模 RabbitMQ 集群支撑自身业务的案例较多,国内各种中小型互联网公司使用 RabbitMQ 的实践也比较多。除此之外,RabbitMQ 的开源社区很活跃,迭代版本的频率较高,来修复发现的 bug 以及进行各种优化。因此,综合对比后,RabbitMQ 是一个不错的消息中间件选择。

缺点:基于 erlang 语言开发的,导致分析源码较为困难,也较难进行深层次的源码定制和改造,需要较为扎实的 erlang 语言功底。

(3) RocketMQ

优点:阿里开源的,经过阿里的生产环境的超高并发、高吞吐的考验,性能卓越,同时还支持分布式事务等特殊场景。而且 RocketMQ 是基于 Java 语言开发的,适合深入阅读源码,有需要可以站在源码层面解决线上生产问题,包括源码的二次开发和改造。

缺点:社区活跃度相对较为一般,文档相对来说简单一些,接口没有按照标准 JMS 规范设计,系统要迁移需要修改大量代码。

(4) Kafka

优点:专为超高吞吐量的实时日志采集、实时数据同步、实时数据计算等场景来设计。在大数据领域中配合实时计算技术(比如 Spark Streaming、Storm、Flink)使用的较多。

缺点:相对于以上几种中间件来说,功能较少,在传统的 MQ 中间件使用场景中较少采用。

2. 项目配置文件

根据以上介绍,接下来介绍 Spring Boot 对 RabbitMQ 的支持以及如何在 SpringBoot 项目中使用 RabbitMQ。

首先安装 RabbitMQ 服务,具体步骤可以搜索并参考网上教程,详细内容见电子附件。

Spring Boot 集成 RabbitMQ,利用 Spring Boot 提供的 spring -boot -starter -amqp 组件,只需要简单的配置即可与 Spring Boot 无缝集成。在 pom.xml 文件中添加 spring -bootstarter -amqp 等相关组件依赖,依赖配置代码如下:

```
<dependency>
    <groupId>org.springframework.boot</groupId>
    <artifactId>spring-boot-starter-amqp</artifactId>
</dependency>
```

SpringBoot 框架发送邮件的依赖配置代码如下：

```
<dependency>
    <groupId>org.springframework.boot</groupId>
    <artifactId>spring-boot-starter-mail</artifactId>
</dependency>
```

修改 application.properties 配置文件，配置 RabbitMQ 的 host 地址、端口以及账户信息，具体代码如下：

```
# rabbitmq
spring.rabbitmq.host = localhost
spring.rabbitmq.port = 5672
spring.rabbitmq.username = guest
spring.rabbitmq.password = guest
```

本项目利用 QQ 邮箱作为发送邮箱，QQ 邮箱的相关设置特别是 password 的获取可以参考 QQ 官网介绍，在本项目中的配置内容如下：

```
mail:
  host: smtp.qq.com
  protocol: smtp
  default -encoding: utf -8
  username: 1561516911@qq.com
  password:* * * * * * *
  port: 587
  smtp:
      auth: true
      starttls:
      enable: true
      required: true
```

创建消费者，消费者可以消费生产者发送的消息。接下来创建消费者类 Consumer，并使用@RabbitListener 注解来指定消息的处理方法，当接收到信息后触发发送邮件动作。核心代码如下：

```
@Component
@Slf4j
public class ConsumerMailServiceImpl {
    @Autowired
    private SendMailUtil sendMailUtil;
    @RabbitListener(queues = RabbitConfig.MAIL_QUEUE_NAME)
    public void consume(Message message, Channel channel) throws IOException {
        //将消息转化为对象
        String str = new String(message.getBody());
        Mail mail = JsonUtil.strToObj(str, Mail.class);
```

```
        log.info("收到消息: {}", mail.toString());
        MessageProperties properties = message.getMessageProperties();
        long tag = properties.getDeliveryTag();
        boolean success = sendMailUtil.send(mail);//发送邮件
        if (success) {channel.basicAck(tag, false);// 消费确认
        } else {channel.basicNack(tag, false, false);
        } }}
```

其中，Consumer 消费者通过@RabbitListener 注解创建侦听器端点，绑定 rabbitmq_queue 队列。@RabbitListener 注解提供了@QueueBinding、@Queue、@Exchange 等对象，通过这个组合注解配置交换机、绑定路由并且配置监听功能等。

创建生产者，生产者用来产生消息并进行发送，需要用到 RabbitTemplate 类。与之前的 RedisTemplate 类似，RabbitTemplate 是实现发送消息的关键类。具体代码如下：

```
@Service
public class ProduceServiceImpl implements ProduceService {
    @Autowired
    private RabbitTemplate rabbitTemplate;
    @Override
    public boolean send(Mail mail) {
        //创建 uuid
        String msgId = UUID.randomUUID().toString().replaceAll("-", "");
        mail.setMsgId(msgId);
        //发送消息到 rabbitMQ
        CorrelationData correlationData = new CorrelationData(msgId);
        rabbitTemplate. convertAndSend ( RabbitConfig. MAIL _ EXCHANGE _ NAME,
RabbitConfig.MAIL_ROUTING_KEY_NAME, mail, correlationData);
        return true;
    }
}
```

其中，RabbitTemplate 提供了 convertAndSend 方法发送消息。convertAndSend 方法有 routingKey 和 message 两个参数：routingKey 为要发送的路由地址，message 为具体的消息内容。发送者和接收者的 queuename 必须一致，不然无法接收。

编写 RabbitConfig 配置类，主要代码如下：

```
@Configuration
@Slf4j
public class RabbitConfig { // 发送邮件
    public static final String MAIL_QUEUE_NAME = "mail.queue";
    public static final String MAIL_EXCHANGE_NAME = "mail.exchange";
    public static final String MAIL_ROUTING_KEY_NAME = "mail.routing.key";
    @Autowired
    private CachingConnectionFactory connectionFactory;
```

```
    @Bean
    public RabbitTemplate rabbitTemplate() {
        RabbitTemplate rabbitTemplate = new RabbitTemplate(connectionFactory);
        rabbitTemplate.setMessageConverter(converter());
        // 消息是否成功发送到 Exchange
        rabbitTemplate.setConfirmCallback((correlationData, ack, cause) -> {
            if (ack) {
                log.info("消息成功发送到 Exchange");
            } else {
                log.info("消息发送到 Exchange 失败, {}, cause: {}", correlationData, cause);
            }
        });
        // 触发 setReturnCallback 回调必须设置 mandatory = true, 否则 Exchange 没有找到
Queue 就会丢弃掉消息, 而不会触发回调
        rabbitTemplate.setMandatory(true);
        // 消息是否从 Exchange 路由到 Queue, 注意: 这是一个失败回调, 只有消息从 Exchange
路由到 Queue 失败才会回调这个方法
        rabbitTemplate. setReturnCallback ((message, replyCode, replyText, exchange,
routingKey) -> {
            log. info (" 消息从 Exchange 路由到 Queue 失败: exchange: {}, route: {},
replyCode: {}, replyText: {}, message: {}",
                    exchange, routingKey, replyCode, replyText, message);
        });
        return rabbitTemplate;
}
```

编写邮件实体类 Mail 文件，主要代码如下：

```
@Data
@NoArgsConstructor
@AllArgsConstructor
public class Mail  implements Serializable {
    @Pattern(regexp =
"^([a - z0 - 9A - Z]+[ -|\\.]?)+[a - z0 - 9A - Z]@ ([a - z0 - 9A - Z]+( -[a - z0 - 9A - Z]+)? \
\.)+[a - zA - Z]{2,}$", message = "邮箱格式不正确")
    private String to;
    @NotBlank(message = "标题不能为空")
    private String title;
    @NotBlank(message = "正文不能为空")
    private String content;
    private String msgId;// 消息 id
```

测试运行。首先启动 RabbitMQ 服务，在 RabbitMQ 安装目录中运行启动服务程序，通过异步消息触发发送验证码到注册用户指定的邮箱，具体代码如下：

```
@Controller
@RequestMapping("/mail")
@Slf4j
public class SendMailController {
    @Autowired
    private ProduceService testService;
    @PostMapping("send")
    @ResponseBody
    public JSONResult sendMail(@RequestBody String to, HttpSession session) throws
ParseException {
        Mail mail = new Mail();
        mail.setTo(to);
        mail.setTitle("验证码");
        String code = randomCode();
        mail.setContent(code);
        /* * *
        * 后端将发送邮件的时间记录下载
        * /
        session.setAttribute("code",code);
        session.setAttribute("time",new  SimpleDateFormat("yyyy - MM - dd HH:mm:
ss").format(new Date()));
        //再获取当前时间进行判断
        Long time = new SimpleDateFormat("yyyy - MM - dd HH:mm:ss").parse(session.
getAttribute("time").toString()).getTime();
        Long curtime = new Date().getTime();
        Long tci = (curtime - time)/(1000* 60);//lci 就是分钟数,如果 lci <= 4,就是设定为
五分钟之内
        if(testService.send(mail)) {
            return JSONResult.ok();//发送成功
        }else{
            return new JSONResult(600,"error","发送失败");
        }
    }
    /* * *
    * 邮箱验证生成六位随机数
    * @return 生成 String 类型的六位随机数
    * /
    public String randomCode() {
        StringBuilder str = new StringBuilder();
        Random random = new Random();
        for (int i = 0; i < 6; i ++) {
```

```
            str.append(random.nextInt(10));
        }
        return str.toString();
    }
}
```

该代码中的 json 数据格式定义类文件代码详见电子附件。运行界面如图 8－4 所示。

学号:
姓名:
邮箱: xz_wang@163.com 获取验证码
邮箱验证码: 969719
性别: 男 女
密码:
确认密码:
注册

xz_wang@163.com (967)
应用中心 收件
<< 返回 回复 回复全部
验证码
发件人: 1561516911<1561516911@q
收件人: 我<xz_wang@163.com>
时 间: 2022年11月27日 23:30 (星期日)
您的邮箱安全待提升！仅需1分钟，安
969719

图 8－4　邮件发送

用户通过注册时的指定邮箱接收随机生成的验证码并进行注册，该验证码可以设置相应的时效性的。

8.2.3　移动设备扫描二维码实现登陆

大家对二维码都不陌生，当前生活中到处都是扫码登录的场景，如登录网页版微信、支付宝等。本案例在上一个案例基础上实现了一个简易版扫码登录的功能，本案例主要包括二维码生成（服务端）、前端二维码呈现（vue 框架）、移动端二维码扫描（Android 登陆）。

在介绍扫码登录的原理之前，先了解一下服务端的身份认证机制。以普通的 账号 + 密码登录方式为例，服务端收到用户的登录请求后，首先验证账号、密码的合法性。如果验证通过，那么服务端会为用户分配一个 token，该 token 与用户的身份信息相关联，可作为用户的登录凭证。之后网页客户端再次发送请求时，需要在请求的 Header 或者 Query 参数中携带 token，服务端根据 token 便可识别出当前用户。token 的优点是更加方便、安全，它降低了账号密码被劫持的风险，而且用户不需要重复地输入账号和密码。网页客户端通过账号和密码登录的过程如图 8－5 所示。

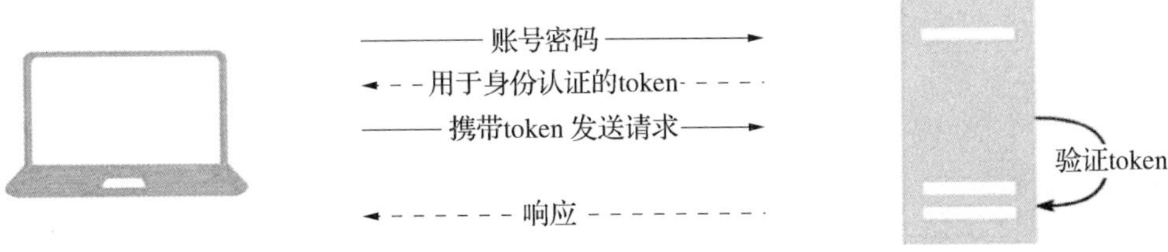

图 8－5　网页客户端账号登录验证流程

扫码登录本质上也是一种身份认证方式，账号+密码登录与扫码登录的区别在于，前者是利用PC端的账号和密码为PC端申请一个token，后者是利用手机端的token+设备信息为PC端申请一个token。这两种登录方式的目的相同，都是为了使PC端获得服务端的"授权"，在为PC端申请token之前，二者都需要向服务端证明自己的身份，也就是必须让服务端知道当前用户是谁，这样服务端才能为其生成PC端token。由于扫码前手机端是处于已登录状态的，因此手机端本身已经保存了一个token，该token可用于服务端的身份识别。那么为什么手机端在验证身份时还需要设备信息呢？实际上，手机端的身份认证和PC端略有不同：

手机端在登录前也需要输入账号和密码，但登录请求中除了账号密码外还包含着设备信息，例如设备类型、设备id等。接收到登录请求后，服务端会验证账号和密码，验证通过后，将用户信息与设备信息关联起来，也就是将它们存储在一个数据结构structure中。服务端为手机端生成一个token，并将token与用户信息、设备信息关联起来，即以token为key，structure为value，将该键值对持久化保存到本地，之后将token返回给手机端。手机端发送请求，携带token和设备信息，服务端根据token查询出structure，并验证structure中的设备信息和手机端的设备信息是否相同，以此判断用户的有效性。

在PC端登录成功后，可以短时间内正常浏览网页，但之后访问网站时就要重新登录了，这是因为token是有过期时间的，较长的有效时间会增大token被劫持的风险。但是，手机端很少有这种问题，例如微信登录成功后可以一直使用，即使关闭微信或重启手机。这是因为设备信息具有唯一性，即使token被劫持了，由于设备信息不同，攻击者也无法向服务端证明自己的身份，这样大大提高了安全系数，因此token可以长久使用。手机端通过账号密码登录的过程如图8-6所示。

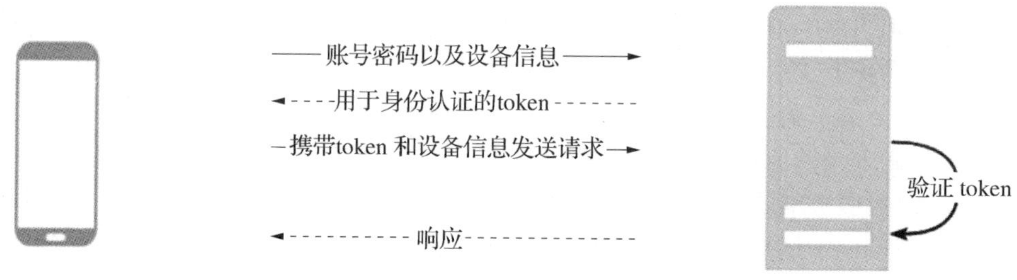

图8-6　移动端账号登录验证流程

了解了服务端的身份认证机制后，再介绍扫码登录的整个流程。以网页版二维码为例，我们在PC端点击二维码登录后，浏览器页面会弹出二维码图片，此时打开手机APP扫描二维码，PC端随即显示"正在扫码"，手机端点击确认登录后，PC端就会显示"登录成功"了。

上述过程中，服务端可以根据手机端的操作来响应PC端，那么服务端是如何将二者关联起来的呢？答案就是通过"二维码"，严格来说是通过二维码中的内容。使用二维码解码器扫描网页版的二维码，二维码中包含的其实是一个网址，手机扫描二维码后，会根据该网址向服务端发送请求。

接着，我们打开PC端浏览器的开发者工具可以看到相关调试信息，通过调试信息可以了解到，在显示出二维码之后，PC端一直都没有"闲着"，它通过轮询的方式不断向服务端发送请求，以获知手机端操作的结果。这里我们注意到，PC端发送的URL中有一个参数

uuid,值为"Adv -NP1FYw ==",该 uuid 也存在于二维码包含的网址中。由此我们可以推断,服务端在生成二维码之前会先生成一个二维码 id,二维码 id 与二维码的状态、过期时间等信息绑定在一起,一同存储在服务端。手机端可以根据二维码 id 操作服务端二维码的状态,PC 端可以根据二维码 id 向服务端询问二维码的状态。

二维码最初为"待扫描"状态,手机端扫码后服务端将其状态改为"待确认"状态,此时 PC 端的轮询请求到达,服务端向其返回"待确认"的响应。手机端确认登录后,二维码变成"已确认"状态,服务端为 PC 端生成用于身份认证的 token,PC 端再次询问时,就可以得到这个 token。整个扫码登录的流程如图 8-7 所示。

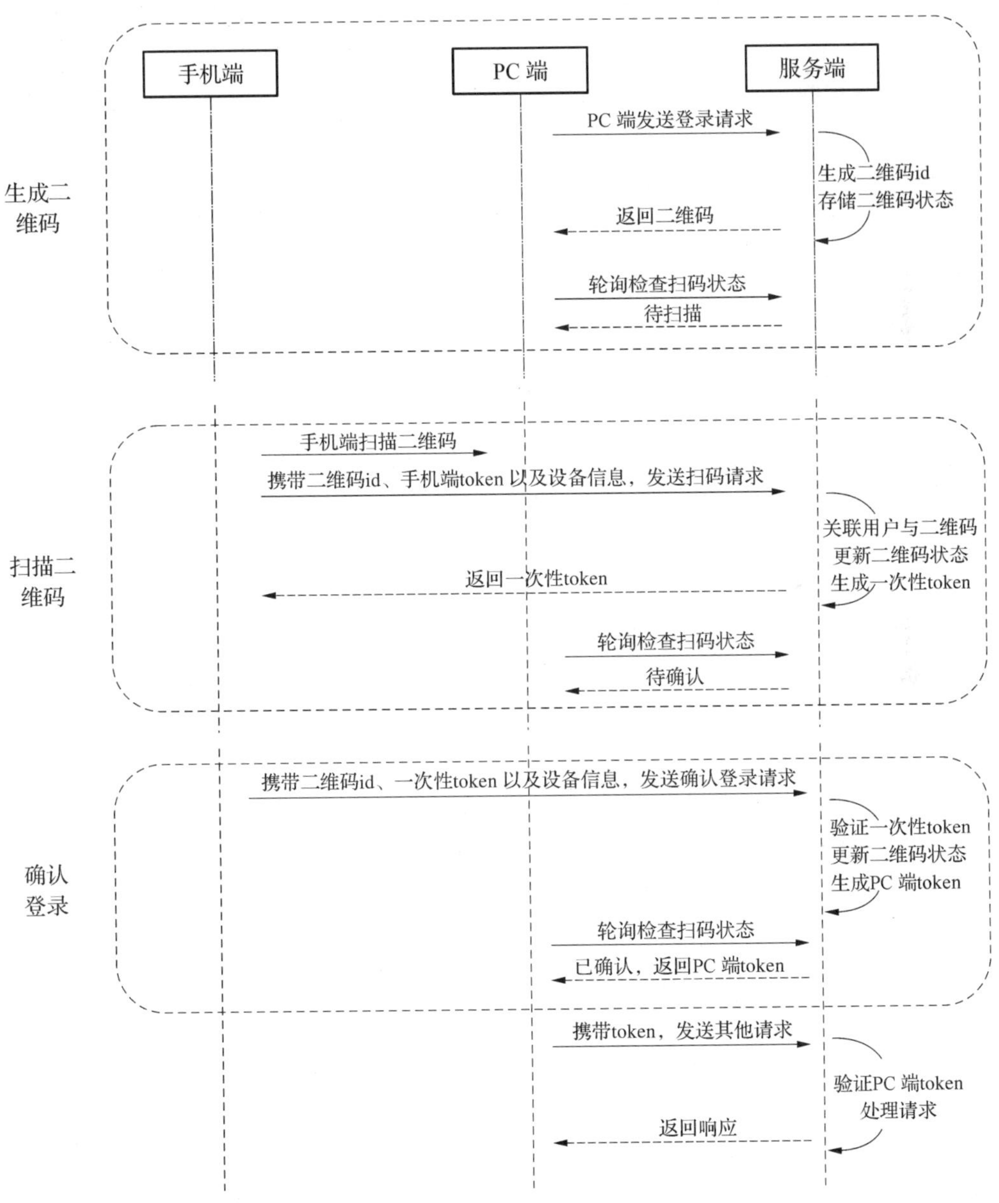

图 8-7　移动端扫码登录验证流程

整个扫码登录的流程如下：

(1) PC 端发送 "扫码登录"请求，服务端生成二维码 id，并存储二维码的过期时间、状态等信息。

(2) PC 端获取二维码并显示。

(3) PC 端开始轮询检查二维码的状态，二维码最初为"待扫描"状态。

(4) 手机端扫描二维码，获取二维码 id。

(5) 手机端向服务端发送 "扫码"请求，请求中携带二维码 id、手机端 token 以及设备信息。

(6) 服务端验证手机端用户的合法性，验证通过后将二维码状态置为"待确认"，并将用户信息与二维码关联在一起，之后为手机端生成一个一次性 token，该 token 用作确认登录的凭证。

(7) PC 端轮询时检测到二维码状态为"待确认"。

(8) 手机端向服务端发送 "确认登录"请求，请求中携带着二维码 id、一次性 token 以及设备信息。

(9) 服务端验证一次性 token，验证通过后将二维码状态置为"已确认"，并为 PC 端生成 PC 端 token。

(10) PC 端轮询时检测到二维码状态为"已确认"，并获取到了 PC 端 token，之后 PC 端不再轮询。

(11) PC 端通过 PC 端 token 访问服务端。

上述过程中，手机端扫码后服务端会返回一个一次性 token，该 token 也是一种身份凭证，但它只能使用一次。一次性 token 的作用是确保“扫码请求”与“确认登录”请求由同一个手机端发出，也就是说，手机端用户不能“帮其他用户确认登录”。代码实现步骤如下。

1. 服务端实现代码

pom.xml 文件中的主要依赖开源二维码的相关包文件，具体配置如下：

```
<dependency>
    <groupId> cn.hutool </groupId>
    <artifactId> hutool - all </artifactId>
    <version> 5.7.22 </version>
</dependency>
<!-- https://mvnrepository.com/artifact/com.google.zxing/core -->
<dependency>
    <groupId> com.google.zxing </groupId>
    <artifactId> core </artifactId>
    <version> 3.4.0 </version>
</dependency>
<!-- https://mvnrepository.com/artifact/com.google.zxing/javase -->
<dependency>
    <groupId> com.google.zxing </groupId>
    <artifactId> javase </artifactId>
    <version> 3.4.0 </version>
</dependency>
```

```
<!-- https://mvnrepository.com/artifact/org.apache.httpcomponents/httpcore -->
<dependency>
    <groupId> org.apache.httpcomponents </groupId>
    <artifactId> httpcore </artifactId>
    <version> 4.4.11 </version>
</dependency>
<!-- https://mvnrepository.com/artifact/org.apache.commons/commons-lang3 -->
<dependency>
    <groupId> org.apache.commons </groupId>
    <artifactId> commons-lang3 </artifactId>
    <version> 3.9 </version>
</dependency>
<!-- https://mvnrepository.com/artifact/com.alibaba/fastjson -->
<dependency>
    <groupId> com.alibaba </groupId>
    <artifactId> fastjson </artifactId>
    <version> 1.2.58 </version>
</dependency>
```

创建二维码工具类 QRCodeUtil.java 文件，主要代码如下：

```
/**
    * 生成二维码图片
    */
   private static BufferedImage createImage(String content, String imgPath,
                                             boolean needCompress) throws
Exception {
        //创建 hints 对象,并添加错误纠错级别、字符集、周边留白等提示信息
       Hashtable<EncodeHintType, Object> hints = new Hashtable<>();
       hints.put(EncodeHintType.ERROR_CORRECTION, ErrorCorrectionLevel.H);
       hints.put(EncodeHintType.CHARACTER_SET, CHARSET);
       hints.put(EncodeHintType.MARGIN, 1);
       BitMatrix bitMatrix = new MultiFormatWriter().encode(content,
               BarcodeFormat.QR_CODE, QRCODE_SIZE, QRCODE_SIZE, hints);
       // 计算二维码最小边框并去掉边框上的白边
       int[] rec = bitMatrix.getEnclosingRectangle();
       if(rec != null){
           int resWidth = rec[2] + 1;
           int resHeight = rec[3] + 1;
           BitMatrix resMatrix = new BitMatrix(resWidth, resHeight);
           resMatrix.clear();
           for (int i = 0; i < resWidth; i++) {
               for (int j = 0; j < resHeight; j++) {
```

```
                    if (bitMatrix.get(i + rec[0], j + rec[1])) {
                        resMatrix.set(i, j);
                    }
                }
            }
        }
        //确定二维码的宽度和高度,并设置每个像素点的黑色或白色
        int width = bitMatrix.getWidth();
        int height = bitMatrix.getHeight();
        BufferedImage image = new BufferedImage(width, height,
                BufferedImage.TYPE_INT_RGB);
        for (int x = 0; x < width; x ++) {
            for (int y = 0; y < height; y ++) {
                image.setRGB(x, y, bitMatrix.get(x, y) ? 0xFF000000 : 0xFFFFFFFF);
            }
        }
        if (imgPath == null || "".equals(imgPath)) {
//              Log.info("no logo success:");
            return image;
        }
        // 配置了 logo 路径时插入图片
        QRCodeUtil.insertImage(image, imgPath, needCompress);
//          Log.info("have logo success");
        return image;
    }
/**
     * 解析二维码
     */
    public static String decode(File file) throws Exception {
        BufferedImage image;
        image = ImageIO.read(file);
        if (image == null) {
            return null;
        }
        BufferedImageLuminanceSource source = new BufferedImageLuminanceSource(
                image);//创建灰度图像
        BinaryBitmap bitmap = new BinaryBitmap(new HybridBinarizer(source));
        Result result;
        Hashtable<DecodeHintType, Object> hints = new Hashtable<DecodeHintType,
Object>();//用于添加解码器的提示
        hints.put(DecodeHintType.CHARACTER_SET, CHARSET);
        result = new MultiFormatReader().decode(bitmap, hints);//解码图像
```

```
        String resultStr = result.getText();
        return resultStr;
    }
```

创建认证服务类 AuthService 文件，核心方法如下：

(1) 用户登录后生成认证 Token，方法代码如下：

```
public Message addAuthInfo(HttpServletRequest request) {
    // 通过 UUID 生成随机的 token
    String token = UUID.randomUUID().toString().replaceAll("-", "");
    // 通过 IPUtil 获取客户端的真实 IP 地址
    String ip = IPUtil.getIpAddress(request);
    // 本地测试的时候，上面获取的 IP 为 127.0.0.1
    // 所以无法通过局域网获得地理位置，因此手动改为外网 IP
    String fakeip = "49.74.160.84";
    // 通过获取到的客户端 IP 地址确定客户端所在地理位置
    String address;
    // 使用 baidu 接口获取 IP 地址
    String url = "http://api.map.baidu.com/location/ip?ip=" + fakeip + "&ak=
nSxiPohfziUaCuONe4ViUP2N&coor=bd09ll";
    // 通过 Http 工具访问接口
    String result = HttpUtil.doGet(url);
    // 对返回的数据进行解析
    JSONObject jsonObject = JSONObject.parseObject(result);
    if (jsonObject != null) {
        Integer status = jsonObject.getInteger("status");
        if (status == 0) {
            address = jsonObject.getJSONObject("content").getString("address");
            System.out.println(address);
        } else {
            address = "江苏省南京市"; // 若解析失败，默认地址
        }
    } else {
        address = "江苏省南京市"; // 若获取 baidu 接口数据失败，默认地址
    }
    // 将 token 相关信息存入数据库中
    authDao.addAuthInfo(token, ip, address);
    // 将 token 返回给客户端
    return new Message(200, "获取口令成功", token);
}
```

(2) 手机端获得 Token 的方法核心代码如下：

```
public Message getAuthInfo(String authToken, String userId, boolean isScan) {
    Auth auth = authDao.getAuthInfo(authToken);
```

```
    // 为空则获取信息失败
    if (auth == null) {
        return new Message(201, "获取口令信息失败", new Auth());
    }
    //手机端访问,如果 token 等待验证或正在验证,则将 token 的 state 和 userId 更新
    if (isScan && (auth.getAuthState() == 0 || auth.getAuthState() == 2)) {
        authDao.setAuthState(authToken, 2, userId);
    }
    return new Message(200, "获取口令信息成功", auth);
}
```

(3) 设置当前 Token 状态方法的核心代码如下：

```
public Message setAuthState(String authToken, String userId) {
        //tokenState:0 等待验证,1 验证成功,2 正在验证,3 验证失败(过期)
        Integer state = 3; // 默认 token 为 3,不存在
        Auth auth = authDao.getAuthInfo(authToken);
        if (null != auth) {
            state = auth.getAuthState(); // 获得 token 的状态
        }
        Message message = new Message();
        HashMap<String, Integer> hashMap = new HashMap<>();
        if (userId != null && (state == 0 || state == 2)) {
        // token 状态为 0,等待验证
        // TODO 要判断 token 的时间是否已经过期,可以通过时间戳相减获得
            System.out.println("===" + (System.currentTimeMillis() - auth.
getAuthTime().getTime()));
            authDao.setAuthState(authToken, 1, userId);
            message.setCode(200);
            message.setMessage("使用口令成功");
            hashMap.put("state", 1);
        } else { // token 状态为 1 或 3,失效
            message.setCode(201);
            message.setMessage("使用口令失败");
            hashMap.put("state", 0);
        }
        message.setData(hashMap);
        return message;
    }
```

2. 网页前端实现使用 Vue 框架实现

Vue 是一套用于构建用户界面的渐进式框架，自底层向上应用，Vue 的核心库只关注视图层，容易入门，可以和第三方库或者已有的项目进行整合，可以做复杂的单页应用。

Vue 的运行需要安装 node.js 和 vue -cli 库文件并进行环境配置，然后在 vue 项目目录

下运行 npm install 命令安装项目 package.json 配置文件设置的依赖包，再通过 npm run build 命令进行打包，最后通过运行 npm run dev/npm run serve 命令启动项目。本项目代码如下：

```
export default {
  name: 'Auth',
  data () {
    return {
      state: 0, // 场景:0 无登录码,1 有登陆码,2 正在登录,3 登录码过期
      count: 30, // 登录码有效倒计时(S)
      tip: '正在获取登录码,请稍等', // 提示
      imgURL: '', // 登录码路径
      authToken: '', // 验证口令
      userId: '', // 扫码登录的用户 ID
      userAvatar: '', // 扫码登录的用户头像
      userName: '', // 扫码登录的用户名
      tokenApi: 'http://localhost/auth/token', // 获取口令
      tokenImgApi: 'http://localhost/auth/img/', // 获取口令对应的登录码
      tokenInfoApi: 'http://localhost/auth/info/', // 获取口令信息
      userInfoApi: 'http://localhost/login/getUser'// 获取用户信息
    }
  },
  created () {
    this.getToken()
  },
  methods: {
    getToken () {
      console.log('开始获取')
      // 所有参数重置
      this.state = 0 // 场景为无二维码
      this.tip = '正在获取登录码,请稍等'
      this.count = 30
      clearInterval(this.timeCount)
      // 开始获取新的 token
      this.$ajax({
        method: 'post',
        url: this.tokenApi // 获取口令的 API
      }).then((response) => {
        // 保存 token,改变场景,显示登录码,开始轮询
        this.authToken = response.data.data
        this.state = 1 // 场景为有登录码
        this.tip = '请使用手机口令扫码登录'
        this.imgURL = this.tokenImgApi + response.data.data // 拼装获得登录码链接
```

```
          this.timeCount = setInterval(this.getTokenInfo, 1000) // 开启每隔 1S 的轮询,向
服务器请求口令信息
        }).catch((error) => {
          console.log(error)
          this.getToken()
        })
      },
      getTokenInfo () {
        // 登录码有效时间减少
        this.count--
        // 登录码到期,改变场景
        if (this.count === 0) {
          this.state = 3 // 场景为登录码过期
          this.tip = '二维码已过期,请刷新'
        }
        // 防止计数溢出
        if (this.count < -1000) {
          this.count = -1
        }
        // 轮询查询 token 状态
        this.$ajax({
          method: 'post',
          url: this.tokenInfoApi + this.authToken // 拼装获得口令信息 API
            }).then((response) => {
          let auth = response.data.data
          // token 状态为登录成功
          if (auth.authState === 1) {
            this.$message({
              message: '登录成功!',
              type: 'success'
            })
            clearInterval(this.timeCount) // 关闭轮询,溜了
            // token 状态为正在登陆,改变场景,请求扫码用户信息
          } else if (auth.authState === 2) {
            this.userId = auth.userId
            this.getUserInfo()
            this.state = 2
            this.tip = '扫码成功,请在手机上确认'
            // token 状态为过期(服务器),改变场景
          } else if (auth.authState === 3) {
            this.state = 3
            this.tip = '二维码已过期,请刷新'
```

```
      }
    }).catch((error) => {
      console.log(error)
    })
  },
  getUserInfo () {
    this.$ajax({
      method: 'post',
      url: this.userInfoApi,
      data: this.qs.stringify({
        userId: this.userId
      })
    }).then((response) => {
      // 获取用户信息,并进行显示
      this.userName = response.data.data.userName
      this.userAvatar = response.data.data.userAvatar
      console.log(response.data.data)
    }).catch((error) => {
      console.log(error)
    })
  }
}
```

前端运行前提是先运行服务端程序,接着前端通过轮询方式不断访问服务端,从而获取二维码图片并在网页显示。运行效果如图 8-8 所示。

图 8-8 网页生成二维码

3. *移动端扫码的实现*

移动端扫码实现使用了 Android 框架,核心代码如下:

```
new UniteApi(ApiUtil.TOKEN_INFO + result, hashMap).post(new ApiListener() {
```

```
                    @Override
                    public void success(Api api) {
                        dialog.dismiss();
                        UniteApi uniteApi = (UniteApi) api;
                        Gson gson = new Gson();
                        AuthEntity auth = gson.fromJson(uniteApi.getJsonData().
toString(), AuthEntity.class);
                         if (auth.getAuthState() == 0 || auth.getAuthState() ==
2) {
                            Intent intent = new Intent (ScanActivity. this,
ResultActivity.class);
                            intent.putExtra("auth", auth);
                            startActivity(intent);
                        } else if (auth.getAuthState() == 1) {
                          DialogUIUtils.showToastCenter("登录码已使用");
                        } else {
                          DialogUIUtils.showToastCenter("登录码已过期");
                        }
                        delayStartSpot();
                    }
private void delayStartSpot() {
        new Thread(new Runnable() {
            @Override
            public void run() {
                try {
                    Thread.sleep(3000);
                } catch (InterruptedException e) {
                    e.printStackTrace();
                }
                scanView.startSpot();//开始识别二维码
            }
        }).start();
    }
@Override
    protected void onStart() {
        super.onStart();
        scanView.startCamera();//打开相机
        scanView.showScanRect();//显示扫描框
        scanView.startSpot();//开始识别二维码
        //scanView.openFlashlight();//开灯
        //scanView.closeFlashlight();//关灯
    }
```

运行效果如图 8－9 所示。

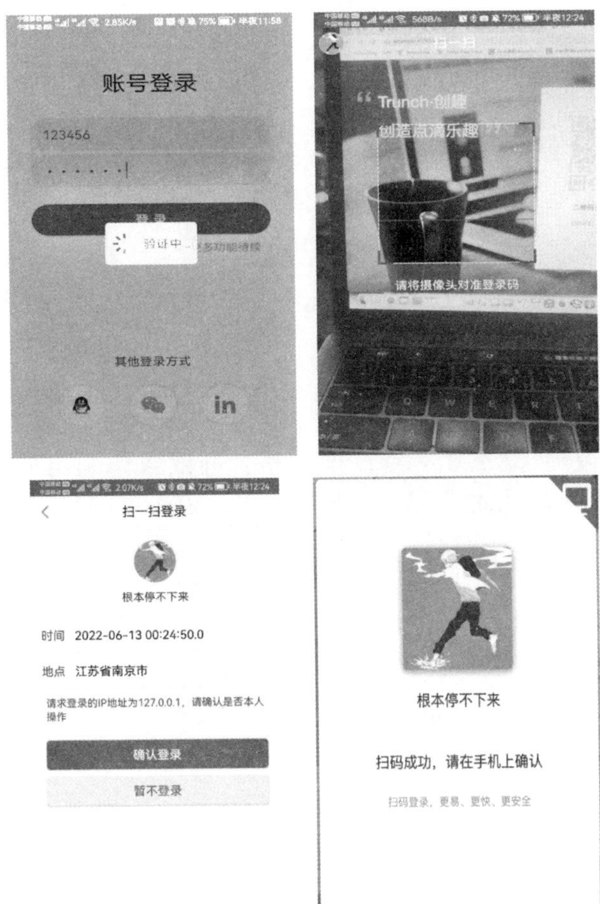

图 8－9　移动端扫码登录

本章内容主要通过以上 3 个具体功能实现的介绍让读者能够了解 SpringBoot 的配置、运行机制，并结合当前开发的一些开源包进行功能扩展，从而为今后进行真实项目开发打下基础。

巩固练习

根据项目需求分组进一步扩充项目的其他功能。

【微信扫码】
习题解答 & 相关资源

参考文献

[1] 陈恒,楼偶俊,张立杰.Java EE 框架整合开发入门到实战——Spring+Spring MVC+MyBatis:微课版[M].北京:清华大学出版社,2018.

[2] 黑马程序员.Java EE 企业级应用开发教程(Spring+Spring MVC+MyBatis)[M].北京:人民邮电出版社,2017.

[3] 吴为胜.Spring+Spring MVC+MyBatis 从零开始学[M].北京:清华大学出版社,2021.

[4] 黑马程序员.Spring Boot 企业级开发教程[M].北京:人民邮电出版社,2020.